高校 これでわかる

物理基礎

文英堂編集部　編

文英堂

基礎からわかる！

成績が上がるグラフィック参考書。

1 ワイドな紙面で，わかりやすさバツグン

2 わかりやすい図解と斬新レイアウト

3 イラストも満載，面白さ満杯

4 どの教科書にもしっかり対応
- ▶ **学習内容が細かく分割されている**ので，どこからでも能率的な学習ができる。
- ▶ **テストに出やすいポイント**がひと目でわかる。
- ▶ 方法と結果だけでなく，考え方まで示した**重要実験**。
- ▶ **図が大きくてくわしい**から，図を見ただけでもよく理解できる。
- ▶ 物理の話題やクイズを扱った**ホッとタイム**で，学習の幅を広げ，楽しく学べる。

5 章末の定期テスト予想問題で試験対策も万全！

もくじ

1編 力と運動

1章 物体の運動
1 速さと速度 …………………………… 6
2 速度の合成と相対速度 ……………… 8
3 加速度と等加速度直線運動 ………… 10
4 自由落下運動 ………………………… 12
5 鉛直投げ上げ・
　　投げ下ろしの運動 ……………… 14
重要実験 重力加速度の測定 ………… 16
定期テスト予想問題 …………………… 17
ホッとタイム 君は計算派か 直感派か。
　　速さを考える！ ………………… 20

2章 力
1 いろいろな力 ………………………… 22
2 力の合成・分解 ……………………… 24
3 作用・反作用の法則と
　　力のつり合い …………………… 26
定期テスト予想問題 …………………… 28

3章 運動の法則
1 運動の法則 …………………………… 30
2 運動の法則の適用 …………………… 32
3 静止摩擦力 …………………………… 33
4 動摩擦力・抵抗力 …………………… 34
5 運動方程式を使いこなす …………… 36
重要実験 静止摩擦係数の測定 ……… 39
重要実験 運動の第2法則 …………… 40
定期テスト予想問題 …………………… 42

4章 仕事と力学的エネルギー
1 仕事と仕事率 ………………………… 44
2 運動エネルギー ……………………… 46
3 位置エネルギー ……………………… 48
4 力学的エネルギーの保存(1) ……… 50
5 力学的エネルギーの保存(2) ……… 52
重要実験 ふりこの
　　力学的エネルギーの保存 ……… 54
重要実験 弾性力と
　　力学的エネルギーの保存 ……… 55
定期テスト予想問題 …………………… 56

2編 熱

1章 熱量と内部エネルギー

1 温度と熱 …………………… 60
2 熱量保存の法則 …………… 62
重要実験 金属の比熱の測定 …… 64
定期テスト予想問題 ………………… 65
ホッとタイム ワタシ ダレダカ
ワカリマスカ？ ………………… 66

2章 気体の変化と仕事

1 物質の三態 ………………… 68
2 内部エネルギー …………… 70
3 気体のする仕事 …………… 72
4 気体の変化 ………………… 74
5 熱機関 ……………………… 76
定期テスト予想問題 ………………… 78

3編 波

1章 波の性質

1 波を表すいろいろな量 ……………… 80
2 縦波と横波 ………………… 82
3 波を表すグラフ …………… 84
4 重ね合わせの原理 ………… 87
5 定常波 ……………………… 89
6 波の反射と位相の変化 …… 90
7 水面波の性質
 （反射・屈折・回折・干渉）…… 92
定期テスト予想問題 ………………… 94

2章 音波

1 音波とその要素 …………… 96
2 音波の反射・うなり ……… 98
3 弦の振動 …………………… 100
4 気柱の振動 ………………… 102
5 共振・共鳴 ………………… 104
重要実験 気柱の共鳴 …………… 106
重要実験 弦の振動 ……………… 107
定期テスト予想問題 ………………… 108
ホッとタイム うっそ〜，ホント!?
クイズ どーれだ？ …………… 110

4編 電気

1章 静電気と電流

1. 静電気 …………………… 112
2. 電流 ……………………… 114
3. オームの法則 …………… 116
4. 電気抵抗 ………………… 118
5. 抵抗の接続 ……………… 120

定期テスト予想問題 …………… 122

2章 電気とエネルギー

1. 電流と仕事 ……………… 124
2. ジュール熱と電力 ……… 126

定期テスト予想問題 …………… 128

ホッとタイム 知ってるかい？
　　　　こんな話 あんな話 …… 130

3章 電磁誘導と交流

1. 磁場 ……………………… 132
2. モーターの原理・電磁誘導 … 134
3. 交流 ……………………… 137
4. 電波 ……………………… 140

重要実験 モーターの製作 ……… 141
重要実験 ラジオの受信 ………… 142
定期テスト予想問題 …………… 143

5編 原子とエネルギー

1章 原子とエネルギー

1. エネルギーとその利用 …… 146
2. 原子と放射線 …………… 148
3. 放射線の人体への影響 …… 150
4. 原子力エネルギー ……… 151

物理量の測定と扱い方 ………………………………… 152
定期テスト予想問題 の解答 ………………………… 154
ホッとタイム の解答 ………………………………… 173
さくいん …………………………………………… 174

1編 力と運動

1章 物体の運動

1 速さと速度

1 速さをどう表すか

■ 速い物体と遅い物体を比べると，速い物体のほうが，同じ時間に長い距離を進む。この距離の違いを用いて，物体の速さを比べることができる。

■ 時間の単位に**秒[s]**，距離の単位に**メートル[m]**をとり，1秒間に1m進む速さを**1メートル毎秒[m/s]**と表すことにして，これを速さの単位とする。

✦1. 自動車や電車の速さは，ふつうキロメートル毎時[km/h]という単位で表される。これとメートル毎秒[m/s]との換算のしかたを覚えておこう。

$$1 \text{ km/h} = \frac{1 \text{ km}}{1 \text{ h}} = \frac{1000 \text{ m}}{3600 \text{ s}} = \frac{1}{3.6} \text{ m/s}$$

$1 \text{ m/s} = 3.6 \text{ km/h}$

2 速さの計算のしかた

■ ある物体が20 mの距離を進むのに5秒かかったとすると，速さは**1秒あたりに進む距離**であるから，

$$20 \text{ m} \div 5 \text{ s} = 4 \text{ m/s}$$

と求めることができる。

> **ポイント**
> 一般に，ある物体がx[m]の距離を進むのにt[s]かかったとすると，その物体の速さv[m/s]は，
>
> $$v = \frac{x}{t} \qquad 速さ = \frac{距離}{時間} \quad \cdots\cdots ①$$

✦2. 速さを表す記号としては，vまたはVがよく使われる。これは英語のvelocityの頭文字を用いている。

問 1. A君は，家から学校まで660 mの距離を10分で歩く。A君の歩く速さは何m/sか。

[解き方] 問1.
10分 = 600秒
$$v = \frac{x}{t} = \frac{660 \text{ m}}{600 \text{ s}} = 1.1 \text{ m/s}$$

答 1.1 m/s

3 一番簡単な運動

■ 運動のなかで一番簡単なのは，一直線上を一定の速さで進む運動である。これを**等速直線運動**（または**等速度運動**）という。これについて考えてみよう。

■ **v-tグラフ** 速さvが時間tによってどのように変化するかを表すグラフをv-tグラフという。等速直線運動では，速さがいつでも一定であるから，v-tグラフは図1のように，**t軸（横軸）に平行な直線**になり，t軸との間に囲まれる部分の面積が移動距離を表す。

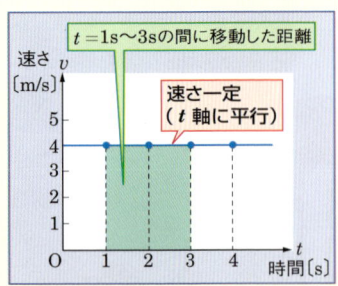

図1. 等速直線運動のv-tグラフ

> **ポイント** 一般に，v〔m/s〕の速さで等速直線運動をする物体が，t〔s〕間に進む距離x〔m〕は，
> $$x = vt \qquad 距離＝速さ×時間 \cdots\cdots ②$$

問 2. 100mを10秒で走ることのできるランナーが，同じ速さでずっと走り続けることができるとすれば，1日にどれだけの距離を走ることができるか。

ヒント 1日は24時間だから，$(24×60×60)$秒である。

■ **x-t グラフ** 物体の移動距離x〔m〕が時間t〔s〕によってどのように変化するかを表すグラフをx-tグラフという。等速直線運動のx-tグラフは②式をグラフに表したもので，vが一定なので，xがtに比例することになり，図2のような原点を通る直線となる。この直線の傾きが速さvを表す。

解き方 問2.
$t = 1日 = 24×60×60$秒
$v = \dfrac{100\text{m}}{10\text{s}} = 10\text{m/s}$
$x = vt = 10×24×60×60$
$ = 864000\text{m}$
$ = 864\text{km}$

答 864 km

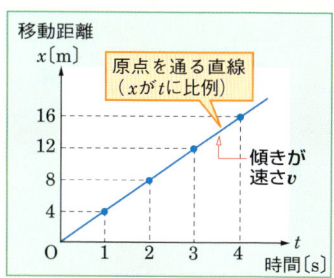

図2．等速直線運動のx-tグラフ

4 平均の速さと瞬間の速さ

■ 物体の速さが刻々と変わるような運動では，測定を始めたときの速さと測定を終わったときの速さが違うこともある。このような違いを無視して，その時間内に進んだ距離から求めた速さを**平均の速さ**という。

■ これに対して，各瞬間に物体がもっている速さを**瞬間の速さ**という。瞬間の速さを求めるには，非常に短い時間Δt〔s〕の間に進んだ距離Δx〔m〕をはかり，①式を用いて，
$$v = \dfrac{\Delta x}{\Delta t}$$
とする。ふつう「速さ」といえば，瞬間の速さを意味する。

3. Δ（デルタ）は，「変化量」ということを表す。Δt や Δx は1つの記号で，Δt が Δ と t の積を示すものではない。

4. 瞬間の速さと運動の向きをあわせもった量を，**瞬間の速度**という。

5 速度と速さはどう違うか

■ 日常生活では，「速さ」と「速度」とは同じ意味に用いられるが，物理では区別して用いている。

■ 物体の運動のようすを表現するには，速さのほかに向きを考えなければ十分とはいえない。それで，速さと向きをあわせもった量を**速度**（記号では$\vec{v}$と書く）という。

■ 速度$\vec{v}$のように，大きさと向きをもつ量を**ベクトル**という。これに対して，速さvのように，大きさだけで向きを考えない量を**スカラー**という。ベクトルは，大きさと向きをともに表現するために，矢印で表す。このとき，**矢印の長さは，ベクトルの大きさに比例させる**（図3）。

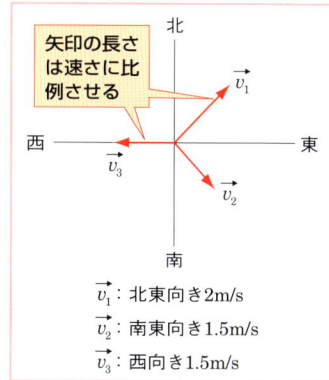

図3．速度の矢印のかき方

2 速度の合成と相対速度

1 移動を表すベクトル

■ 物体が運動して，どちらの向きにどれだけ移動したかを表す量を**変位**という。変位も大きさと向きをもつベクトルであり，A点からB点に移動したときの変位を記号$\overrightarrow{AB}$で表す。

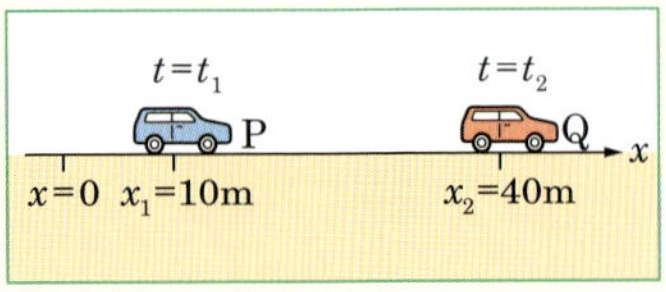

■ 図1のように，時刻t_1〔s〕で$x_1 = 10$ mの位置Pにあった自動車が，時刻t_2〔s〕で$x_2 = 40$ mの位置Qに移動したものとする。この間の車の変位は，

$$x_2 - x_1 = 40 - 10 = +30 \text{ m}$$

である。もし，QからPに移動したのであれば，この間の変位は，次のように表す。

$$x_1 - x_2 = 10 - 40 = -30 \text{ m}$$

■ 一直線上の運動では，図で右向きを正として，変位に正負の符号＋，－をつけることで移動した向き（変位の向き）を示すことができる。そのため，ベクトルの矢印を省略することがある。

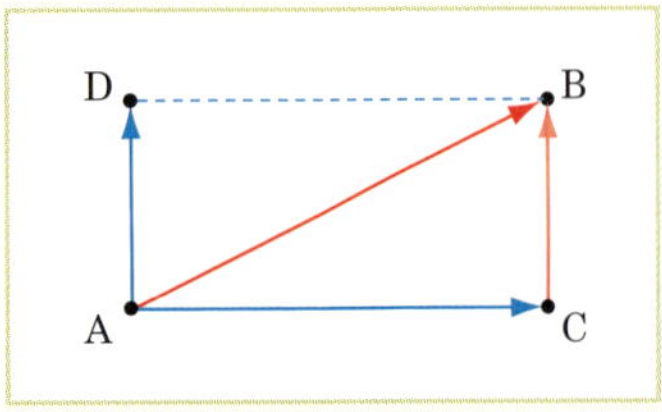

図1．自動車の変位

■ **発展** 図2のA点からB点へ移動するとき，まずA点からC点へいき，続いてC点からB点へいっても，結果は同じである。このことから，ベクトル$\overrightarrow{AB}$は，ベクトル$\overrightarrow{AC}$とベクトル$\overrightarrow{CB}$を合成したものであるといえる。これを次のように書く。

$$\overrightarrow{AB} = \overrightarrow{AC} + \overrightarrow{CB}$$

■ ここで，$\overrightarrow{CB} = \overrightarrow{AD}$であるから，

$$\overrightarrow{AB} = \overrightarrow{AC} + \overrightarrow{AD}$$

となる。これは，次のページで説明している**平行四辺形の法則**を表す。

図2．変位ベクトル
AからBへの変位は$\overrightarrow{AB}$と表される。AからいったんCへいき，続いてBへいっても同じだから，
$\overrightarrow{AB} = \overrightarrow{AC} + \overrightarrow{CB}$
と書くことができる。

2 2つの速度を合わせる考え方

■ 流れている川面を進む船の運動を岸から見ると，船は川の流れる速度と船自身の速度を合わせた速度で進むように見える。2つの速度を合わせた速度のことを**合成速度**といい，合成速度を求めることを**速度の合成**という。

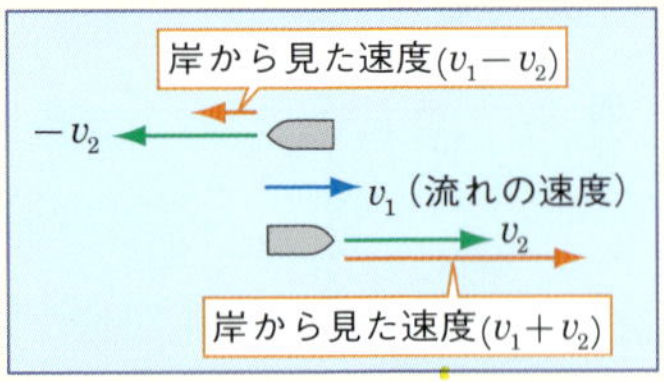

■ 図3のように，川の流れる速度をv_1，船自身の速度をv_2とすると，船が下流に向かって進むときの岸から見た船

図3．川を上下する船の速度
下流に向かう船の速度は，
　（流れの速さ）＋（船自身の速さ）
上流に向かう船の速度は，
　（流れの速さ）－（船自身の速さ）

1編　力と運動

の速度vは，
$$v = v_1 + v_2$$

■ 船が上流に向かって進むときは，$v = v_1 - v_2$であるが，船自身の速度の向きが川の流れの向きと反対であるから，船自身の速度を$-v_2$と表すと，
$$v = v_1 + (-v_2)$$
となって，やはり，(流れの速度)＋(船自身の速度)の形になる。

■ **発展** 船が川の流れと垂直あるいは斜めの向きに進むときの合成速度も，(流れの速度)＋(船自身の速度)とすればよいが，向きが異なるので，変位の場合と同じように，ベクトル記号を使って，
$$\vec{v} = \vec{v_1} + \vec{v_2}$$
と表す。この場合の合成速度$\vec{v}$は，図4のように，$\vec{v_1}$と$\vec{v_2}$の矢印を2辺とする平行四辺形の対角線から求められる(**平行四辺形の法則**)。

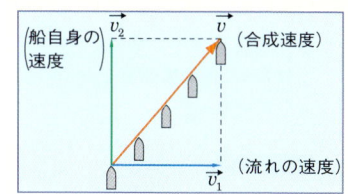

図4．川を横断する船の速度
船自身の速度は，流れの速度に対して垂直になっている。この場合の合成速度は，平行四辺形の法則を用いて，ベクトルを合成する。

3 動きながら見ると，速度が変わる

■ 高速で走っている自動車でも，同じくらいのスピードで走っているバスなどから見ると，ゆっくり走っているように見える。ふつう物体の速度は，地面を基準にして示されるので，動いている物体を基準にすると，違った速度になる。動いている物体Bから見た物体Aの速度を**Bに対するAの相対速度**という。

■ 自動車A，Bが同じ向きに進む場合(図5の(a))を考えよう。A，Bの速さをv_A，v_Bとすると，Bから見たAの相対速度v_{BA}は，次のように表すことができる。

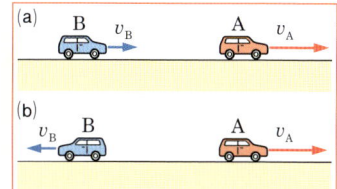

図5．**Bに対するAの相対速度**

> **ポイント** 相対速度の式
> $$v_{BA} = v_A - v_B$$

■ 自動車A，Bが反対向きに進む場合(図5の(b))は，$v_{BA} = v_A + v_B$となるが，Bの速度を$-v_B$と考えれば，
$$v_{BA} = v_A - (-v_B)$$
となって，(Aの速度)－(Bの速度)の形，つまり，(**相手の速度**)－(**自分の速度**)の形になっている。

問 1. 船が東向きに30 m/sの速さで走っている上をヘリコプターが西向きに40 m/sの速さで飛んでいる。ヘリコプターから見た船の速さと向きを求めよ。

解き方 問1．

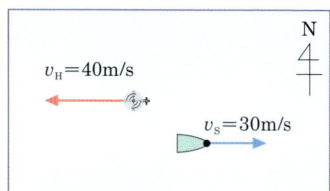

$v_{HS} = v_S - (-v_H)$
$v_{HS} = 70$ m/s

答 速さ…**70 m/s**
　　向き…**東向き**

1章 物体の運動

3 加速度と等加速度直線運動

1 加速度とは何か

坂道を自転車で走り下りるときのように，速度が変化する運動を**加速度運動**といい，1秒あたりの速度の変化を**加速度**という。1秒間に速度が1 m/s変化するときの加速度を**1メートル毎秒毎秒**といい，1 m/s²と書く。

❋1. 速度がv_1からv_2に変わったときの速度の変化は，
$$v_2 - v_1$$
で表される。

ポイント
一直線上を運動している物体の速度が，時間t〔s〕の間にv_1〔m/s〕からv_2〔m/s〕に変わったとすれば，このときの**平均の加速度** a〔m/s²〕は，

$$a = \frac{v_2 - v_1}{t} \qquad 加速度 = \frac{速度の変化}{時間} \quad \cdots ①$$

❋2. tを十分小さくした(0に近づけた)ときの加速度を**瞬間の加速度**という。

解き方 問1.
$72 \text{km/h} = \frac{72000 \text{ m}}{3600 \text{ s}}$
$\qquad = 20 \text{ m/s}$
$a = \frac{20 - 0}{25}$
$\quad = 0.80 \text{ m/s}^2$

答 0.80 m/s²

問 1. 電車が発車してから時速72 kmの速さに達するまでに25秒かかった。この電車の平均の加速度は何m/s²か。

2 等加速度直線運動の式

一直線上を一定の加速度で進む運動を**等加速度直線運動**という。今，等加速度直線運動において，一定の加速度をa〔m/s²〕，時刻$t = 0$のときの速度(これを**初速度**という)をv_0〔m/s〕，時刻tのときの速度をv〔m/s〕とすると，①式より，

$$a = \frac{v - v_0}{t}$$

であるから，これより，

$$v = v_0 + at \quad \cdots ②$$

となる(図1)。

❋3. 物体が静止状態から動きだす場合は，初速度$v_0 = 0$である。$v_0 = 0$ならば，原点を通る直線になる。また，グラフの傾きが加速度を表す。

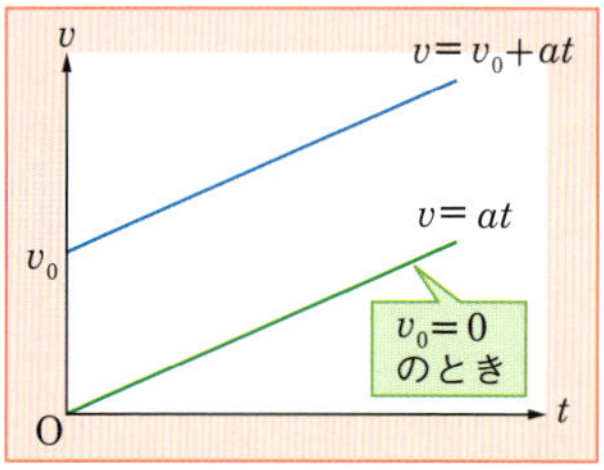

図1. 等加速度直線運動のv-tグラフ

等速直線運動のv-tグラフでは，グラフとt軸に囲まれる部分の面積が移動距離を表していたが，等加速度直線運動の場合も，グラフとt軸に囲まれる部分の面積(図2で台形OABCの面積)が移動距離を表す。したがって，時刻$t = 0$から時刻t〔s〕までの間の移動距離をx〔m〕とすると，

$$x = v_0 t + \frac{1}{2} a t^2 \quad \cdots ③$$

となる。

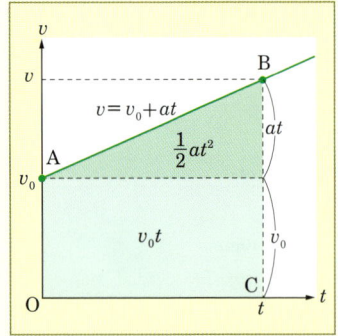

図2. 等加速度直線運動の変位
v-tグラフの直線とt軸に囲まれる図形の面積が，移動距離(変位)を示す。
この図から，$x = v_0 t + \frac{1}{2} a t^2$ が成り立つことがわかる。

■ ②式と③式からtを消去すると，
$$v^2 - v_0^2 = 2ax \quad \cdots\cdots ④$$
という関係式が得られる。

> **ポイント**
> 一直線上を一定の加速度a〔m/s²〕で運動する物体の初速度をv_0〔m/s〕とするとき，t〔s〕後の速度v〔m/s〕および位置x〔m〕は，
> $$v = v_0 + at$$
> $$x = v_0 t + \frac{1}{2}at^2$$
> $$v^2 - v_0^2 = 2ax$$

問 2. 初速度5.0 m/sの自動車が4.5 m/s²の加速度で速さを増していくとき，4.0秒後の速さと，その間に走った距離はいくらか。

③ だんだんおそくなる運動

■ 上記の等加速度直線運動に関する式は，加速度の正，負にかかわらず成り立つ。ここで，加速度が負の等加速度直線運動★4について考えてみよう。図3は，加速度が負の等加速度直線運動のv-tグラフである。加速度が負の等加速度直線運動では，速度はしだいに小さくなっていき，ついには0になる（図3で時刻t_1のとき）。

■ その後も同じ加速度で運動を続けるとすると，速度は負（初速度と逆向き）になり，最初の運動の向きとは逆に進むようになる。このとき，図3で，グラフとt軸に囲まれた部分の面積のうち，上の三角形の面積は進んだ距離（正の距離）を表し，下の三角形の面積はもどった距離（負の距離）を表している。時刻t_1を過ぎると，最初に運動をはじめた点からの距離が減っていき，$t_2 = 2t_1$の時刻では，進んだ距離ともどった距離が等しくなるので，$x = 0$となる。

■ このことからわかるように，③式のxは，物体が時間tの間に実際に進んだ距離ではなく（ただし，速度が0になるまでは実際に進んだ距離を表している），<u>最初に運動を始めた点からの変位（位置）を表している</u>。

問 3. 直線上を右向きに速さ15 m/sで進んでいた物体が，一定の加速度で減速し始め，6.0秒後には左向きに3.0 m/sの速さになった。物体が減速し始めてから6.0秒後までに動いた距離はいくらか。

解き方 問 2.
$v = v_0 + at$
$= 5.0 + 4.5 \times 4.0 = 23$ m/s
$x = v_0 t + \frac{1}{2}at^2$
$= 5.0 \times 4.0 + \frac{1}{2} \times 4.5 \times 4.0^2$
$= 56$ m

答 速さ…**23 m/s**，距離…**56 m**

★4. 加速度が負の等加速度直線運動の例としては，ボールを真上に投げ上げたときのボールの運動などがある。

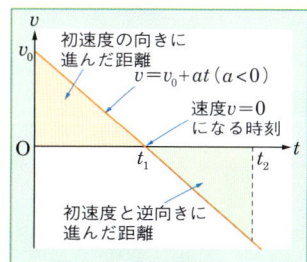

図3．加速度が負の等加速度直線運動のv-tグラフ

解き方 問 3.
右向きを正として，
$v = v_0 + at$
$-3.0 = 15 + a \times 6.0$
$a = -3.0$ m/s²

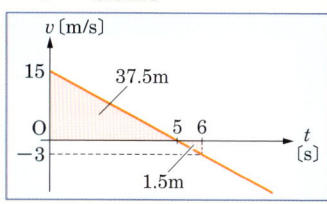

動いた距離は，グラフとt軸に囲まれた部分の面積
$37.5 + 1.5 = 39$ m

答 **39 m**

4 自由落下運動

1 自由落下運動とは

■ 図1は，重さの異なる大小2個のボールを，真空中で，同時刻に静かにはなして，落下させたときの運動のようすを撮影したストロボ写真（ストロボの発光間隔0.05秒）である。ボールの間隔がだんだん大きくなっていることから，速さがだんだん大きくなる加速度運動をしていることがわかる。真空中なので空気抵抗がないことから，この加速度は重力によって生じたものであるといえる。

■ 図1のように，物体が，空気抵抗のない空間を，静止（初速度0）の状態から重力の作用だけで，鉛直下方に落下する運動を**自由落下運動**という。

■ 図1で，大小2個のボールの高さが常に同じになっているように，自由落下運動は，物体の重さや形によらない同じ運動である。つまり，「重たいものほどはやく落ちる」という考えは誤りで，鉄球でも鳥の羽根でも「すべての物体は空気の抵抗がなければ同時に落下する」のである。

2 物体が落下するときの加速度

■ 表1は，落下するボールの0.05秒ごとの位置（y）を読みとり，さらに，区間距離（s）と速さ（v）を計算して，まとめたものである。次ページの図2は，表1から，時刻（t）と位置（y）の関係をグラフ（y-tグラフ）に表したものである。あとで出てくる式（②式）からわかるように，このグラフは放物線となっている。

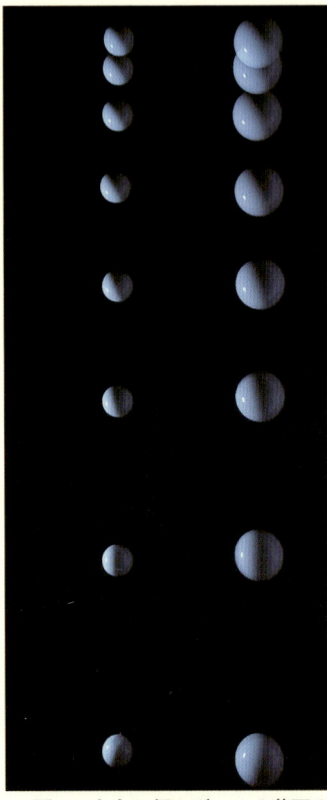

図1．大小2個のボールの落下のようす
空気抵抗がないか，またはその影響が無視できるとき，大小のボールはどちらも同じように落下する。

✳1. おもりに糸をつけてぶら下げたときの糸の方向を**鉛直方向**という。

✳2. 鉛直下向きをy軸の正の向きとする。

時刻 t〔s〕	位置 y〔cm〕	区間距離 s〔m〕	速さ v〔m/s〕
0	0		
		0.012	0.24
0.05	1.2		
		0.037	0.74
0.10	4.9		
		0.061	1.2
0.15	11.0		
		0.086	1.7
0.20	19.6		
		0.110	2.2
0.25	30.6		
		0.135	2.7
0.30	44.1		
		0.159	3.2
0.35	60.0		

表1．ストロボ写真から求めた，ボールの位置，区間距離，速さの例

図3は，表1から，時刻(t)と速さ(v)の関係をグラフ(v-tグラフ)に表したものである。ただし，時刻には各区間の中間値を使っている。例えば，0〜0.05sの区間では，時刻が0.025sのとき，速さが0.24m/sとしている。グラフは原点を通る直線になっているので，ボールは初速度0の等加速度直線運動をしていることがわかる。

この加速度の大きさをグラフの直線の傾きから求めると，約9.8m/s^{2}となる。この加速度は重力によるもので，**重力加速度**(記号gで表す)と呼ばれている。重力加速度の大きさは，地球上の場所によって少しずつ異なっているが，ほぼ9.8m/s^{2}となっている。

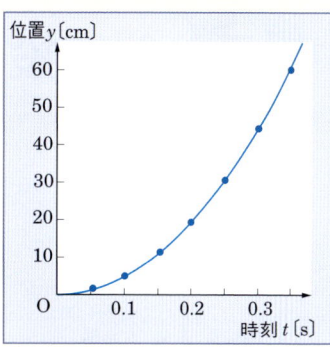

図2．y-tグラフ

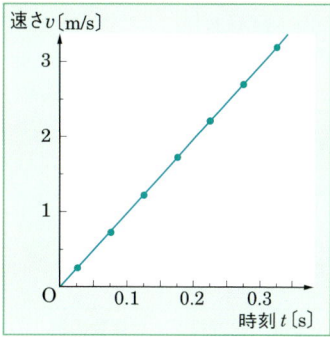

図3．v-tグラフ

3 自由落下運動を表す式

自由落下運動は，初速度0の等加速度直線運動であるから，p.11の等加速度直線運動の式で，初速度$v_0 = 0$，加速度$a = g$とし，さらに，鉛直下向きの運動なのでxをyで置きかえると，次の式を得ることができる。

ポイント 自由落下運動の式

$$v = gt \quad \cdots\cdots ①$$
$$y = \frac{1}{2}gt^2 \quad \cdots\cdots ②$$
$$v^2 = 2gy \quad \cdots\cdots ③$$

例題 高い建物の上から小石を静かに落としたところ，3.5秒後に地面に達した。小石を落とした場所の高さは何mか。また，地面に衝突する直前の速さは何m/sになるか。

解説 「静かに落とした」とあるので，初速度が0の自由落下運動であることがわかる。したがって，上の式を使うことができる。建物の高さは，小石が3.5秒間に落下した距離と同じだから，

$$y = \frac{1}{2}gt^2 = \frac{1}{2} \times 9.8 \times 3.5^2 = 60.025 ≒ 60\,\text{m}$$

となる。

地面に衝突する直前の速さは，3.5秒後の小石の速さであるから，

$$v = gt = 9.8 \times 3.5 = 34.3 ≒ 34\,\text{m/s}$$

である。　**答** 高さ…**60 m**，速さ…**34 m/s**

3. gは英語で重力加速度を表すgravitational accelerationの頭文字からとっている。

4. 重力加速度が場所によって異なるのは，標高や地形，地球が完全な球形ではないこと，自転による遠心力(地球の中心から遠ざかる向きにはたらく見かけの力)の緯度による違いなど，いろいろな原因による。

5. 空気中で小石などを落とす場合は，空気抵抗は無視して考えてよい。

1章 物体の運動

5 鉛直投げ上げ・投げ下ろしの運動

1 物体を真上に投げ上げると…

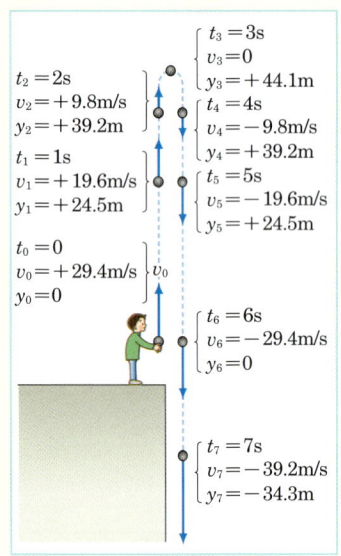

図1. 鉛直投げ上げ運動の例
初速度 $v_0 = 29.4$ m/s の場合を示す。

■ 図1は，物体を初速度 $v_0 = 29.4$ m/s で真上に投げ上げたときのようすを表している。初速度の向きと加速度の向きが反対なので，最高点までは速さが1秒あたり 9.8 m/s ずつ減少する等加速度直線運動となる。したがって，速さは，1秒後に 19.6 m/s，2秒後に 9.8 m/s，3秒後に0になり，速さが0になるときに最高点となる。その後は，下向きに速さが1秒あたり 9.8 m/s ずつ増加する運動となる。

■ この運動を，最高点に達する前後で分けて考える必要はない。投げた点を原点として，鉛直上向きを y 軸の正の向きとし，物体の位置を y で表せば，加速度は常に負の向きなので，$a = -g$ と表せ，また，最高点を過ぎたあとの物体の速度は下向きなので，負の速さで表される。

■ したがって，p.11 の等加速度直線運動の式で，x を y とし，a を $-g$ とおけば，鉛直投げ上げの式は次のように表すことができる。

ポイント 鉛直投げ上げの式

$$v = v_0 - gt \quad \cdots\cdots ①$$
$$y = v_0 t - \frac{1}{2} gt^2 \quad \cdots\cdots ②$$
$$v^2 - v_0^2 = -2gy \quad \cdots\cdots ③$$

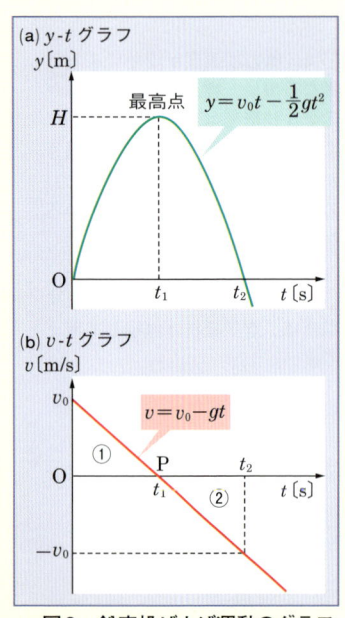

図2. 鉛直投げ上げ運動のグラフ

■ この運動の y-t グラフと v-t グラフをかくと，図2のようになる。上の式②は t に関する2次関数の式であるから，y-t グラフは上に凸の放物線となる。

■ 上の式①から，v-t グラフは，傾きが $-g$ の右下がりの直線になることがわかる。最高点は $v = 0$ となる点Pで，最高点の高さは三角形①の面積で表される。

■ **最高点の高さと時間** 物体が最高点に達すると，その瞬間だけ速度は0になるから，その時刻を t_1 [s] とする（図3）と，上の式①より，

$$0 = v_0 - gt_1 \qquad \therefore \quad t_1 = \frac{v_0}{g}$$

最高点の高さ H は時刻 t_1 のときの位置 y の値であるから，

$$H = v_0 t_1 - \frac{1}{2} g t_1^2$$
$$= v_0 \left(\frac{v_0}{g}\right) - \frac{1}{2} g \left(\frac{v_0}{g}\right)^2 = \frac{v_0^2}{2g}$$

となる。これは**図2**の三角形①の面積からも求められる。

■ **落下点での速度と時間** 真上に投げた物体がもとの位置まで落下してくる時刻をt_2〔s〕とする(**図3**)と、そのときの位置yは0であるから、前ページの式②より、

$$0 = v_0 t_2 - \frac{1}{2} g t_2^2$$

これより、

$$t_2 \left(v_0 - \frac{1}{2} g t_2\right) = 0 \quad \therefore \quad t_2 = \frac{2 v_0}{g}$$

である。t_2はt_1の2倍となっているので、最高点に達するまでの時間と、最高点からもとの位置にもどるまでの時間は同じになっている。もとの位置にもどるときの速度は、

$$v = v_0 - g t_2 = v_0 - g \frac{2 v_0}{g} = - v_0$$

となり、初速度と同じ大きさであるが、負の符号がついているので逆向きであることがわかる。

問 1. 初速度44.1m/sで真上に投げたボールは、何秒後に最高点に達し、その高さは何mになるか。

2 物体を真下に投げ下ろすと…

■ **図4**は、物体を初速度20m/sで真下に投げ下ろしたときのようすを表している。物体は手からはなれたあとは重力だけを受けるので、等加速度直線運動となり、速さが1秒あたり9.8m/sずつ増加する運動となる。

■ **p.11**の等加速度直線運動の式で、xをyとし、aをgとおけば、鉛直投げ下ろしの式は、次のように表すことができる(鉛直下向きを正とする)。

ポイント 鉛直投げ下ろしの式
$$v = v_0 + gt$$
$$y = v_0 t + \frac{1}{2} g t^2$$
$$v^2 - v_0^2 = 2gy$$

問 2. 初速度14.7m/sで真下に投げ下ろした物体の2.0秒後の速さと落下距離を求めよ。

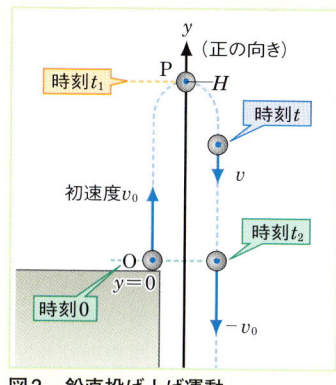

図3. 鉛直投げ上げ運動

1. $t_2 = 0$も方程式の解であるが、これは投げ上げた時刻である。

2. $t_1 = t_2$だから、**図2**で三角形①と三角形②の面積は等しい。

[解き方] **問1.**
最高点では$v = 0$
$v = v_0 - gt$
$0 = 44.1 - 9.8 \times t$
$\therefore t = 4.5$ s
$y = v_0 t - \frac{1}{2} g t^2$
$= 44.1 \times 4.5 - \frac{1}{2} \times 9.8 \times 4.5^2$
$\fallingdotseq 99$ m

[答] 時間…**4.5秒後**、高さ…**99m**

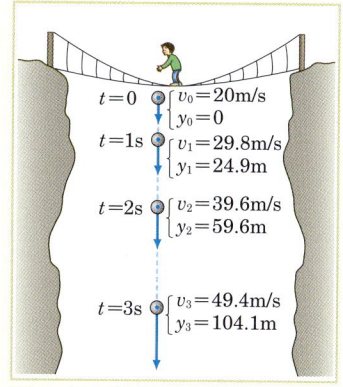

図4. 鉛直投げ下ろし運動の例

[解き方] **問2.**
$v = v_0 + gt$
$= 14.7 + 9.8 \times 2.0 \fallingdotseq 34$ m/s
$y = v_0 t + \frac{1}{2} g t^2$
$= 14.7 \times 2.0 + \frac{1}{2} \times 9.8 \times 2.0^2$
$= 49$ m

[答] 速さ…**34m/s**、距離…**49m**

1章 物体の運動

重要実験 重力加速度の測定

方法

1. 右の図のように，記録タイマーを力学スタンドに固定し，おもりが2mくらい自由落下できるようにする。
2. 記録テープ用の紙テープを2mほどに切り，クリップやセロハンテープでおもりにとりつける。おもりには，砂袋や乾電池などを用いる。
3. 紙テープを記録タイマーにセットし，図のように，テープを持っておもりを支える。
4. 記録タイマーのスイッチを入れてから紙テープをはなし，おもりを落下させる。
5. おもりの質量を変えて同じように実験する。

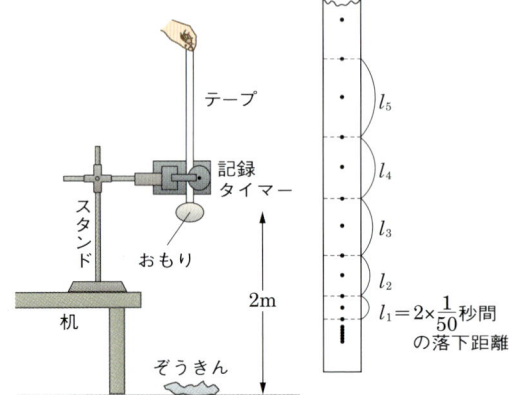

$l_1 = 2 \times \dfrac{1}{50}$ 秒間の落下距離

結果

1. テープに打たれた打点のうち，打点が重なっているはじめの部分を除き，2打点ごとに印をつけ，その間の距離 l をはかり，表に書きこむ。
2. 記録タイマーの打点間隔は，交流の周波数が50Hzの地域（東日本）では $\dfrac{1}{50}$ s，60Hzの地域では $\dfrac{1}{60}$ s であるから，各区間の平均の速さ v は，

  （50Hzの地域）　$v = \dfrac{l}{2 \times \dfrac{1}{50}} = 25l$

  （60Hzの地域）　$v = \dfrac{l}{2 \times \dfrac{1}{60}} = 30l$

  上式で計算した値も表に書きこむ。
3. 表の値をもとにして，v-t グラフをかき，その傾きを求める。この傾きが重力加速度の値である。

〔結果の例（50Hz）〕

l 〔cm〕	v 〔cm/s〕
2.81	70.25
4.23	105.75
5.73	143.25
7.23	180.75
8.45	211.25
10.27	256.75
11.73	293.25
13.53	338.25
15.00	375.00
16.63	415.75
17.70	442.50
19.63	490.75
21.25	531.25
22.85	571.25

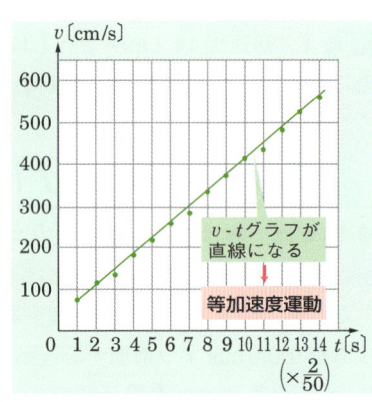

■加速度 a の大きさは v-t グラフの傾きから求められる。

$$a = \dfrac{571.25 - 70.25}{(14-1) \times \dfrac{2}{50}}$$

$$\fallingdotseq 963\,\text{cm/s}^2 = 9.63\,\text{m/s}^2$$

考察

■重力加速度の実測値は，9.8 m/s² より小さくなった。これはなぜか。 → 紙テープと記録タイマーとの間の摩擦やおもりに対する空気抵抗などのために，落下の加速度が小さくなったためと考えられる。

定期テスト予想問題 解答 → p.154

1 平均の速さ

一定の速さで走っている電車の速さをはかるため，100m間隔で設けられている標柱の間を通過する時間を測定したら，4.0秒であった。この電車の速さは何m/sか。また，何km/hか。

2 速度の合成

図のように右向きに0.80m/sで流れる川といっしょに動く船の上にA君とBさんがいる。あとの問いに答えよ。

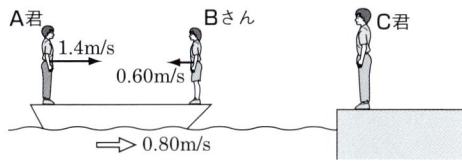

(1) A君は船に対して1.4m/sで右向きに動いている。陸上のC君から見ると，A君はどちら向きに何m/sの速さで動くように見えるか。
(2) Bさんは船に対して0.60m/sで左向きに動いている。陸上のC君から見ると，Bさんはどちら向きに何m/sの速さで動くように見えるか。

3 相対速度

風のない雨の日に速度20m/sで走る電車内から窓を見ると，雨が鉛直線と60°の角度で降っているように見えた。地面に対して雨の落下する速度は何m/sか。
$\sqrt{3}$ = 1.73として求めよ。

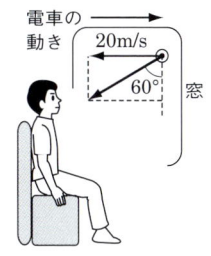

4 v-t グラフ

図のv-tグラフは，A駅を動きだしてから直線の線路を通ってB駅につくまでの電車の運動を表している。あとの問いに答えよ。

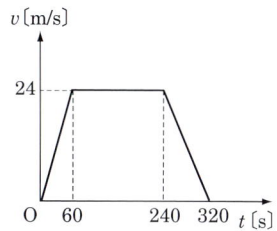

(1) 0～60秒の間の加速度は何m/s²か。
(2) 240～320秒の間の加速度は何m/s²か。
(3) A駅とB駅の間の距離は何mか。

5 等加速度直線運動

静止していた自動車が出発点Oを出て，直線上を一定の割合で加速し，図のような速さでP，Q点を通過した。PQ間を走るのにかかった時間は6.0秒である。あとの問いに答えよ。

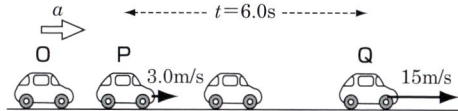

(1) 自動車の加速度は何m/s²か。
(2) PQ間の距離は何mか。
(3) OP間を走るのにかかった時間は何秒か。
(4) このまま自動車が加速し続けたとき，速さが20m/sになるときにはO点から何m進んでいるか。

6 負の加速度の運動

摩擦のない斜面上でO点から小球を初速度4.0m/sで斜面にそって上向き（x軸の正の向き）にころがしたところ，小球はA，B，C点の順に通過した。小球の加速度は一定として，あとの問いに答えよ。

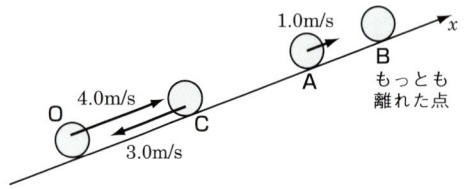

(1) O点よりもっとも斜面上向きに離れたB点での小球の速さは何m/sか。
(2) OB間をころがるのにかかった時間は8.0秒であった。小球の加速度は何m/s²か。
(3) O点からA点まで達するのにかかった時間は何秒か。
(4) C点での変位は何mか。
(5) O点からC点にくるまでに小球の動いた距離は何mか。
(6) 小球が$x = -20$mの位置のとき，O点を出てから何秒経過しているか。

7 負の加速度のv-tグラフ

図はx軸上を運動する物体が原点Oを通過してからのv-tグラフである。あとの問いに答えよ。

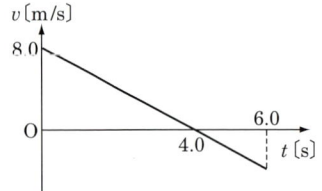

(1) 物体の加速度の向きと大きさを答えよ。
(2) 物体が原点Oからもっとも遠ざかったのは何秒後か。また，そのときの変位は何mか。
(3) 原点Oを通過してから6.0秒後の物体の変位と道のりは，それぞれ何mか。

8 自由落下，投げ下ろし

水面より44.1m高い橋の上から，質量0.10kgの小球Aを自由落下させた。重力加速度の大きさは9.8m/s²で，空気抵抗は無視できるものとして，あとの問いに答えよ。

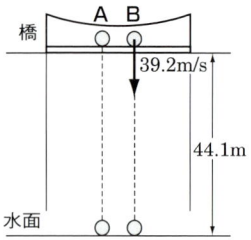

(1) 自由落下させてから，2.0秒後の小球の速さと落下距離を求めよ。
(2) 水面に達するまでにかかった時間は何秒か求めよ。
(3) 質量0.20kgの小球aを自由落下させたとき，水面に達するまでにかかった時間は小球Aの時間（(2)の答え）の何倍か求めよ。
(4) 小球Aを落下させてからt秒後に質量0.10kgの小球Bを下向きに初速度39.2m/sで投げ下ろしたところ，同時に着水した。tの値を求めよ。

⑨ 投げ上げ運動

初速度39.2m/sで地上（高さ$y=0$m）より，花火を真上に向かって打ち上げた。重力加速度の大きさを9.8m/s²として，あとの問いに答えよ。ただし，答えは小数第1位まで求めること。

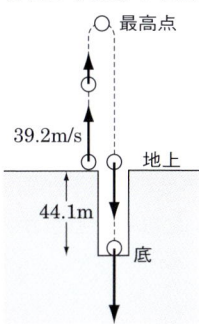

(1) 打ち上げてから3.0秒後の花火の高さと速度を求めよ。
(2) 花火は最高点で花開いた。このときの花火の速度，高さ，打ち上げてからの経過時間を求めよ。
(3) 花火が不発に終わり，地上にもどってきたとする。地上での花火の速度と，打ち上げてからの経過時間を求めよ。
(4) 打ち上げ地点に大きな穴があり，深さが44.1mあった。花火が不発のまま落ちてきてこの穴の底まで到達したときの，花火の速度と打ち上げてからの経過時間を求めよ。

⑩ 鉛直投げ上げの2物体

2つの物体A，Bを，BはAより2.0秒おくれて，いずれも鉛直に初速度29.4m/sで投げ上げたとき，重力加速度の大きさを9.8m/s²として，次の問いに答えよ。

(1) 物体Bが投げ上げられてから，何秒後に物体Aと出合うか。
(2) 物体A，Bが出合う点の高さは何mか。小数第1位まで答えよ。
(3) 物体A，Bが出合うとき，それぞれの速度は何m/sか。

⑪ 重力加速度

表は，$\frac{1}{20}$秒間隔でストロボを発光させ，小球の自由落下のようすを撮影したデータを表している。表の空欄をうめ，加速度の平均（重力加速度）を求めよ。

時刻〔s〕	位置〔m〕	位置の変化〔m〕	速さ〔m/s〕	速さの変化〔m/s〕	加速度〔m/s²〕
0	0				
0.05	0.013	0.013	0.26	0.48	9.6
0.10	0.050	0.037	0.74		
0.15	0.111				
0.20	0.195				
0.25	0.305				
0.30	0.440				
0.35	0.600				

君は計算派か 直感派か。
速さを考える！

ふだんはほとんど見たり聞いたりしないものの速さや大きさ・重さなどの数値は，まるで見当がつかないことが多い。次の問いもそんなものの1つ。ち密な計算で攻めるのもよし，あるいはとぎすまされた直感でズバリ切るのもまたよし。自信のある方法で，みごと，正解をいとめてほしい。いざ，チャレンジ！

断面積が$1mm^2$の銅線に1Aの電流が流れている。このとき，すべての電子が同じ速さで動いているとすると，電子が1時間に進む距離はどれくらいになるだろうか。ここにあるAからEまでのうちからもっとも近いものを1つ選べ。

B 新幹線の車両1両分（約25m）

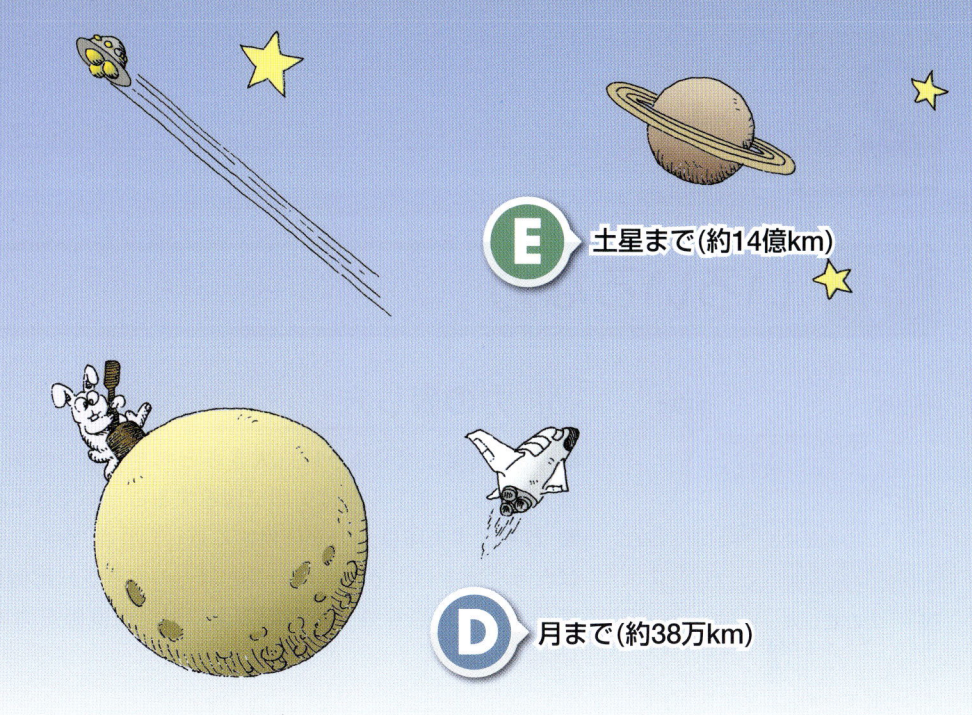

E 土星まで(約14億km)

D 月まで(約38万km)

C 瀬戸大橋・鉄道部分全長(約32km)

A 鉛筆1本と半分(約27cm)

答えはp.173

2章 力

1 いろいろな力

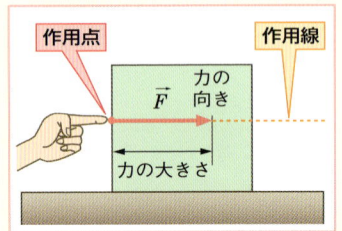

図1．力の表し方
力のベクトルを図示するときは矢印で表し，文字で表すときは，$\vec{F}$ のように文字の上に矢印をつけて書く。矢印をつけずに F と書いたときは，力の大きさを表している。

✿1. 力の単位には，このほかに，キログラム重（[kgw]または[kg重]）という単位もある。質量1kgの物体にはたらく重力の大きさを1kgwというので，
$$1\,\text{kgw} = 9.8\,\text{N}$$
である。この式より，
$$1\,\text{N} \fallingdotseq 0.102\,\text{kgw}$$
したがって，1Nは，質量0.102kgすなわち，質量102gの物体にはたらく重力とほぼ等しい。

✿2. この式の意味を詳しく理解するには，p.30〜31の「運動の法則」を学習する必要がある。

✿3. 体重は「重さ」なので，物理の単位としてはNまたはkgwなどを使うが，日常生活ではkgで表す。地球上で体重が60kgの人の質量は60kgと考えてよい。

解き方 問1．
質量は不変であり60kgなので，月面での体重は，
$$m \times \frac{g}{6} = 60 \times \frac{9.8}{6} = 98\,\text{N}$$
答 質量…**60kg**，体重…**約98N**

1 力の表し方

■ **力**は速度と同じように，大きさと向きをもつベクトル量である。ベクトル量は矢印で図示することができる。

■ 力を表す矢印は，力が作用する点（**作用点**）から，力のはたらく向きに引き，矢印の長さは力の大きさに比例させてかく。作用点を通り，力の方向に引いた直線を力の**作用線**という（図1）。

2 重さと質量

■ 地球が物体を引く力を**重力**という。ばねはかりではかることのできる量である**重さ**は，物体にはたらく重力の大きさのことである。これに対して，てんびんではかることのできる量である**質量**は，物質固有の量である。例えば，重さは，物体にはたらく重力が地球上とは異なる月面上ではかると，地球上とは異なるが，質量は月面上ではかっても地球上と同じである。

■ 質量の単位には**キログラム[kg]**を使う。力の単位には**ニュートン[N]**を使い，重さの単位もニュートンで表せる。

■ 物体にはたらく重力の大きさは，物体の質量に比例し，質量1kgの物体にはたらく重力は g[N]（g は重力加速度で，約9.8m/s²）である。したがって，

> **ポイント**
> 質量 m[kg]の物体にはたらく重力 W[N]は，重力加速度を g[m/s²]とすると，
> $$W = mg$$

問 1．月面上の重力は，地球上の重力の約 $\frac{1}{6}$ である。地球上で体重計が60kgを示す人の月面上での質量は何kgか。また，月面上ではこの人の体重は約何Nになるか。

3 いろいろな力

物体が面を押しているとき，面から物体にはたらく力のうち，面に垂直な力を**垂直抗力**という。面がなめらかな場合，面からは垂直抗力だけがはたらくが，なめらかでない場合は，面に平行に**摩擦力**がはたらく。また，糸や綱が物体を引く力を**張力**という（図2）。ばねに外から力を加えて伸縮させると，もとの長さにもどろうとする力がはたらく。一般に，変形した物体がもとの状態にもどろうとして，他の物体におよぼす力を**弾性力**という。ばねを引きのばしたとき，**ばねの自然の長さからののびと弾性力は比例する**。これを**フックの法則**という（図3）。このとき，比例定数 k 〔N/m〕は**ばね定数**と呼ばれる。

> **ポイント フックの法則**
> ばねののび（縮み）を x 〔m〕，弾性力を F 〔N〕とすると，
> $$F = kx \quad (k はばね定数)$$

問 2. 自然の長さが20 cmのばねに，質量100 gの分銅をつるしたら27 cmになった。このときの弾性力とばね定数はいくらか。また，このばねを手で引いたら25 cmになった。手で加えた力はいくらか。

単位面積あたりにはたらく力を**圧力**といい，**$1 \text{ N/m}^2 = 1 \text{ Pa}$（パスカル）**という単位で表す。水中にある物体の表面に垂直にはたらく圧力を**水圧**といい，その大きさは水深に比例する。水深 h 〔m〕のときの水圧の大きさは，底面積 1 m^2，高さ h 〔m〕の水の柱の重さに等しい。水の密度を ρ 〔kg/m³〕とすると，

水の柱の重さは，ρh 〔kg〕 $\times g$ 〔m/s²〕 $= \rho g h$ 〔N〕これが底面積 1 m^2 に加わるから，水圧 p 〔N/m²〕は，
$$p = \frac{\rho g h \text{〔N〕}}{1 \text{ m}^2} = \rho g h \text{〔N/m}^2\text{〕} = \rho g h \text{〔Pa〕}$$

液体（または気体）中にある物体は，その表面にはたらく液体（気体）の圧力のため，全体として鉛直上向きの力を受ける。この力を**浮力**という。**浮力の大きさは物体が排除している液体（気体）にはたらく重力の大きさに等しい**。よって，物体の体積を V，液体（気体）の密度を ρ として，
$$F = \rho V g$$
これを**アルキメデスの原理**という。

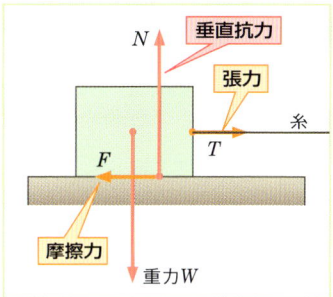

図2．平面上の物体を糸で引いたとき物体にはたらく力

解き方 問2.
弾性力と重力がつり合っているので，
弾性力 $= mg$
$\quad = 0.1 \times 9.8 = 0.98$ N
のびの長さ x は
$\quad x = 27 - 20 = 7$ cm $= 0.07$ m
$F = kx$ より，$0.98 = k \times 0.07$
$k = 14$ N/m
$F = kx' = 14 \times 0.05$
$\quad = 0.70$ N

答 弾性力…**0.98 N**
ばね定数…**14 N/m**
加えた力…**0.70 N**

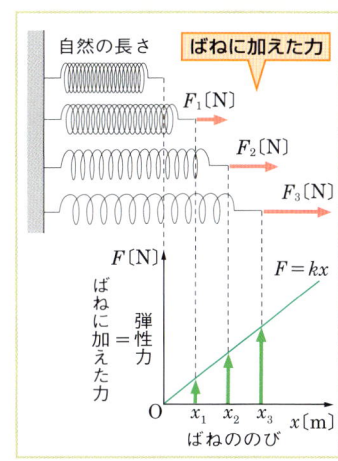

図3．フックの法則

4. 実験によれば，水中の物体の面を押す圧力は，常に面に対して垂直である。また，水中の1点における圧力の大きさはすべての方向に等しくはたらいている。

5. 物体の上下に加わる圧力の差によって生じる。

2 力の合成・分解

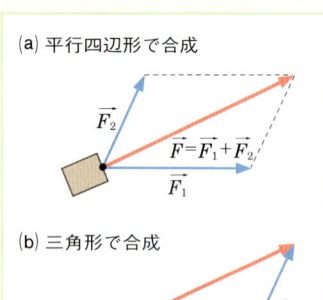

(a) 平行四辺形で合成

(b) 三角形で合成

図1. 2つの力の合成

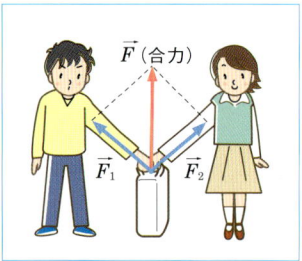

図2. 荷物を2人で持っているときの合力

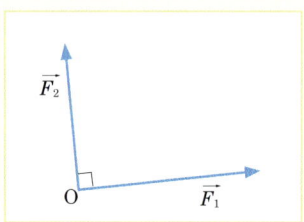

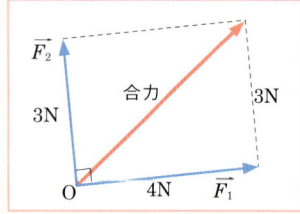

1 力の合成

■ 静止している物体に力がはたらくと，物体はその力の方向に動きだす。物体に方向の違う2つの力がはたらいても，物体が動きだす方向は1つである。

■ 物体に2つの力がはたらくとき，この2つの力と同じ効果をもつ1つの力を**合力**と呼び，合力を求めることを**力の合成**という。

■ 合力を求めるには，図1の(a)のように，2つの力$\vec{F_1}$，$\vec{F_2}$の矢印を2辺とする平行四辺形をつくり，その対角線を求めると，力の作用点を通る対角線の長さが合力の大きさとなり，対角線の方向が合力の方向となる。また，図1の(b)のように，$\vec{F_1}$の矢印の終点から$\vec{F_2}$の矢印をかき，$\vec{F_1}$の矢印の始点から$\vec{F_2}$の矢印の終点まで矢印を引くと，その矢印が$\vec{F_1}$と$\vec{F_2}$の合力となる。

■ 図2のように，荷物を2人で持って静止している場合は，2人が荷物を引く力の合力と荷物にはたらく重力がつり合っていると考えることができる。したがって，この場合，2人の力の合力は，荷物にはたらく重力と大きさが同じで，向きが反対になっている。

例題 左の図のように，O点に$F_1 = 4$ N，$F_2 = 3$ Nの2つの力が作用している。2つの力のなす角度は90°であるとして，左の図の中に合力を作図して，その大きさを求めよ。

解説 平行四辺形を作図して合力を求めると，左の図のようになる。2力のなす角が90°であるから，合力の大きさは直角三角形の斜辺の長さとなる。したがって，三平方の定理より，$\sqrt{3^2 + 4^2} = \sqrt{25} = $ **5 N** ……… 答

2 力の分解

■ 2つの力を合わせて1つの合力を求めるのと反対に，1つの力を2つの力に分けることもできる。これを**力の分解**という。分解された2つの力の合力を求めると，もとの力になる。

■ 1つの力を決められた2つの方向の力に分解するには，図3のように，もとの力の矢印が対角線となるような平行四辺形をかけばよい。その対角線をはさむ2辺が分解された力（**分力**という）である。

■ 力を分解する方向が指定されていないときは，図4のように，直交座標のx軸の方向とy軸の方向に分解するとよい。力$\vec{F}$がx軸となす角度がθのとき，x軸方向の分力を$\vec{F_x}$，y軸方向の分力を$\vec{F_y}$とすると，それぞれの分力の大きさF_x，F_yは，次の式で求められる。

$$F_x = F\cos\theta, \quad F_y = F\sin\theta$$

F_x，F_yをそれぞれ，$\vec{F}$の**x成分**，**y成分**ともいう。

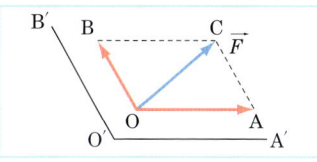

図3．決められた2方向に力を分解する

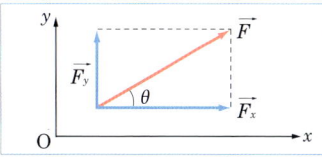

図4．力のx成分・y成分

|問| **1.** 傾きが30°の斜面上に20kgの物体が静止している。この物体にはたらく重力を，斜面に平行な方向と垂直な方向の2力に分解すると，各分力の大きさはいくらになるか。ただし，重力加速度の大きさを9.8m/s²とする。

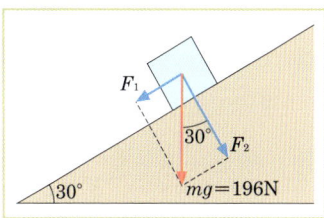

斜面に平行な分力F_1は
$$F_1 = \frac{mg}{2} \approx 98\,\text{N}$$
斜面に垂直な分力F_2は
$$F_2 = \frac{\sqrt{3}}{2}mg \approx 170\,\text{N}$$

答 平行な方向の力…**98N**
垂直な方向の力…**170N**

③ 計算による合力の求め方

■ 1点に多数の力が同時にはたらくとき，その合力は，平行四辺形の法則を用いて求めてもよいが，次のように計算で求める方法もある。

■ 図5のように，各力をそれぞれ，x成分とy成分に分解し，その向きによって正負の符号をつけたうえで，x成分の総和とy成分の総和とを求めれば，これが合力$\vec{F}$のx成分F_xとy成分F_yになる。

■ 合力$\vec{F}$の大きさはF_xとF_yから三平方の定理で求める。

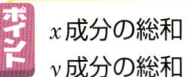

x成分の総和　　$F_{1x} + F_{2x} + F_{3x} + \cdots = F_x$
y成分の総和　　$F_{1y} + F_{2y} + F_{3y} + \cdots = F_y$

合力$\vec{F}$の $\begin{cases} \text{大きさ} & F = \sqrt{F_x^2 + F_y^2} \\ \text{向き}(x\text{軸となす角}\theta) & \tan\theta = \dfrac{F_y}{F_x} \end{cases}$

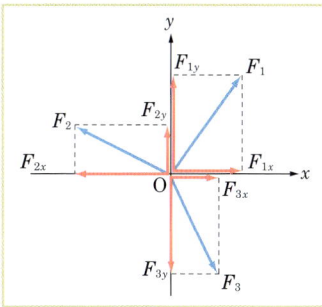

図5．合力の計算

|問| **2.** 4.0N，3.0N，2.0Nの3力が右の図のような向きにはたらいている。この3つの力の合力のx成分F_xと，y成分F_yの値を求め，合力Fの大きさを求めよ。

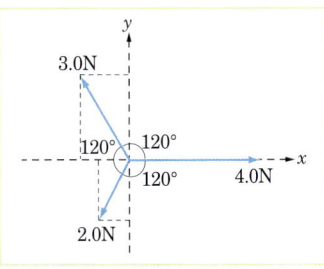

$F_x = F_{1x} + F_{2x} + F_{3x}$
$\quad = 4.0 + (-1.5) + (-1.0)$
$\quad = 1.5\,\text{N}$
$F_y = F_{1y} + F_{2y} + F_{3y}$
$\quad = 0 + \dfrac{3}{2}\sqrt{3} - \dfrac{2}{2}\sqrt{3}$
$\quad \approx 0.87\,\text{N}$
$F = \sqrt{F_x^2 + F_y^2} = \sqrt{3} \approx 1.7\,\text{N}$

答 $F_x = $ **1.5N**，$F_y = $ **0.87N**
$F = $ **1.7N**

2章 力

3 作用・反作用の法則と力のつり合い

1 作用・反作用とは何か

ボートに乗って手で岸を押すと，岸に力を加えているのに岸は動かないで，ボートのほうが動く（図1）。また，人が走ったり，ジャンプしたりするときも，足で地面をけって，地面に力を加えるが，動くのは人のほうである。

物体Aが物体Bに力を加えたとき，力を加えた物体Aの運動のようすも変化するので，**物体Aも物体Bから力を受けている**ことがわかる。AがBに加えた力を**作用**とするとき，BがAに加えた力を**反作用**という（図2）。

図1．反作用で動くボート

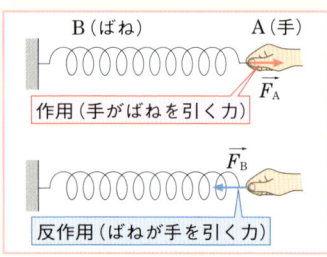

図2．作用と反作用

> **ポイント 作用・反作用の法則**（運動の第3法則）
> 物体Aから物体Bに力$\vec{F_A}$（作用）が加えられたとき，必ず，物体Bから物体Aにも力$\vec{F_B}$（反作用）がはたらく。作用と反作用の力は，同一直線上にあり，大きさが等しく，向きが反対である。

❶ 1. 力というものは，必ず2つの物体の間で，作用と反作用の力が1対になってはたらくものであって，それ以外の力は存在しない。したがって，どちらの力が作用でどちらが反作用なのかは考える必要はない。

2 力がつり合うときの関係

綱引きで，ちょうど両方の力が同じくらいであると，綱が動かず，なかなか勝負がつかない。この例のように，**物体が2つ以上の力を同時に受けているのに，力のはたらきが表れないとき，その物体はつり合いの状態にある**という。

1つの物体に2つの力$\vec{F_1}$，$\vec{F_2}$がはたらいているとき，次のような条件があれば，2つの力はつり合う。

> **ポイント 2力のつり合いの条件**
> ① 2つの力の大きさが等しい。（$F_1 = F_2$）
> ② 2つの力の向きが反対。（$\vec{F_1} = -\vec{F_2}$）
> ③ 2つの力の作用線が一致。

力がつり合っているとき，その合力は0となる。

図3のように，滑車を用いて3つのおもりをつるすと，O点にはたらく3つの力$\vec{F_1}$，$\vec{F_2}$，$\vec{F_3}$がつり合ったときに，3つのおもりが静止する。

このとき，どれか2つの力の矢印を2辺とする平行四

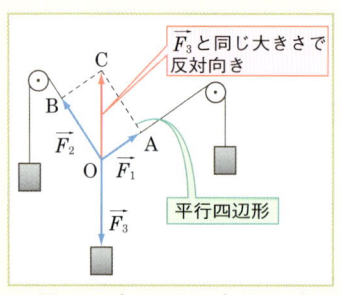

図3．1点にはたらく3つの力のつり合い

1編 力と運動

辺形をつくって合力を求めると，その合力と残りの力は，大きさが等しく，向きが反対で，同一直線上にある。

■ 物体に3つ以上の力がはたらいてつり合っているときは，図4のように，すべての力をx成分とy成分に分解して，x成分の総和とy成分の総和を求めれば，力がつり合っているときは，どちらも0になる。

$$\begin{cases} F_{1x} + F_{2x} + F_{3x} + \cdots\cdots = 0 \quad (x成分の総和 = 0) \\ F_{1y} + F_{2y} + F_{3y} + \cdots\cdots = 0 \quad (y成分の総和 = 0) \end{cases}$$

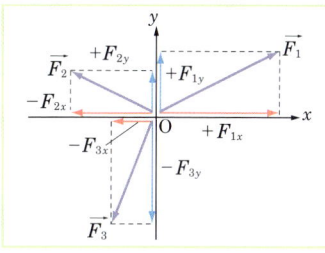

図4. 3力のつり合い
多数の力をx成分とy成分に分解して，総和を求める

例題 右の図のように，重さ3.0Nの物体に2本のひもをつけてつるしたら，鉛直方向に対して，一方のひもは30°をなし，他方のひもは60°をなしてつり合った。ひもが物体を引く力F_1，F_2は，それぞれいくらか。$\sqrt{3} = 1.73$として求めよ。

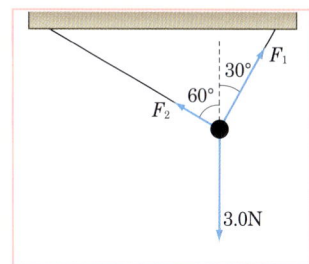

解説 力F_1，F_2をそれぞれ，水平方向（x軸方向）と鉛直方向（y軸方向）に分解したときの成分を，右の図のように表すことにすると，

$$F_{1x} = F_1 \sin 30° = \frac{1}{2}F_1$$

$$F_{1y} = F_1 \cos 30° = \frac{\sqrt{3}}{2}F_1$$

$$F_{2x} = -F_2 \sin 60° = -\frac{\sqrt{3}}{2}F_2$$

$$F_{2y} = F_2 \cos 60° = \frac{1}{2}F_2$$

となる。水平方向と鉛直方向の力のつり合いより，

$$\frac{1}{2}F_1 - \frac{\sqrt{3}}{2}F_2 = 0 \cdots\cdots ①$$

$$\frac{\sqrt{3}}{2}F_1 + \frac{1}{2}F_2 - 3.0 = 0 \cdots\cdots ②$$

①，②を連立方程式として解くと，

$F_1 ≒ $ **2.6N** ……………………………… 答
$F_2 = $ **1.5N** ……………………………… 答

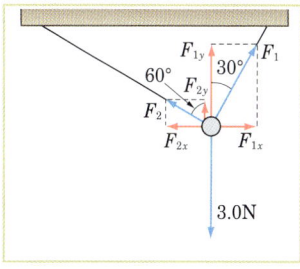

■ **つり合いと作用・反作用の違い** つり合っている2つの力と作用反作用の関係にある2つの力とは，どちらも，大きさが等しく，向きが反対で，同一作用線上にあるが，両者はまったく別のものである。つり合っている2つの力とは，同じ物体にはたらく2つの力のことであるが，作用反作用の関係にある2つの力とは，べつべつの物体にはたらく2つの力のことである。

★「例題」の別解
2本のひもが引く力の合力が，物体にはたらく重力とつり合うから，合力の大きさは3.0Nで，向きは鉛直上向きである。下の図のように，この合力を2本のひもの方向に分解すれば，ひもが引く力が求められる。2本のひものなす角度は90°であるから，図より，
$F_1 = 3.0 \cos 30°$
$F_2 = 3.0 \cos 60°$

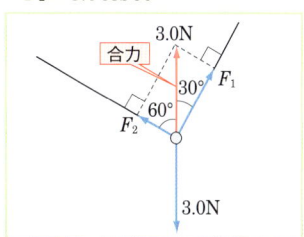

定期テスト予想問題 解答→p.156

1 弾性力，重力

2.0 kgのおもりをつるすと，自然の長さから4.9 cmのびるばねがある。重力加速度の大きさを9.8 m/s²として，次の問いに答えよ。

(1) おもりにはたらく重力は何Nか。小数第1位まで答えよ。
(2) ばね定数は何N/mか。
(3) ばねを水平にして，80 Nの力で引くと，ばねは何cmのびるか。

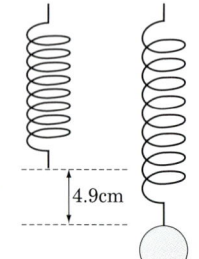

2 いろいろな力

5.0 kgの物体をなめらかな斜面にのせ，斜面に水平な糸で固定した。重力加速度の大きさを9.8 m/s²，$\sqrt{3}=1.73$として，問いに答えよ。

(1) 物体にはたらく重力Wは何Nか。
(2) 垂直抗力Nは何Nか。
(3) 張力Tは何Nか。

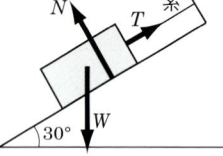

3 圧力

大気圧p_0〔Pa〕の中で，円筒形の容器に一定量の気体を入れて，なめらかに動くピストンで密封してある。ピストンの断面積をS〔m²〕，ピストンの質量をm〔kg〕，重力加速度の大きさをg〔m/s²〕として，次の問いに答えよ。

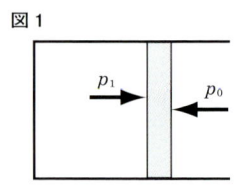

(1) 図1のように，ピストンを水平に置いたとき，気体の圧力p_1はいくらか。
(2) 図2のように，ピストンを鉛直に置いたとき，気体の圧力p_2はいくらか。

4 浮力(1)

ピンポン球に糸をつけ，糸の他端を水の入ったビーカーの底に固定した。ピンポン球の体積は1.4×10^{-5} m³，水の密度を1.0×10^3 kg/m³，重力加速度の大きさを9.8 m/s²として，ピンポン球にはたらく浮力を求めよ。

5 力の合成・分解

図のように，点Oに，F_1，F_2，F_3の3つの力がはたらいている。1めもりを1 Nとして，次の問いに答えよ。ただし$\sqrt{5}=2.24$とする。

(1) F_1のx成分を求めよ。
(2) F_2のy成分を求めよ。
(3) この3つの力の合力の大きさはいくらか。
(4) この3つの力とつり合う第4の力のx成分を求めよ。

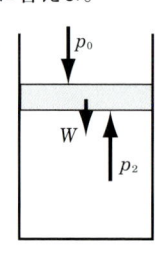

6 力のつり合いとばね(1)

図のように質量4.0 kgのおもりに軽い糸をつけ，糸が鉛直と30°傾くようにおもりにばねをとりつけた。重力加速度の大きさを9.8 m/s²，$\sqrt{3}=1.73$として，次の問いに答えよ。

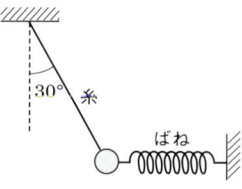

(1) ばねの弾性力は何Nか。
(2) ばね定数が490 N/mとすると，自然の長さからのばねののびは何cmか。
(3) 糸の張力は何Nか。

7 力のつり合い，作用・反作用

図のように床に物体A，Bを重ねて置いたところ，A，B，床に力F_1～F_6がはたらいた。矢印の長さは，すべて等しいとは限らない。次の問いに答えよ。

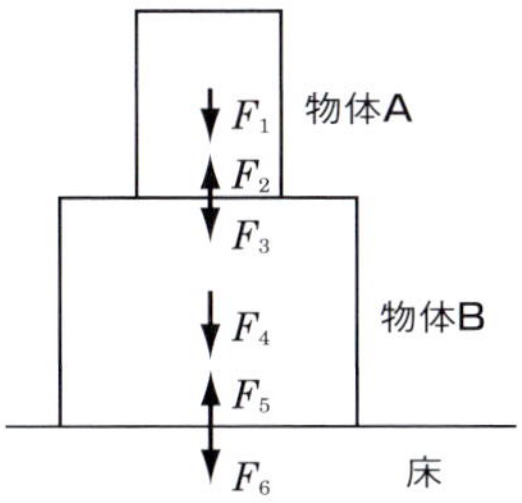

(1) 物体Bにはたらく力はF_1～F_6のうちどれか。
(2) 重力はF_1～F_6のうちどれか。
(3) F_5とつり合いの関係にある力はどれか。
(4) F_2と作用・反作用の関係にある力はF_1～F_6のうちどれか。

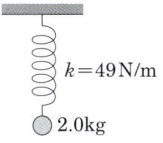

8 力のつり合いとばね(2)

ばね定数$k = 49$ N/mのばねがある。重力加速度の大きさを9.8 m/s^{2}として，次の問いに答えよ。

(1) 図1のように，質量2.0 kgのおもりをつるすと，ばねは何cmのびるか。
(2) 図2のように，おもりをつるすと，ばねは何cmのびるか。
(3) 図3のように，両端に2.0 kgのおもりをつるすと，ばねは何cmのびるか。

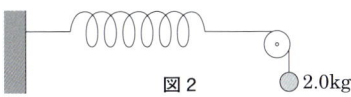
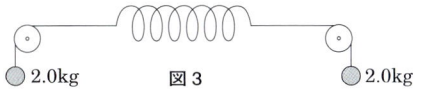

9 力のつり合いとばね(3)

机上に質量5.0 kgの物体があり，この物体に，ばね定数$k = 70$ N/mのばねを介して上向きの力を加えたところ，ばねは0.20 mのびたが，物体は動かなかった。重力加速度の大きさを9.8 m/s^{2}として，次の問いに答えよ。

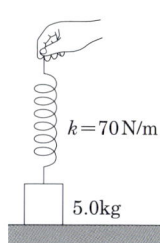

(1) 上向きに加えた力は何Nか。
(2) 物体にはたらく重力の大きさは何Nか。
(3) 物体にはたらいている力は，重力とばねの弾性力以外に何があるか。またその力の大きさは何Nか。

10 浮力(2)

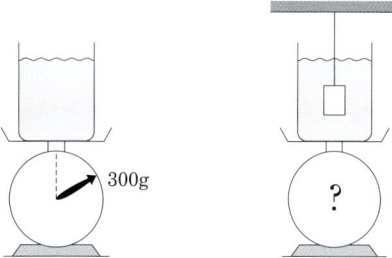

水の入ったビーカーをはかりにのせたところ，300 gのめもりを示した。これに質量100 g，体積70 cm^{3}の物体を，図のようにつるした。次の問いに答えよ。ただし，重力加速度の大きさを10 m/s^{2}とする。

(1) 物体にはたらく浮力の大きさは，何Nになるか。
(2) 浮力の反作用は，何から何に，どちら向きにはたらく力となるか。
(3) 物体にはたらく糸の張力は何Nか。
(4) はかりは何gをさすか。

3章 運動の法則

1 運動の法則

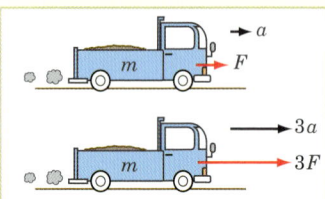

図1. 力の大きさと加速度の関係
質量が一定の物体に3倍の力を加えると，加速度の大きさも3倍になる。

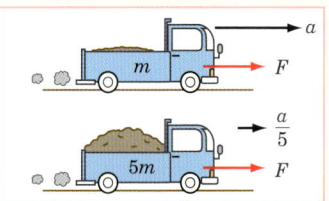

図2. 質量と加速度の関係
一定の大きさの力を5倍の質量をもつ物体に加えると，加速度の大きさは$\frac{1}{5}$になる。

⚙ 1. 加速度が力に比例し，質量に反比例するということを一般に式で表すと，kを比例定数として，$a=k\dfrac{F}{m}$と書ける。力の単位Nは，比例定数kが1となるように決めた単位であり，**1 kgの物体に1 m/s²の加速度を生じさせる力が1 Nである**といえる。

解き方 問1.
$ma=F$ より
$2.0 \times a = 10$
$a = 5.0 \text{ m/s}^2$, $v = v_0 + at$ より
$v = 10 + 5.0 \times 3 = 25 \text{ m/s}$
答 加速度…**5.0 m/s²**
　　　速さ…**25 m/s**

1 力がはたらくと加速度が生じる

■ 物体に力がはたらくと，物体の運動（速度）に変化が生じる。つまり，**物体に力がはたらくと，加速度が生じる**。

■ 質量が同じ物体に，向きや大きさの違ういろいろな力を加えて，加速度と力の関係を調べると，物体に生じる**加速度の向きは加えた力の向きと同じで，加速度の大きさは力の大きさに比例する**ことがわかる（図1）。

■ 次に，一定の大きさの力を，質量の違ういろいろな物体に加えて，加速度と質量の関係を調べると，**加速度の大きさは物体の質量に反比例する**ことがわかる（図2）。

> **ポイント**
> **運動の法則**（運動の第2法則）
> 質量m〔kg〕の物体に力$\vec{F}$〔N〕がはたらいたときに生じる加速度を$\vec{a}$〔m/s²〕とすると，加速度の向きは力の向きと同じで，その大きさaははたらいた力の大きさFに比例し，物体の質量mに反比例する。
>
> $$\vec{a} = \frac{\vec{F}}{m} \quad ^{①1} \qquad \text{加速度} = \frac{\text{力}}{\text{質量}}$$

問 1. ある瞬間に，質量2.0 kgの物体が一直線上を10 m/sの速さで進んでいた。この物体に10 Nの力を進行方向に加え続けたとき，物体の加速度と3秒後の速さはいくらになるか。

2 運動方程式のつくり方

■ 上の式を変形した次の式を**運動方程式**という。

> **ポイント**
> **運動方程式**
> $$m\vec{a} = \vec{F} \qquad \text{質量×加速度＝力}$$

■ 運動している物体に，いくつかの力$\vec{F_1}$，$\vec{F_2}$，$\vec{F_3}$，……が同時にはたらいている場合には，すべての力の合力$\vec{F}$を

運動方程式に用いる。
$$m\vec{a} = \vec{F_1} + \vec{F_2} + \vec{F_3} + \cdots\cdots = \vec{F}$$

■ 物体に多数の力が同時にはたらいているときは，すべての力をx成分とy成分に分解し，それぞれの総和を求めて，次のように，x軸方向とy軸方向2つの運動方程式をつくってもよい。

$$\begin{cases} ma_x = F_{1x} + F_{2x} + F_{3x} + \cdots\cdots = F_x & (x軸方向) \\ ma_y = F_{1y} + F_{2y} + F_{3y} + \cdots\cdots = F_y & (y軸方向) \end{cases}$$

問 2. なめらかな水平面上に静止している質量3.0 kgの台車に，右向きに2.7 Nの力と左向きに1.8 Nの力を同時に加えた。台車に生じる加速度の大きさと向きを求めよ。

③ 物体に力がはたらかなければ……

■ 静止している物体を動かすには，力を加えなければならない。運動している物体の速さや運動方向を変えるときにも，力を加えなければならない。このことから逆に，**物体に力がはたらかなければ，物体の運動には変化が起こらない**といえる。また，物体に力がはたらいていても，その合力が0になっている場合（つり合っているとき）は，やはり運動に変化が起こらない（図3）。

> **ポイント 慣性の法則**（運動の第1法則）
> 物体に力がはたらかないとき，または，はたらいているすべての力の合力が0のときは，物体は静止のままか，**等速直線運動**（等速度運動）を続ける。

④ 質量とはどんな量か

■ 同じ力がはたらいても質量の大きい物体ほど，加速度が生じにくい。つまり，運動状態が変化しにくい。したがって，質量が大きいほど慣性が大きいといえる。このことから，**質量は慣性の大きさを表す量**であるといえる。

■ 一方，p.13で学習したように，地球上のすべての物体は重力加速度$g(=9.8 \text{ m/s}^2)$で落下するから，重力をF，質量をmとすると，運動方程式より，$F = mg$が得られる。この式は，物体にはたらく重力の大きさFが質量mに比例していることを表しているので，**質量は重力の大きさに比例する量**であるともいえる。

✿2. 加速度$\vec{a}$の方向をx軸にとると，加速度のy成分$a_y = 0$となるから，y軸方向の式は，つり合いの式（$F_y = 0$）となる。

解き方 問2.

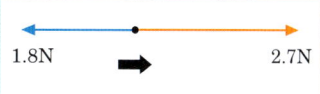

合力 = 2.7 − 1.8 = 0.90 N（右向き）
$ma = F$（合力）
$3.0 \times a = 0.90$
$a = 0.30 \text{ m/s}^2$
aはFの向きと同じだから右向き。

答 大きさ…**0.30 m/s²**
向き…**右向き**

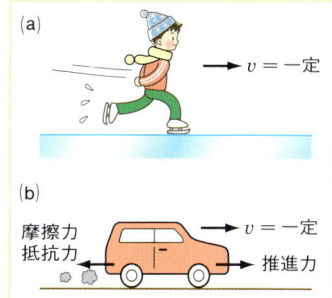

図3．等速直線運動の例
(a) 氷上を等速度ですべるスケーターの場合は，摩擦力も抵抗力も小さいので，水平方向の力は0とみなすことができる。
(b) 自動車が等速度運動をしている場合は，摩擦力・抵抗力・推進力の合力が0になっている。

✿3. 物体がその速度（静止も含む）を保とうとする性質を**慣性**という。

✿4. 質量をこのような量としてとらえるとき，**慣性質量**と呼ぶことがある。

✿5. 質量をこのような量としてとらえるとき，**重力質量**と呼ぶことがある。

2 運動の法則の適用

1 力がつり合っているとき

■ 運動方程式 $ma = F$ の F は，考えている物体にはたらいているすべての力の合力である。

■ 図1のように，水平な机の上の物体にはたらいている力は，重力 mg と垂直抗力 N だけである。この2つの力はつり合っているので，大きさが同じで向きが反対になっている。したがって物体にはたらいている力の合力 F は，$F = 0$ となり，これを運動方程式に代入すると，$ma = 0$，したがって，$a = 0$ である。

■ $a = 0$ の運動は，静止しているか等速直線運動である。

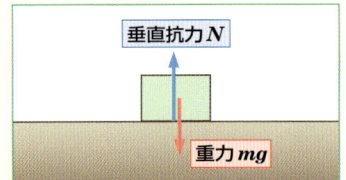

図1．水平な机の上に置かれた物体

2 水平投射の放物運動

■ 水平に投げ出されたボールにはたらいている力は，空気の抵抗力を無視すると重力だけである（図2）。放物線の接線方向にはたらいている力があると誤解しがちであるが，このような力ははたらいていない。

■ 「物体に力がはたらくと，力の方向に加速する」ということを p.30 で学んだ。力がはたらかないときには，静止しているか等速直線運動をする。投げ出されたボールには重力だけがはたらくのだから，鉛直方向には等加速度運動，水平方向には等速直線運動をすることになる。

■ 図3は，ボールAを水平に投げ出すのと同時にボールBを自由落下させたときの運動のようすを，$\frac{1}{30}$ 秒間隔でストロボ写真にとり，それをさらに図で表したものである。AとBのボールの高さがどの瞬間でも同じであることから，ボールAの鉛直方向の運動は自由落下運動と同じである。つまり重力を受けて等加速度運動をしている。

■ 水平方向の運動に注目すると，ボールAは右方向に等間隔で動いていることがわかる。したがって，同じ時間での移動距離が一定であることから，等速直線運動であることがわかる。水平方向には何も力がはたらいていないので，等速直線運動をしているのである。

■ 水平投射に限らず，ボールに角度をつけて投げ上げても，ボールには重力だけがはたらくので同じことがいえる。

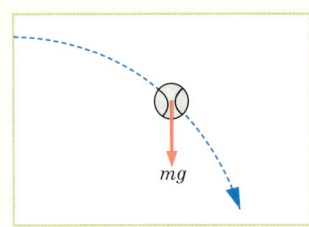

図2．水平に投げ出されたボールにはたらく力

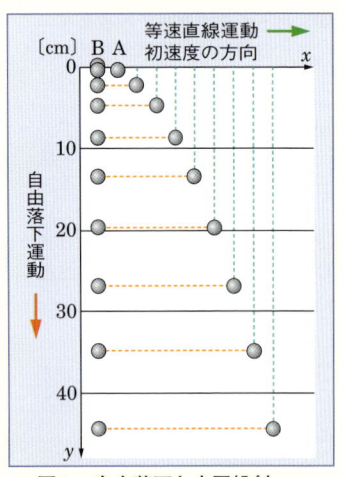

図3．自由落下と水平投射
ボールAを水平に投げ出したと同時にボールBを自由落下させている。

3 静止摩擦力

1 面が物体の動きをさまたげる

■ 水平な面の上で静止している物体に力を加えて動かそうとしても，ふつうはある大きさ以上の力を加えないと動きださない。これは，物体に**摩擦力**がはたらくためである。

■ 図1のように，水平な面の上で静止している物体を動かすため，力$\vec{f}$を加えても，$\vec{f}$が小さいあいだは物体は動かない。これは，面から物体に対して，加えた力$\vec{f}$と反対向きで大きさの等しい力$\vec{F}$がはたらいて，つり合うからである。このように，静止している物体の動きをさまたげる向きに面からはたらく力を**静止摩擦力**という。

■ 図1の力$\vec{f}$を大きくすると，静止摩擦力$\vec{F}$も大きくなり，ある点までは，常に，$f=F$の関係を保ってつり合う。しかし，**静止摩擦力には限度があって，$\vec{f}$がその限度をこえると，つり合いを保つことができなくなって**，物体が動きだす。この限度の摩擦力を**最大摩擦力**という（図2）。物体が動きだしたあとは動摩擦力（→p.34）がはたらく。

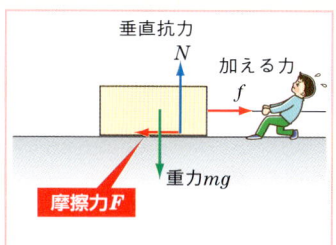

図1. 力を加えても静止している物体

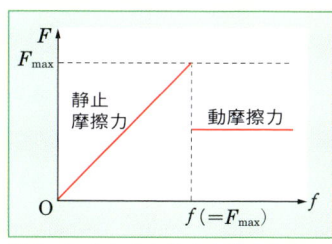

図2. 加えた力と静止摩擦力との関係

❶ 1. 面の状態とは，みがかれているとか，油がぬられているとかといったこと。

2 摩擦の大小を何で表すか

■ 最大摩擦力$\vec{F}_{max}$の大きさは，物体が面から受ける垂直抗力$\vec{N}$の大きさに比例する。これは，物体と面との接触面積の大小には直接関係しない。

> **ポイント**
> **最大摩擦力**
> $F_{max} = \mu N$　最大摩擦力＝比例定数×垂直抗力

■ 比例定数μを**静止摩擦係数**といい，接触する物質の種類や面の状態によって決まる。

■ 斜面に物体を置き，斜面の傾きをしだいに大きくしていくと，物体は，斜面がある角度になったときすべりはじめる。この角度のことを**摩擦角**という。摩擦角をθとすると，$\tan\theta = \mu$の関係がある（図3）。

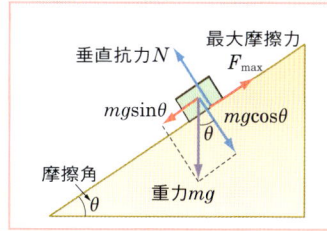

図3. すべりだす直前のつり合い

問 1. 水平な机の上に質量$2.0\,\mathrm{kg}$の物体がのっている。この物体と机の間の静止摩擦係数が0.50であるとき，この物体を水平に引っ張って動かすには，最小限何Nの力が必要か。重力加速度の大きさは$9.8\,\mathrm{m/s^2}$とする。

解き方 問1.

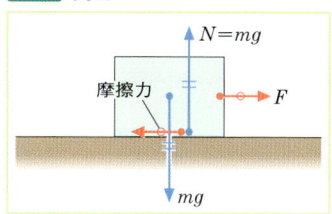

$F_{max} = \mu N = \mu mg$
　　　　$= 0.50 \times 2.0 \times 9.8$
　　　　$= 9.8\,\mathrm{N}$
$F \geqq F_{max}$で右に動く。

答 $9.8\,\mathrm{N}$

4 動摩擦力・抵抗力

1 運動物体にはたらく摩擦力

水平な床の上で物体をすべらせると、ふつうその速度はしだいに小さくなり、ついには止まってしまう。これは、面から物体に対して、その運動をさまたげる力がはたらくためである。運動している物体にはたらくこの力を**動摩擦力**[1]という（図1）。動摩擦力$\vec{F}$の大きさも、静止摩擦力と同じように垂直抗力$\vec{N}$の大きさに比例する。

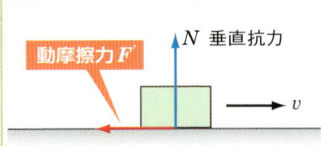

図1. 動摩擦力
静止摩擦力は、加えられた力に応じて変化するが、動摩擦力は一定の大きさである。

○1. 厳密には、すべり摩擦力という。物体がころがる場合の動摩擦力はころがり摩擦力といい、すべり摩擦力よりもはるかに小さい。

○2. したがって、動摩擦力は同じ接触面の最大摩擦力より小さい。

ポイント 動摩擦力
$$F' = \mu' N \quad 動摩擦力＝比例定数×垂直抗力$$

比例定数μ'を**動摩擦係数**という。

μ'の値は、接触する物体の種類や面の状態によって決まる。同じ接触面では、**動摩擦係数μ'は静止摩擦係数μより小さい**[2]（表1）。

2 あらい水平面上の運動

図2のように、摩擦のある水平面上に置いた質量mの物体に水平方向右向きの力fが加わって、加速度aの運動をしているときの運動方程式をつくってみよう。
鉛直方向には、運動の変化はなく、加速度は0だから、
$$0 = N - mg \quad \cdots\cdots①$$
水平方向には、力fのほかに動摩擦力$F'(=\mu' N)$が力fと反対向きに加わるから、
$$ma = f - F' = f - \mu' N \quad \cdots\cdots②$$
②式より、$\quad a = \dfrac{f - \mu' N}{m} \quad \cdots\cdots③$

であるから、$f > \mu' N$のとき$a > 0$、$f < \mu' N$のとき$a < 0$である。$f = \mu' N$ならば$a = 0$なので、物体は等速度運動をする。つまり、**摩擦のある水平面上で等速度運動をさせるには、動摩擦力と同じ大きさの力を加え続けなければならない**。

③式はさらに、①式を使うと、次のように表せる。
$$a = \dfrac{f - \mu' N}{m} = \dfrac{f - \mu' mg}{m} = \dfrac{f}{m} - \mu' g$$

接触する物質	μ	μ'
硬鋼と硬鋼 （乾燥）	0.78	0.42
ガラスとガラス （乾燥）	0.94	0.40
（塗油）	0.4以下	0.1以下
かし材とかし材 （乾燥）	0.62	0.48
銅とガラス （乾燥）	0.68	0.53

表1. 静止摩擦係数と動摩擦係数

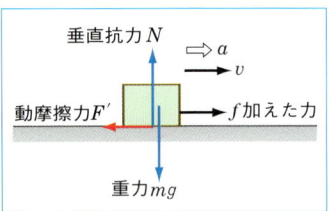

図2. 摩擦のある水平面上の運動
物体にはたらく力は、鉛直方向では、重力mgと垂直抗力N、水平方向では、加える力fと動摩擦力$F'(=\mu' N)$である。

問 1. 水平な床の上で，質量1.2kgの物体に5.5Nの力を水平方向に加え続けたところ，一定の速度ですべった。物体と床面との間の動摩擦係数はいくらか。

❸ あらい斜面上ではどんな運動をするか

■ 摩擦のある斜面上をすべりおりていく質量mの物体の運動方程式をつくってみよう。図3のように，物体に加わる重力mgを斜面に平行な方向と垂直な方向に分解すると，斜面に垂直な方向では，運動の変化がなく，加速度は0だから，

$$0 = N - mg\cos\theta \quad\cdots\cdots④$$

斜面に平行な方向では，重力の分力$mg\sin\theta$のほかに，動摩擦力$F'(=\mu'N)$が運動の向きと反対向きに加わるから，運動の向きの加速度をaとすると，

$$ma = mg\sin\theta - F' = mg\sin\theta - \mu'N \quad\cdots⑤$$

④式と⑤式より， $a = g(\sin\theta - \mu'\cos\theta)$

問 2. 質量50kgの人がスキーで，水平と30°の傾きをなす雪の斜面上をすべりおりるときの加速度はいくらか。ただし，動摩擦係数を0.20とする。

❹ 気体や液体も運動をさまたげる 発展

■ 物体が気体や液体の中を運動するときには，その運動をさまたげる**抵抗力**が物体にはたらく。**抵抗力の向きは，物体の運動の向きと反対向きで，抵抗力の大きさは，物体の速度が大きいほど大きい。**

■ 図4のように，空気中を落下する物体の運動について考えてみよう。物体の速度が小さいうちは，抵抗力Rは物体の速度vに比例するので，$R = kv$（kは比例定数）と表せる。よって，運動方程式は，

$$ma = mg - kv \quad\cdots\cdots⑥$$

となる。なおも速度が大きくなると，抵抗力はさらに大きくなる。ついには重力mgと抵抗力kvが等しくなり，力がつり合って，加速度は0となり，物体は等速直線運動をする。⑥式で，$a = 0$のとき，$v = v_\infty$とすると，

$$v_\infty = \frac{mg}{k}$$

が得られる。このときの速度v_∞を**終端速度**という。

■ 雨粒などはこのような運動をしている。

解き方 問1.
一定の速度ですべったので動摩擦力と加えた力はつり合っている。
$5.5 = \mu' \times 1.2 \times 9.8$
$\mu' \fallingdotseq 0.47$

答 0.47

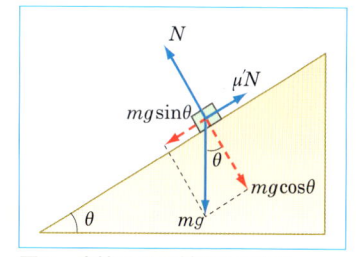

図3．摩擦のある斜面上の運動

解き方 問2.

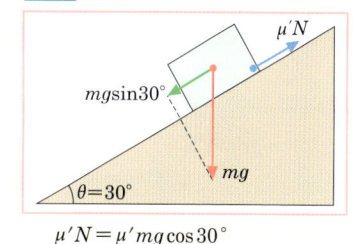

$\mu'N = \mu'mg\cos30°$
$= 0.20 \times 9.8 \times \frac{\sqrt{3}}{2} \times m$
$\fallingdotseq 1.69 \times m$

$mg\sin30° = 9.8 \times \frac{1}{2} \times m$
$= 4.9 \times m$

$a = 4.9 - 1.69 \fallingdotseq 3.2\,\text{m/s}^2$

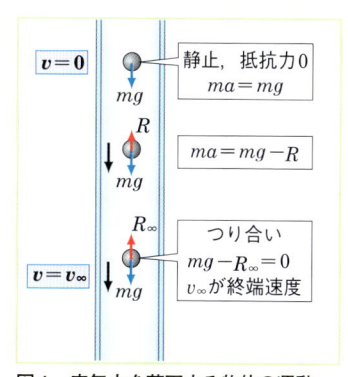

答 3.2 m/s²

図4．空気中を落下する物体の運動

❸ 3. ∞は無限大を意味する記号。

3章　運動の法則

5 運動方程式を使いこなす

1 運動方程式の立て方

■「物体に力がはたらくと，加速する」ということを p.30 で学習した。物体にいくつかの力がはたらいていても同じで，その合力 F の方向に加速する。運動方程式は合力 F を用いて，$ma = F$ とすればよい。

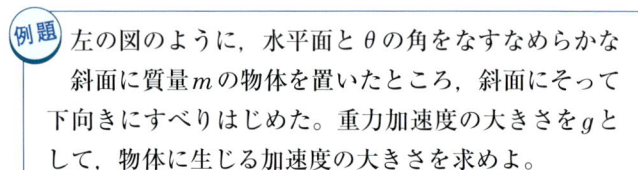

例題 左の図のように，水平面と θ の角をなすなめらかな斜面に質量 m の物体を置いたところ，斜面にそって下向きにすべりはじめた。重力加速度の大きさを g として，物体に生じる加速度の大きさを求めよ。

解説 物体にはたらいている力は，重力 mg と斜面からの垂直抗力 N だけである。重力を斜面に平行な方向と垂直な方向に分解すると，左の図のようになる。物体は斜面にそってすべるので，斜面に垂直な方向では，垂直抗力 N と重力の斜面に垂直な方向の成分がつり合っており，

$$N = mg\cos\theta$$

となる。一方，斜面に平行な方向の下向きの加速度を a とすると，この方向の運動方程式は，

$$ma = mg\sin\theta$$

となる。したがって，加速度 a は，

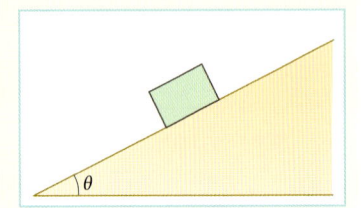

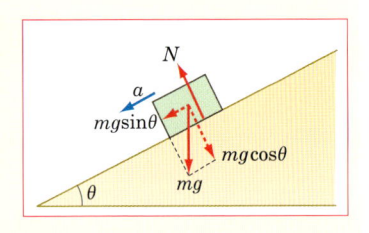

$$a = g\sin\theta \quad \text{…答}$$

✪1. この式は，この例題を解くのには必要ないが，摩擦のある斜面上の運動では，摩擦力と垂直抗力の関係式が使われるので，この式も必要になることに注意する。

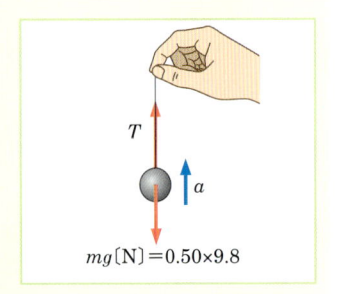

例題 右の図のように，質量 0.50 kg の物体に糸をつけて，上向きに 1.2 m/s² の加速度で引き上げた。このときの糸の張力は何 N になるか。ただし，重力加速度の大きさを 9.8 m/s² とする。

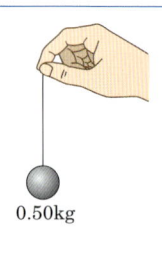

解説 物体にはたらく力は重力 mg と糸の張力 T だけで，左の図のようになっている。mg より T のほうが大きいとき，物体は上に加速して引き上げられることになる。運動方程式を立てて数値を代入すると，

$$ma = T - mg$$

より，$0.50 \times 1.2 = T - 0.50 \times 9.8$ ∴ $T = \mathbf{5.5\,N}$ …答

$mg[\text{N}] = 0.50 \times 9.8$

例題 質量1.2kgの物体Aと，質量2.8kgの物体Bが，右の図のように，摩擦のない水平な床の上に静止している。Aを水平方向右向きに8.0Nの力で押したときの次の値を求めよ。
(1) 生じる加速度の大きさ
(2) AがBを押している力

解説 AからBにはたらく力をfとして，A，Bにはたらいている力を図示すると，右の図のようになる。A，Bは床の面に垂直な方向には運動せず，また，摩擦もないので，水平方向の運動だけを考えればよい。したがって，右向きの加速度をaとして，A，Bのそれぞれについて水平方向の運動方程式を立てると，

A：$1.2a = 8.0 - f$
B：$2.8a = f$

この式を連立方程式として解くと，

$a =$ **2.0 m/s²** ……………………………… 答
$f =$ **5.6 N** ……………………………… 答

例題 右の図のように，なめらかに回る滑車と軽くてのびない糸で3.0kgと2.0kgのおもりをつり下げて手をはなした。おもりに生じる加速度の大きさと糸の張力を求めよ。ただし，重力加速度の大きさを9.8m/s²とする。

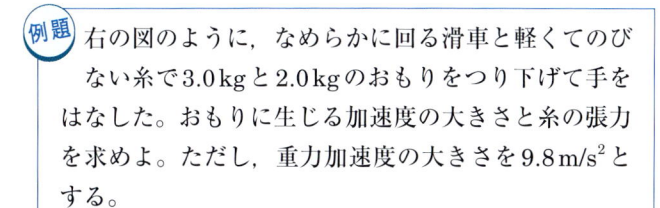

解説 張力をTとすると，おもりにはたらく力は，右の図のようになる。この場合，3.0kgの物体は下向きに，2.0kgの物体は上向きに等加速度運動をする。それぞれの加速度aの向きを図のように決め，運動方程式を立てて数値を代入すると，

$3.0 \times a = 3.0 \times 9.8 - T$
$2.0 \times a = T - 2.0 \times 9.8$

この式を連立方程式として解くと，

$a = 1.96 \fallingdotseq$ **2.0 m/s²** ……………………………… 答
$T = 23.52 \fallingdotseq$ **24 N** ……………………………… 答

（**参考**） この装置はアトウッドの器械と呼ばれるもので，重力加速度の測定のために使われた。この例題ではおもりの加速度を求めているが，逆に，おもりの加速度を測定することで，重力加速度を求めることができる。

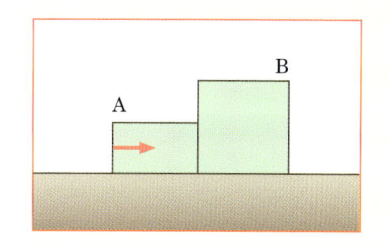

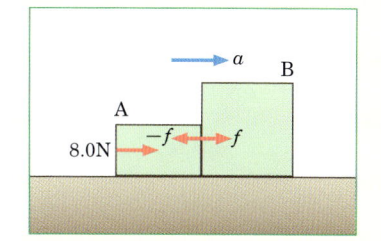

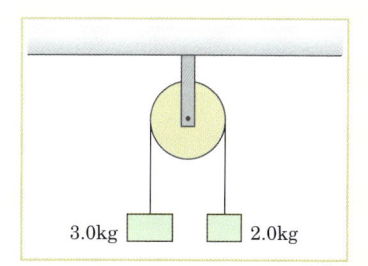

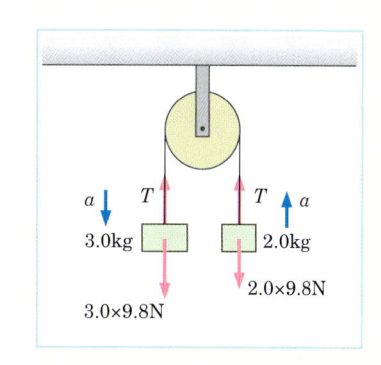

✦**2.** 2つのおもりの質量の差を小さくすると加速度も小さくなり，測定しやすくなる。

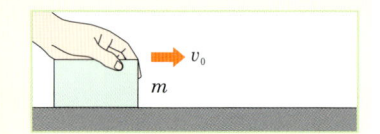

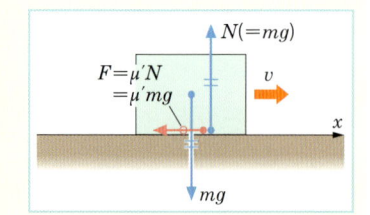

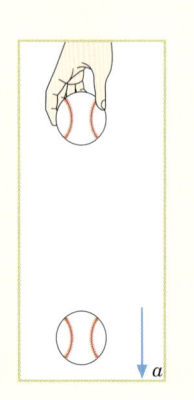

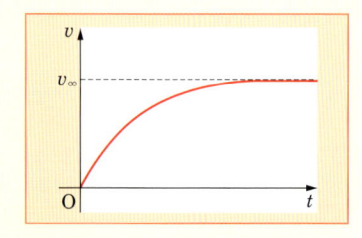

例題 左の図のように，あらい机の上で質量mの物体を，速度v_0ですべらせた。動摩擦係数をμ'として，次の問いに答えよ。
(1) 右向きを正としたとき，物体に生じる加速度aを求めよ。
(2) 物体が机上で静止するまでの距離を求めよ。

解説 すべっているときに物体にはたらいている力を図示すると左図のようになる。摩擦力Fは左向き（負）であり，重力（mg）と垂直抗力（N）はつり合っているので，正味にはたらいている力は摩擦力$F = -\mu'mg$だけである。右向きを正として運動方程式を立てると，
$$ma = -\mu'mg$$
となる。したがって加速度は，
$$a = -\mu'g \quad \cdots\cdots \text{答}$$
物体には一定の摩擦力がはたらいているので，加速度が負の等加速度運動となる。ここで，
$$v^2 - v_0^2 = 2ax$$
の式に代入すると，物体が静止するとき$v = 0$だから，
$$0^2 - v_0^2 = 2 \times (-\mu'g) \times x$$
$$\therefore \quad x = \frac{v_0^2}{2\mu'g} \quad \cdots\cdots \text{答}$$

例題 発展 質量mのボールを落下させたところ，空気抵抗のため，ボールの速度vに比例する抵抗力Fを受けた（比例定数をkとして，$F = kv$で表される）。
(1) ボールの終端速度を求めよ。
(2) ボールが落下しはじめたときを$t = 0$として，v-tグラフの概形をかけ。

解説 落下しているときの運動方程式を立てると，
$$ma = mg - kv$$
終端速度v_∞となったときは$a = 0$より，
$$0 = mg - kv_\infty$$
$$\therefore \quad v_\infty = \frac{mg}{k} \quad \cdots\cdots \text{答}$$

落下しはじめたときは$v \fallingdotseq 0$なので，$a = g$である。だんだんボールの速度vが大きくなると，加速度aはgよりも減少し，終端速度に達すると$a = 0$である。v-tグラフの傾きが加速度aを表すので，左のようなグラフとなる。

重要実験 静止摩擦係数の測定

方法

1. すべての面が同じようになめらかになっている直方体の物体Aを用意し，その重さを測定する。
2. 水平な机の上に表面のなめらかな板を置き，その上に物体Aをのせる。
3. 物体Aを，ばねはかりにつけた糸で水平方向にゆっくりと引く。引く力をじょじょに大きくして，物体Aが動きだすときのばねはかりのめもりを読む。
4. 物体Aの上におもりBをのせる。おもりBの重さは前もってはかっておく。
5. おもりBをのせた物体Aについて，3と同様に実験をする。
6. 次に，物体Aをのせた板の一端を糸でつるし，滑車を使ってゆっくり引き上げる。そして，物体Aがすべりだすときの板の傾斜角 θ を，板にとりつけた分度器で読みとる。
7. 物体Aの上におもりBをのせて，6と同じ実験をする。

結果

1. 物体Aが動きだしたときのばねはかりの読みが最大摩擦力の大きさである。そのときの最大摩擦力と垂直抗力の関係をグラフにすると，右のようになる。
2. 板を斜めにして物体Aが動きだすときの傾斜角 θ は，物体Aの上におもりをのせたときものせないときも同じ大きさである。

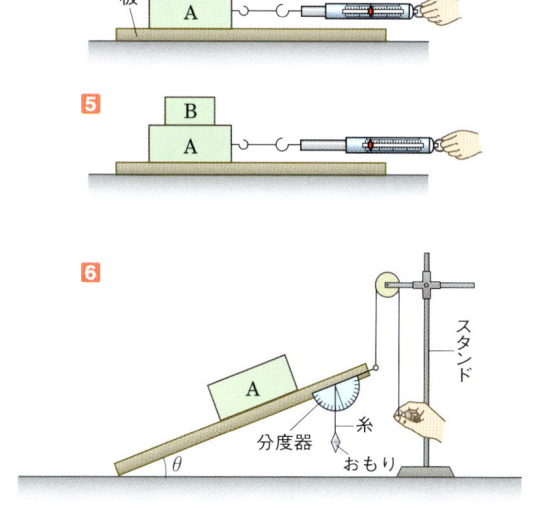

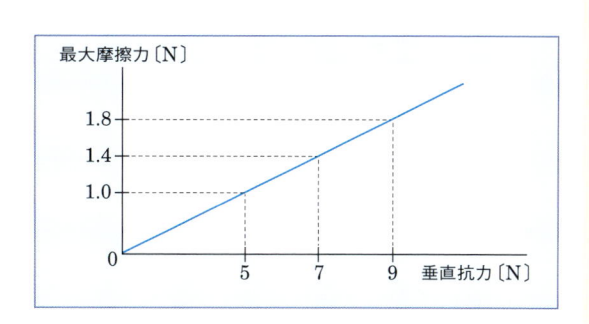

考察

1. 最大摩擦力と垂直抗力の関係を表すグラフから，静止摩擦係数を求めるにはどうすればよいか。
   → 最大摩擦力 F_{max} と垂直抗力 N の関係は $F_{max} = \mu N$ だから，静止摩擦係数は $\mu = \dfrac{F_{max}}{N}$ となり，上の**グラフの傾きが静止摩擦係数**の大きさを表す。このグラフの場合は，$\mu = \dfrac{1.8}{9} = 0.2$ である。

2. 板を斜めにして物体Aが動きだすときの傾斜角 θ は，何を表しているか。
   → θ は**摩擦角**と呼ばれる。$\tan\theta$ の値は**静止摩擦係数**に等しい。

3章 運動の法則

重要実験　運動の第2法則

方法

操作1　力と加速度の関係

台車の質量は一定にして引く力を変え，それぞれの力の大きさでの加速度を測定する。具体的には次のとおり。

1. 図のように台車にばねはかりをつける。台車の後部にはテープをとりつけ，記録タイマーに通す。
2. ばねはかりのめもりを0.5Nに保つようにして，台車を引く。
3. テープの打点の2打点ごとに印をつけ，その間隔lを$\frac{2}{50}$秒で割って，$\frac{2}{50}$秒ごとの速さを求め，v-tグラフを作成する（グラフ1）。
4. 同様にして，ばねはかりのめもりを1.0N，1.5N，2.0Nに保つようにして台車を引く。
5. それぞれの力で引いたときの紙テープを分析し，それぞれの場合の加速度を求める。加速度を求める方法は，p.16重要実験「重力加速度の測定」を参考にする。
6. 5で求めた加速度aと引く力Fとの関係をグラフにする（グラフ2）。

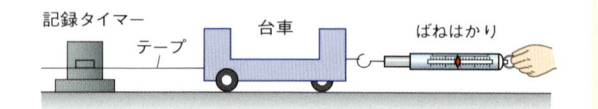

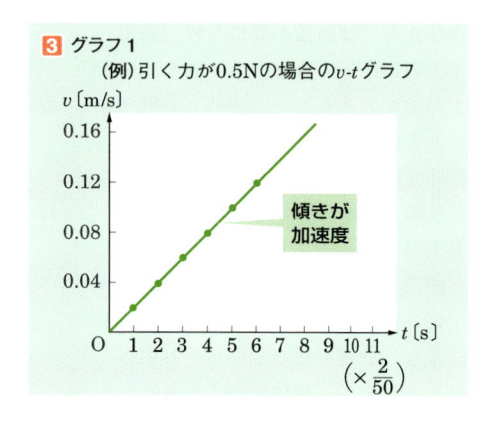

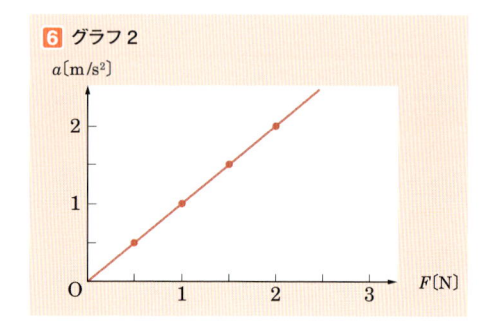

3 グラフ1
（例）引く力が0.5Nの場合のv-tグラフ

傾きが加速度

6 グラフ2

操作2　質量と加速度の関係

台車を引く力は一定にして台車の質量を変え，それぞれの質量のときの加速度を測定する。具体的には次のとおり。

1. 操作1のように装置をつくる。
2. まず，台車のみ（1.0kg）を，引く力を2.0Nに保つようにして引く。

質量と加速度の関係を調べたいので，力の大きさを変えずに実験します。

1編　力と運動

3 次に，台車におもりをのせ，全体の質量を1.5 kg，2.0 kg，2.5 kg，3.0 kgにして，引く力を2.0 Nに保つようにして引く。

4 それぞれの台車とおもり全体の質量での紙テープを分析し，加速度を求める。

5 **4**で求めた加速度aと質量mとの関係をグラフにする（グラフ3）。

6 **4**で求めた加速度aと質量mの逆数$\frac{1}{m}$との関係をグラフにする（グラフ4）。

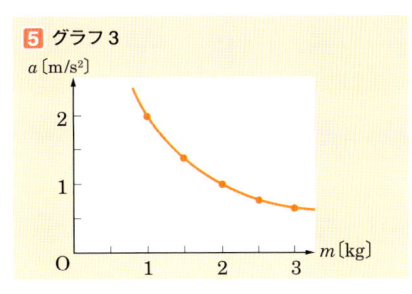

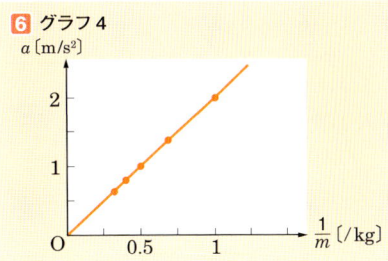

5 グラフ3

6 グラフ4

結果

1 操作1の結果から，加速度aと引く力Fの間にはどのような関係があるといえるか。 → 比例の関係がある（グラフ2より）。

2 操作2の結果から，加速度aと質量mの間にはどのような関係があるといえるか。 → 反比例の関係がある（グラフ4より）。

考察

1 台車に一定の力を加えると，台車はどのような運動をするか。 → グラフ1のv-tグラフが直線（傾きが一定）になるので，等加速度直線運動である。

2 操作2で，a-$\frac{1}{m}$グラフを作成する理由は何か。 → a-mグラフは曲線のグラフになる。これだけではaとmがどのような関係にあるかは正確にいうことができない。しかし，**a-$\frac{1}{m}$グラフが直線であればaとmが反比例の関係にあることが正確にいえるから。**

3 操作1，2の結果をまとめると，$ma = F$（運動の第2法則）の関係がいえるか。 → $ma = F$は，mが一定のとき，aとFが比例。Fが一定のとき，mとaが反比例の関係にあることを表した式である。操作1，2をまとめた結果は，
$$kma = F \text{（}k\text{は比例定数）}$$
である。ここで，実験の値から$k ≒ 1\text{ N}\cdot\text{s}^2/\text{m}$であることがわかるので，操作1，2の結果をまとめると，**$ma = F$がいえる。**

3章 運動の法則

定期テスト予想問題　解答→p.159

1 運動の法則

次の問いに答えよ。

(1) 図のように質量50kgの人（そりも含む）を40Nの一定の力で引き続けたとき，人の加速度は何m/s²か。ただし，そりと床との摩擦は無視できるものとする。

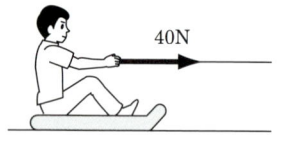

(2) 質量400kgのロケットが50m/s²の加速度で上昇している。ロケットに加わる合力は何Nか。

(3) 図のように，質量2.0kgの台車に5.0N，2.0Nの力がはたらいている。台車の加速度の大きさは何m/s²か。

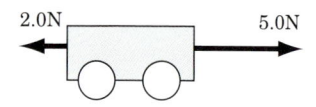

2 1物体の運動方程式

軽い糸に，質量0.50kgのおもりをつけ，糸の上端を持つ。重力加速度の大きさを9.8m/s²として，次の問いに答えよ。

(1) おもりを持ったまま静止しているとき，張力は何Nか。

(2) 上向きに加速度3.0m/s²で引き上げるとき，おもりにはたらく重力と張力は，それぞれ何Nか。

(3) 下向きに加速度4.0m/s²で下降しているとき，張力は何Nか。

(4) 下向きに加速度9.8m/s²で下降しているとき，張力は何Nか。

3 2物体の運動方程式

図のように，質量4.0kgのおもりAと，質量1.0kgのおもりBを糸1，糸2で結んでつるし，糸1を持って80Nの力で引き上げた。重力加速度の大きさを9.8m/s²として，次の問いに答えよ。

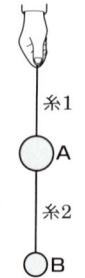

(1) おもりA，Bの加速度は何m/s²か。

(2) 糸2の張力は何Nか。

4 アトウッドの器械

質量Mの物体Aと質量mの物体Bを糸で結び，滑車にかけたら，加速度運動を始めた。M＞mとし，また，重力加速度の大きさをgとして，次の問いに答えよ。

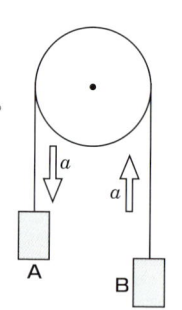

(1) 加速度をa，糸の張力をTとして，下向きを正としたときの物体Aの運動方程式を立てよ。

(2) 加速度をa，糸の張力をTとして，上向きを正としたときの物体Bの運動方程式を立てよ。

(3) (1)，(2)より，加速度aと張力TをM，m，gを用いて表せ。

5 斜面上の物体

図のように，質量が同じ2.0kgの物体A，Bに軽い糸をつけて，物体Aをなめらかな斜面上に置く。重力加速度の大きさを9.8m/s²として，物体A，Bの加速度と張力を求めよ。

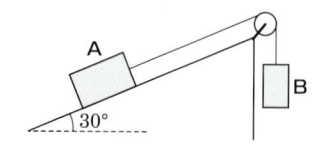

6 摩擦力

図のように水平な台の上に，質量5.0kgの物体を置き，水平な方向に力fで引いている。物体と台の間の静止摩擦係数を0.50，動摩擦係数を0.40，重力加速度の大きさを9.8m/s²として，次の問いに答えよ。

(1) 物体が動きだすときの力fは何Nか。
(2) 引く力を15Nとしたとき，静止摩擦力は何Nか。
(3) 物体の上に，質量3.0kgのおもりを置いたとき，最大摩擦力は何Nか。
(4) 引く力が最大摩擦力をこえると物体は動く。質量5.0kgの物体が動いているときの動摩擦力は何Nか。

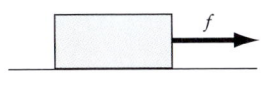

7 なめらかな斜面，摩擦のある斜面

水平面に対して傾きの角θのなめらかな斜面上に置いた質量mの物体に，斜面にそって上向きに大きさFの力を加えた。重力加速度の大きさをgとして，次の問いに答えよ。

(1) 加速度をaとすると，物体が斜面にそって上向きに動くときの斜面方向の運動方程式を立てよ。
(2) 加速度aをm，g，F，θを用いて表せ。
(3) 物体が斜面にそって上向きに動くためには，力の大きさFをいくらより大きくしなければならないか。
(4) 斜面に摩擦があるとき，斜面にそって上向きの加速度a'が物体に生じた。動摩擦係数をμ'として，a'をm，g，F，θ，μ'を用いて表せ。

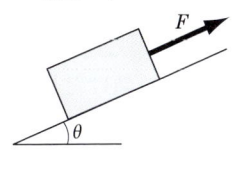

8 静止摩擦力が生じる物体

摩擦のある水平面に質量がmの物体を置き，水平より角度θの向きに力fで引く。静止摩擦係数をμ，重力加速度の大きさをgとして，次の問いに答えよ。

(1) 物体にはたらく垂直抗力Nをm，g，θ，fを用いて表せ。
(2) 物体が動きだすときの力fはいくらか。m，g，θ，μを用いて表せ。

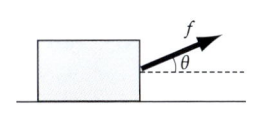

9 2物体の運動

水平な机の上にある質量5.0kgの物体Aに糸をつけ，それを机の端にある滑車に通し，物体Bをつないで静かにはなした。重力加速度の大きさを9.8m/s²として，次の問いに答えよ。

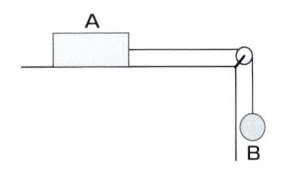

(1) 机がなめらかで，物体Bの質量が1.0kgのとき，物体A，Bの加速度と糸からの張力はそれぞれいくらか。
(2) 摩擦のある机を使い，質量1.0kgの物体Bをつないだら，物体Aは静止していた。このとき物体Aにはたらく静止摩擦力は何Nか。
(3) 摩擦のある机を使い，物体Bの質量を3.0kgにしてつないだら，物体Aは一定の加速度で動いた。動摩擦係数を0.20としたとき，物体A，Bの加速度と張力は，それぞれいくらか。

4章 仕事と力学的エネルギー

1 仕事・仕事率

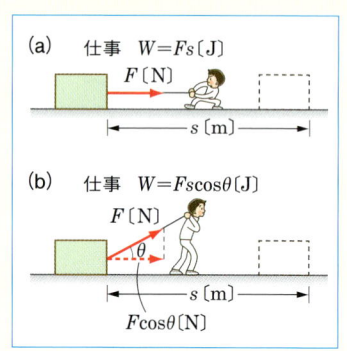

図1. 仕事の表し方
(a) 仕事 $W=Fs$〔J〕
(b) 仕事 $W=Fs\cos\theta$〔J〕

○1. 摩擦力のように，力の向きと移動の向きが反対の場合は，力は**負の仕事をした**という。

○2. 物体の移動方向に対して垂直な方向（$\theta=90°$）にはたらく力（垂直抗力など）は仕事をしない。

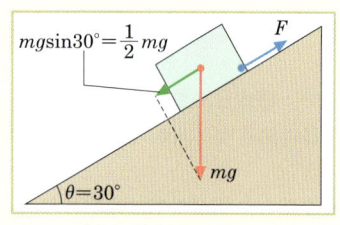

解き方 問1.

重力の仕事 W_1 は
$W_1 = \dfrac{1}{2}mg \times l$
$= 1960\text{ J} ≒ 2.0 \times 10^3\text{ J}$

摩擦力の大きさ F は
$F = \mu'N = \mu'mg\cos 30°$
$≒ 100\text{ N}$
$W_2 = F \times s \times \cos 180°$
$= -1.0 \times 10^3\text{ J}$

答 重力の仕事…$2.0 \times 10^3\text{ J}$
摩擦力の仕事…$-1.0 \times 10^3\text{ J}$

1 仕事とは何か

■ 日常生活で「仕事」といえば，職業やはたらくことをさすが，物理で用いられる「**仕事**」とは，物体を運ぶはたらきの大きさを表す量で，**物体に加えた力の大きさと，力の向きに物体が移動した距離との積**で表される。

■ 物体に1Nの力がはたらいて，物体が力の向きに1m移動したときに力が物体にした仕事の量を**1ジュール〔J〕**といい，これを仕事の大きさの単位とする。

ポイント
物体に F〔N〕の力がはたらき，物体が力の向きに s〔m〕動いたとき（図1の(a)），力のした仕事 W〔J〕は，
$$W = Fs \quad 仕事=力\times距離$$

■ 図1の(b)のように，物体が力の向きと角 θ をなす向きに動くときは，力 $\vec{F}$〔N〕の移動方向の成分 $F\cos\theta$〔N〕と移動距離 s〔m〕との積が仕事になる。

ポイント
物体が，加えられた力 $\vec{F}$〔N〕と角 θ をなす向きに s〔m〕移動するときの仕事 W〔J〕は，
$$W = Fs\cos\theta \quad 仕事=力\times距離\times\cos\theta$$

問 1. 水平面から30°傾けた長さ10mのすべり台の最上部から，質量40kgの人がすべりおりるとき，その間に重力がする仕事と摩擦力がする仕事は，それぞれ何Jか。ただし，人とすべり台との動摩擦係数を0.30，重力加速度を9.8m/s^{2}とする。

2 仕事を得することはできない

■ てこ，滑車，斜面などの道具を利用すると，**小さい力で物体を動かすことができる**。しかし，道具を使うと，移動距離は逆に長くなるので，仕事の量は道具を使わない場合と等しい。これを**仕事の原理**という。

1編 力と運動

■ **てこを用いた仕事** 図2のように，てこで質量m〔kg〕の物体をh〔m〕持ち上げる仕事では，持ち上げるのに必要な力F〔N〕は$F=\dfrac{OB}{OA}\times mg$，てこを押し下げる距離$s$〔m〕は$s=\dfrac{OA}{OB}\times h$となるから，人がする仕事$Fs$〔J〕は，

$$Fs=\dfrac{OB}{OA}mg\times\dfrac{OA}{OB}h=mgh$$

となり，物体を鉛直方向に直接持ち上げる仕事と等しい。

■ **滑車を用いた仕事** 図3のように滑車を用いて，質量m〔kg〕の物体をh〔m〕持ち上げる仕事では，持ち上げるのに必要な力F〔N〕は$F=\dfrac{mg}{2}$，綱を引く長さs〔m〕は$s=2h$となるから，人がする仕事Fs〔J〕は，

$$Fs=\dfrac{mg}{2}\times 2h=mgh$$

となり，物体を鉛直方向に直接持ち上げる仕事と等しい。

■ **斜面を用いた仕事** 図4のようになめらかな斜面を用いて，質量m〔kg〕の物体を高さh〔m〕だけ引き上げる仕事では，引き上げるのに必要な力F〔N〕は$F=mg\sin\theta$，斜面上で物体を移動させる距離s〔m〕は$s=\dfrac{h}{\sin\theta}$となるから，人がする仕事Fs〔J〕は，

$$Fs=mg\sin\theta\times\dfrac{h}{\sin\theta}=mgh$$

となり，物体を鉛直方向に直接持ち上げる仕事と等しい。

3 仕事をする速さ（能率）の表し方

■ 1秒あたり何Jの仕事をするかというように，仕事をする能率を表す量を**仕事率**という。1秒あたり1Jの仕事をするときの仕事率を1ワット〔W〕といい，**ワット〔W〕**を仕事率の単位とする。**1 J/s＝1 W**である。

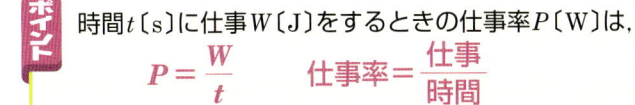

> **ポイント**
> 時間t〔s〕に仕事W〔J〕をするときの仕事率P〔W〕は，
> $$P=\dfrac{W}{t}\qquad 仕事率=\dfrac{仕事}{時間}$$

問 2. 体重50.0 kgの人が，富士山の登山口から頂上まで，高度差3000 mを4時間でのぼったとすると，その間の平均の仕事率は何Wか。

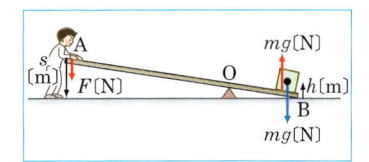

図2. てこを用いた仕事
物体にはたらく重力mgと同じ大きさの力で，てこが物体を押し上げればよいから，てこの原理より，
$F\times OA=mg\times OB$
よって，$F=\dfrac{OB}{OA}\times mg$
また，$s:h=OA:OB$より，
$s=\dfrac{OA}{OB}\times h$

図3. 滑車を用いた仕事

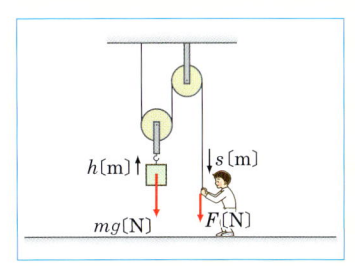

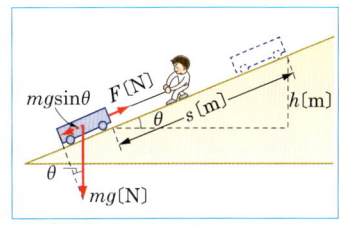

図4. 斜面を用いた仕事
物体に加わる重力mgの斜面方向の分力が$mg\sin\theta$だから，引く力は$mg\sin\theta$，また，高さh〔m〕引き上げるには，$s\sin\theta=h$より，
$s=\dfrac{h}{\sin\theta}$だけ斜面上を引かなければならない。

解き方 問2.
$P=\dfrac{W}{t}=\dfrac{mgh}{t}$
$=\dfrac{50.0\times 9.8\times 3000}{4\times 60\times 60}\fallingdotseq 102\,\text{W}$

答 102 W

2 運動エネルギー

1 エネルギーとは何か

■ ある物体Aが他の物体Bに対して仕事をすることができる，つまり，物体Aが物体Bに力を加えて物体Bを動かすことができる状態にあるとき，物体Aは**エネルギー**をもっているという（図1）。すなわち，**エネルギーとは，他の物体に仕事をする能力の大きさを示すもの**である。

■ エネルギーの大きさは，物体がすることのできる全仕事量で表され，単位も**仕事と同じジュール〔J〕**を用いる。

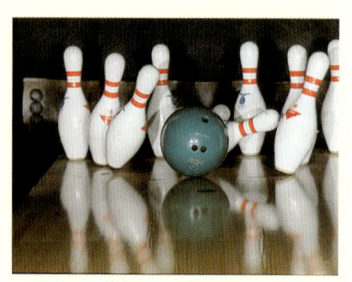

図1．ボウリング
投げられたボウリングのボールは，ピンをたおす仕事をするので，エネルギーをもっているといえる。

2 運動エネルギーとは何か

■ 運動している物体が他の物体に衝突すると，これを動かす仕事をする，つまり，エネルギーをもっている。運動する物体がもつエネルギーを**運動エネルギー**という。

■ 運動している物体が他の物体に衝突したとき，どれだけの仕事をするかを調べてみよう。この仕事の量が物体のもつ運動エネルギーの大きさである。

■ 今，図2のように，質量 m〔kg〕の物体Aが速さ v〔m/s〕で運動していて，静止している他の物体Bに衝突したとする。衝突後，AはBに大きさ一定の力 $\vec{F}$〔N〕を加えながら s〔m〕動いて止まったとしよう。この間に，AはBに対して Fs〔J〕の仕事をしたことになる。

■ AがBに力 F〔N〕を加えると，作用・反作用の法則により，AはBから $-F$〔N〕の力を受ける。このため，Aには，$a = -\dfrac{F}{m}$〔m/s²〕の加速度が生じ，Aの速さはしだいに小さくなる。Aは静止するまでに s〔m〕移動するから，

$$0 - v^2 = 2as = 2 \times \left(-\dfrac{F}{m}\right) \times s$$

の関係が成り立つ。これから，AがBに対して行った仕事 Fs は，

$$Fs = \dfrac{1}{2}mv^2$$

となる。この仕事が，衝突する前にAがもっていた運動エネルギーに等しい。

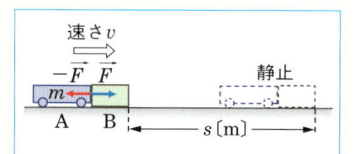

図2．運動している物体が他の物体にする仕事の求め方
物体AがBを F〔N〕の力で押すと，AはBから $-F$〔N〕の力を受ける。AはBに対して Fs〔J〕の仕事をし，Bから $-Fs$〔J〕の負の仕事を受ける。

⚙ 1. p.11で学習した等加速度直線運動の公式を使っている。

⚙ 2. 運動エネルギーは速さ v の2乗に比例するから，速さが2倍になると，運動エネルギーは4倍になる。自動車が高速道路で大事故を起こすのはこのためである。

46　1編　力と運動

■ 以上のことから，一般に，運動する物体のもつ運動エネルギーは次のように定義される。

> **ポイント**
> 質量m〔kg〕の物体が，速さv〔m/s〕で動いているときに，もっている運動エネルギーは$\frac{1}{2}mv^2$〔J〕である。

問 1. 質量70kgの人が10m/sの速さで走っているときの運動エネルギーはいくらか。また，時速900kmの速さで飛んでいる質量300トンのジャンボ機のもっている運動エネルギーはいくらか。

③ 物体を加速する仕事

■ 静止している物体に力を加えて動かしたとき，力が物体にした仕事と物体の運動エネルギーとの関係を調べてみよう。

■ 質量m〔kg〕の物体に一定の力F〔N〕を加えて，静止状態から運動させ，t〔s〕後にv〔m/s〕の速さになったとする。力が一定だから，この間の加速度も一定である。これをa〔m/s²〕とすると，$a=\dfrac{v}{t}$であるから，運動方程式により，物体にはたらいた力は$F=ma=\dfrac{mv}{t}$となる。

■ また，この間の移動距離s〔m〕は，$s=\dfrac{1}{2}at^2=\dfrac{vt}{2}$となるから，この間に物体が受けた仕事$W$〔J〕は，

$$W = Fs = \frac{mv}{t} \times \frac{vt}{2} = \frac{1}{2}mv^2$$

となる。

■ このように，$W=\dfrac{1}{2}mv^2$〔J〕の仕事を受けた静止物体は，速さがv〔m/s〕になり，運動エネルギー$\dfrac{1}{2}mv^2$〔J〕をもつようになるから，<u>物体にあたえられた仕事は，物体の運動エネルギーになる</u>ことがわかる。

問 2. 質量1000kgの自動車が時速72kmで走っている。
(1) この自動車のもっている運動エネルギーは何Jか。
(2) この自動車に，速度に平行な力を加え2.5×10^5Jの仕事を行うと，自動車の速さは時速何kmになるか。

❀**3.** 時速を〔m/s〕になおすには，次のようにする。
$$1\,\mathrm{km/h} = \frac{1\,\mathrm{km}}{1\,\mathrm{h}} = \frac{1000\,\mathrm{m}}{3600\,\mathrm{s}}$$

❀**4.** 1トンは1000kgである。

解き方 問1.
人：$\frac{1}{2}mv^2 = \frac{1}{2} \times 70 \times 10^2$
$= 3.5 \times 10^3$ J

ジャンボ機：
$\frac{1}{2}mv^2 = \frac{1}{2} \times 300 \times 10^3$
$\quad \times \left(900 \times \dfrac{1000}{3600}\right)^2$
$\fallingdotseq 9.38 \times 10^9$ J

答 人…$\mathbf{3.5 \times 10^3}$ **J**
ジャンボ機…$\mathbf{9.38 \times 10^9}$ **J**

❀**5.** 負の仕事をあたえられると，物体の運動エネルギーは減少する。仕事の正負は，運動エネルギーの増減に関係する。
また，物体がはじめに運動エネルギーをもっていた場合は，次のように表すことができる。
はじめにもっていた運動エネルギーを$\frac{1}{2}mv_0^2$，加えた仕事をW，仕事を加えたあとの運動エネルギーを$\frac{1}{2}mv^2$とすると，
$$\frac{1}{2}mv_0^2 + W = \frac{1}{2}mv^2$$

解き方 問2.
(1) 72 km/h = 20 m/s
$K = \frac{1}{2}mv^2$
$= \frac{1}{2} \times 1000 \times 20^2$
$= 2.0 \times 10^5$ J

(2) $2.0 \times 10^5 + 2.5 \times 10^5$
$= \frac{1}{2}mv^2$
$\dfrac{4.5 \times 10^5 \times 2}{1000} = v^2$
$v = 30$ m/s = 108 km/h

答 (1) $\mathbf{2.0 \times 10^5}$ **J**
(2) **108 km/h**

4章 仕事と力学的エネルギー

3 位置エネルギー

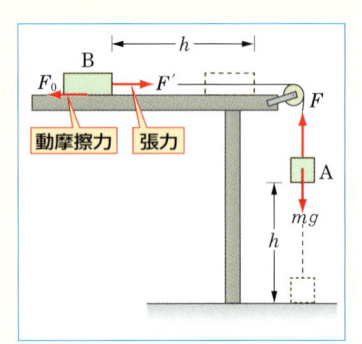

1 重力による位置エネルギーとは

高いところにある物体が落下して低いところにある物体に衝突すると、物体を動かして仕事をするので、エネルギーをもっているといえる。高いところにある物体がもっているエネルギーを**重力による位置エネルギー**という。

高いところにある物体が地面に落下するまでに、他の物体にする仕事の量を求めてみよう。これが重力による位置エネルギーの大きさになる。図1のように、質量m〔kg〕の物体Aと他の物体Bとを糸で結び、Aが落下するとき、等速でBを引っ張るようにすると、Aがh〔m〕落下する間にBが受ける仕事W〔J〕は、

$$W = F'h = Fh = mgh \text{〔J〕}$$

となる。以上のことから、一般に次のようにいえる。

> **ポイント**
> 地面よりh〔m〕の高さのところにある質量m〔kg〕の物体は、地面を基準として、mgh〔J〕の重力による位置エネルギーをもつ。

図1. 重力による位置エネルギーの求め方
AがBを引くとき、Bにはたらく動摩擦力F_0と張力F'がつり合うようにすると、A, Bは等速度運動をし、$F' = F = mg$の関係が成り立つ。したがって、Aはhだけ落下する間に、$F'h = mgh$の仕事をBに対してする。

解き方 問1.
(1) $mgh = 0.50 \times 9.8 \times 1.2$
  $\fallingdotseq 5.9 \text{J}$
(2) $\dfrac{0.50 \times 9.8 \times 1.2}{24 \times 60 \times 60}$
  $\fallingdotseq 6.8 \times 10^{-5} \text{W}$
答 (1) **5.9J**
   (2) **6.8×10^{-5}W**

問 1. はと時計は、おもりの位置エネルギーを利用して動く。24時間動き続けたとき、質量0.50kgのおもりが1.2m下がった。重力加速度の大きさを9.8m/s^{2}として、次の問いに答えよ。
(1) おもりが24時間に失った位置エネルギーはいくらか。
(2) このはと時計が動くときの平均の仕事率はいくらか。

重力による位置エネルギーは、ある基準面からの高さh〔m〕を用いて表すが、この<u>基準面はどこに定めてもよい</u>。ふつうは地面を基準にし、地面上の物体の位置エネルギーを0とする。

基準面より低いところに物体があれば、その物体は負の位置エネルギーをもつ。

2 物体を持ち上げる仕事との関係

物体を低いところから高いところへ持っていくには、仕事が必要である。この仕事と物体の位置エネルギーとの関係を調べてみよう。質量m〔kg〕の物体を等速でゆっく

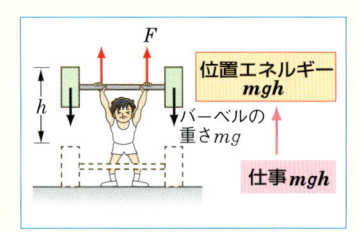

図2. バーベルを持ち上げる仕事
物体を持ち上げる仕事をすると、その仕事はその物体の位置エネルギーになる。

1編 力と運動

り持ち上げるときに加えなければならない力F〔N〕は$F = mg$で，その力で鉛直にh〔m〕だけ持ち上げる仕事W〔J〕は，
$$W = Fh = mgh 〔J〕$$
となる。このように，物体を地面から高さh〔m〕のところまで持ち上げるのに要した仕事mgh〔J〕が，高さh〔m〕のところにある物体のもつ位置エネルギーmgh〔J〕になる（図2）。

③ 弾性力による位置エネルギーとは

■ ばねやゴムを引きのばして他の物体につなぐと，物体を引っ張って，仕事をする。このように，引きのばしたばねやゴムはエネルギーをもっている。このエネルギーを**弾性力による位置エネルギー**という。

■ ばね定数k〔N/m〕のばねを，自然の長さからx〔m〕だけのばすには，フックの法則により，kx〔N〕の力を加えなければならない。しかし，ばねをのばすときは，最初からずっとkx〔N〕の力で引くわけではなく，最初は小さい力で，のびxが大きくなるにつれて，xに比例した力を加えていくので，平均すれば❷$\dfrac{kx}{2}$の力で引っぱることになる。

よって，ばねをx〔m〕のばす仕事は，
$$W = \dfrac{kx}{2} \times x = \dfrac{1}{2}kx^2 〔J〕$$

■ このように，ばね定数k〔N/m〕のばねを，自然の長さからx〔m〕のばすには，**$\dfrac{1}{2}kx^2$**〔J〕の仕事を必要とし，それが**ばねの弾性エネルギーとしてたくわえられる**（図3）。

> **ポイント**
> ばね定数k〔N/m〕のばねを，自然の長さからx〔m〕のばした（縮めた）とき，ばねのもつ弾性力による位置エネルギーは**$\dfrac{1}{2}kx^2$**〔J〕

問 2. あるばねに質量0.20kgのおもりをつるしたら，自然の長さから0.050mのびた状態でつり合った。重力加速度の大きさを9.8m/s^{2}とすると，次の問に答えよ。
(1) このばねのばね定数は何N/mか。
(2) この状態で，ばねのもつ弾性エネルギーはいくらか。❸
(3) この状態から，ばねをさらに0.050mのばすと，ばねの弾性エネルギーはいくら増加するか。

❶ 1. ばねやゴムのように，力を加えると，のびたり縮んだりして変形し，力を加えるのをやめると，もとの形にもどる性質を**弾性**といい，この性質をもっている物体を**弾性体**という。弾性力による位置エネルギーは，変形した弾性体がもっているエネルギーである。

❷ 2. 厳密には p.11 で学習した，等加速度直線運動で進んだ距離を求める方法と同様にして求める。

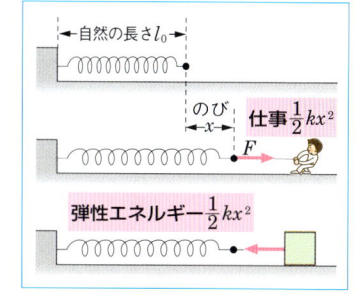

図3．ばねをのばす仕事と弾性エネルギー

ばね定数kのばねを，自然の長さからxだけのばすには$\dfrac{1}{2}kx^2$の仕事を要し，この仕事がばねの弾性エネルギーとしてたくわえられる。のばしたばねに他の物体をつなぐと，物体は$\dfrac{1}{2}kx^2$の仕事をされる。

❸ 3. 弾性力による位置エネルギーを簡単に**弾性エネルギー**ともいう。なお単に位置エネルギーというと，ふつうは，重力による位置エネルギーをさす。

解き方 問2.
(1) $mg = kx$
$k = \dfrac{mg}{x} = \dfrac{0.20 \times 9.8}{0.050} ≒ 39$ N/m
(2) $U_1 = \dfrac{1}{2}kx^2 = \dfrac{1}{2} \times 39 \times 0.050^2 ≒ 4.9 \times 10^{-2}$ J
(3) $U_2 = \dfrac{1}{2} \times 39 \times 0.10^2$
$= 0.195$
$U_2 - U_1 = 0.195 - 0.049$
$≒ 0.15$ J

答 (1) **39 N/m**
(2) **4.9×10^{-2} J**
(3) **0.15 J**

4 力学的エネルギーの保存(1)

1 力学的エネルギー保存の法則とは

図1のように，基準面より高さh〔m〕の位置にある質量m〔kg〕の物体が，自由落下して，高さy〔m〕の位置に達したときの位置エネルギーと運動エネルギーを求めてみよう。基準面からの高さがy〔m〕だから，位置エネルギーはmgyである。この位置での速さをv〔m/s〕とすると，p.13の自由落下運動の公式③より，$v^2 = 2g(h-y)$だから，運動エネルギーは$\frac{1}{2}mv^2 = \frac{1}{2}m \times 2g(h-y) = mg(h-y)$となる。ここで，運動エネルギーと位置エネルギーの和を求めてみると，$mg(h-y) + mgy = mgh$となる。この式は，はじめにもっていた位置エネルギー(mgh)が運動エネルギーと位置エネルギーに変わったことを示している。

運動エネルギーと位置エネルギーの和を**力学的エネルギー**という。上の自由落下運動の例では，力学的エネルギーの和がmghで一定になっているが，一般に，次のようにいえる。**重力や弾性力だけが仕事をする物体の運動では，力学的エネルギーは一定に保たれる**。これを**力学的エネルギー保存の法則**という。

ポイント 力学的エネルギー保存の法則
$$\frac{1}{2}mv^2 + mgh + \frac{1}{2}kx^2 = 一定$$
運動エネルギー＋位置エネルギー＝一定

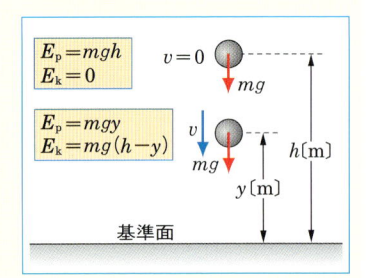

図1．自由落下運動する物体
E_pは位置エネルギー，E_kは運動エネルギーを表している。図2以下も同様。

☆1．物体をある点からある点まで動かすとき，力のする仕事が経路に関係なく2点の位置だけで決まる場合，その力を**保存力**という。重力や弾性力は保存力である。例えば，ある高さから物体が重力によって，鉛直に落下する場合と，摩擦のない斜面をすべりおりる場合とでは重力のする仕事は変わらないから，重力は保存力である。**力学的エネルギー保存の法則は，保存力だけがはたらいているときに成り立つ法則である。**以下の内容は，保存力だけがはたらくものとしている。

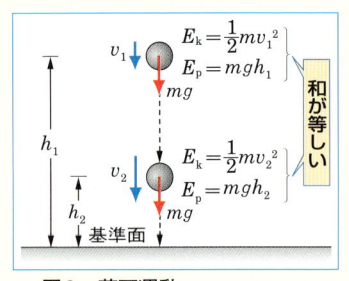

2 落下運動と力学的エネルギー

自由落下運動に限らず，重力だけがはたらく物体の落下運動では力学的エネルギーが保存される(図2)。質量m〔kg〕の物体が基準面からh_1〔m〕の高さにあるときの速さをv_1〔m/s〕，h_2〔m〕の高さにあるときの速さをv_2〔m/s〕とすると，p.11で学習した等加速度直線運動の公式から，
$$v_2{}^2 - v_1{}^2 = 2g(h_1 - h_2)$$
この式の両辺に$\frac{1}{2}m$をかけて整理すると，

図2．落下運動
落下運動では，常に運動エネルギーと位置エネルギーの和が一定に保たれる。

$$\frac{1}{2}mv_1^2 + mgh_1 = \frac{1}{2}mv_2^2 + mgh_2$$

問 1. 右の図のように，なめらかな水平面上に置かれた質量18kgの物体Aに糸をつけ，なめらかな滑車を通して，他端に質量2.0kgのおもりBをつるす。Aから手をはなしたのち，Aが水平面上を1.0m移動したときの速さはいくらか。

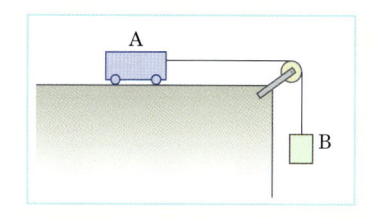

3 投げ上げと力学的エネルギー

■ 質量m〔kg〕の物体を初速度v_0〔m/s〕で，地上から真上に投げ上げる場合を考えてみよう（図3）。
地上における力学的エネルギーは，

　　運動エネルギー：$\frac{1}{2}mv_0^2$　　位置エネルギー：0

高さh〔m〕まで上がったときの速度をv〔m/s〕とすると，高さh〔m〕での力学的エネルギーは，

　　運動エネルギー：$\frac{1}{2}mv^2$　　位置エネルギー：mgh

となり，力学的エネルギー保存の法則により，

$$\frac{1}{2}mv_0^2 = \frac{1}{2}mv^2 + mgh$$

■ 物体が**最高点に達すると，速さ$v=0$となる**から，その高さをh_0〔m〕とすると，上の式を用いて，

$$\frac{1}{2}mv_0^2 = mgh_0 \quad \therefore \quad h_0 = \frac{v_0^2}{2g}$$

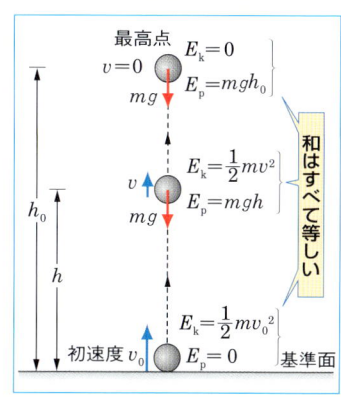

4 放物運動と力学的エネルギー

■ 質量m〔kg〕の物体を初速度v_0〔m/s〕で水平方向に投げ出した場合を考えてみよう（図4）。投げ出した点を原点（$y=0$）として，位置エネルギーの基準面にとれば，投げ出した点での力学的エネルギーは，

　　運動エネルギー：$\frac{1}{2}mv_0^2$　　位置エネルギー：0

高さがh〔m〕低くなったときの速度をv〔m/s〕とすれば，その位置での力学的エネルギーは，

　　運動エネルギー：$\frac{1}{2}mv^2$　　位置エネルギー：$-mgh$

となり，力学的エネルギー保存の法則により，

$$\frac{1}{2}mv_0^2 = \frac{1}{2}mv^2 + (-mgh)$$

解き方 問1.
速さをvとすると，
$$\frac{1}{2}(m_A + m_B)v^2 = m_B gh$$
$$v^2 = \frac{2m_B gh}{m_A + m_B}$$
$$= \frac{2 \times 2.0 \times 9.8 \times 1.0}{18 + 2.0}$$
$$= 1.96$$
$$\therefore \quad v = 1.4 \text{ m/s}$$

答 **1.4 m/s**

図3．投げ上げ運動

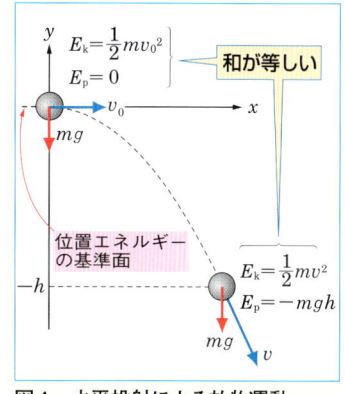

図4．水平投射による放物運動

4章 仕事と力学的エネルギー

5 力学的エネルギーの保存(2)

1 斜面上の運動と力学的エネルギー

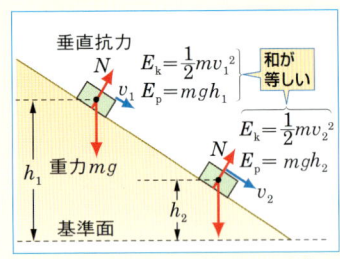

図1. なめらかな斜面上の運動
E_pは位置エネルギー、E_kは運動エネルギーを表している。図2以下も同様。

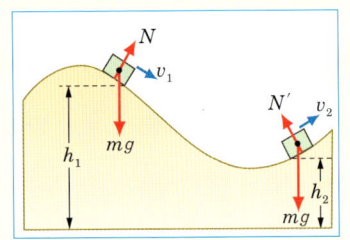

図2. なめらかな曲面上の運動

斜面上（曲面上でもよい）をすべる物体には、重力のほかに、斜面から垂直抗力がはたらいている。しかし、**垂直抗力は常に物体の運動方向と垂直（斜面に垂直）にはたらく**から、物体に対して仕事をしない。したがって、**力学的エネルギーは保存される**（図1、図2）。

なめらかな斜面上を、質量m〔kg〕の物体がすべりおりているとする。基準面からの高さがh_1〔m〕のところでの速さがv_1〔m/s〕、h_2〔m〕のところでの速さがv_2〔m/s〕であったとすると、力学的エネルギー保存の法則により、

$$\frac{1}{2}mv_1^2 + mgh_1 = \frac{1}{2}mv_2^2 + mgh_2$$

問 1. すべり台をすべりおりたときの速さが時速72kmになるのは、高さ何mのところからすべりだしたときか。摩擦力と抵抗力を無視して答えよ。

解き方 問1.
$72\,\text{km/h} = 20\,\text{m/s}$ ……①
$mgh = \frac{1}{2}mv^2$ ……②
①、②より、
$h = \frac{v^2}{2g}$
$= \frac{20^2}{2 \times 9.8}$
$≒ 20\,\text{m}$

答 20 m

2 ふりこと力学的エネルギー

ふりこの運動では、おもりに重力と糸の張力がはたらいており、**張力は常におもりの運動方向と垂直にはたらいている**ので、おもりに対して仕事をしない。したがって、**力学的エネルギーは保存される**（図3）。これを利用すると、おもりの速さや位置を求めることができる。

長さl〔m〕の糸に質量m〔kg〕のおもりをつけたふりこがふれているとき、糸が鉛直線と角θをなしたときのおもりの高さが、おもりの最下点からh〔m〕であったとすれば、

$$l - h = l\cos\theta \quad \therefore \quad h = l(1 - \cos\theta)$$

最下点をおもりが通過する速さをv_0〔m/s〕、高さがh〔m〕の点での速さをv〔m/s〕とし、最下点を位置エネルギーの基準面とすると、力学的エネルギー保存の法則により、

$$\frac{1}{2}mv_0^2 = \frac{1}{2}mv^2 + mgh$$
$$= \frac{1}{2}mv^2 + mgl(1 - \cos\theta)$$

の関係が成り立つ。

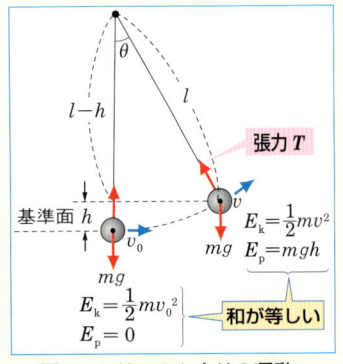

図3. ふりこのおもりの運動

問 2. 長さl〔m〕の糸でつくったふりこを，鉛直線から60°の角度まで傾けてから静かにはなした。重力加速度の大きさをg〔m/s²〕とし，次の問いにgとlを用いて答えよ。
(1) 最下点でのおもりの速さを求めよ。
(2) 糸が鉛直線と30°の角をなす位置を通過するときのおもりの速さを求めよ。

③ ばねにつないだ物体の運動

■ 一端を固定したばねに物体をつなぎ，ばねののび縮みによって物体を運動させる場合も，<u>摩擦力や抵抗力が無視できるとき</u>は，物体にはたらく力が弾性力と重力のみになるので，<u>力学的エネルギー保存の法則が成り立つ。</u>

■ 鉛直につるしたばねに物体をつないだときは，物体の重力による位置エネルギーも変化するから，ばねの弾性エネルギー$\frac{1}{2}kx^2$と物体の運動エネルギー$\frac{1}{2}mv^2$と重力による位置エネルギーmghの3つの和が，力学的エネルギーとして保存される（図4）。

$$\frac{1}{2}kx^2 + \frac{1}{2}mv^2 + mgh = 一定$$

■ ばねを水平にし，物体がなめらかな水平面上で運動するときは，重力による位置エネルギーは変化しないから，ばねの弾性エネルギーとおもりの運動エネルギーの和が，力学的エネルギーとして保存される（図5）。

$$\frac{1}{2}kx^2 + \frac{1}{2}mv^2 = 一定$$

問 3. なめらかな水平面上で，質量の無視できるばね定数$k = 200$N/mのばねの一端を固定し，他端に質量0.50kgの物体を接して置く。物体をばねのほうに押し，ばねを0.40m縮めてから静かにはなしたとき，物体がばねからはなれるのは，ばねの長さがどうなったときか。また，そのときの物体の速さを求めよ。

④ 摩擦力や抵抗力がはたらくと……

■ 運動している物体に摩擦力や抵抗力がはたらくと，これらの力は，物体に対して負の仕事をするので，物体のもっている力学的エネルギーを減少させる。減少したエネルギーは熱などになり，<u>力学的エネルギーは保存されない。</u>

解き方 問2.

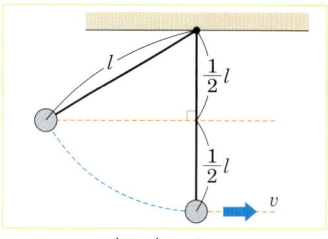

(1) $mg\left(\frac{1}{2}l\right) = \frac{1}{2}mv^2$
∴ $v = \sqrt{gl}$

(2) $mg\left(\frac{1}{2}l\right) = mgl\left(1 - \frac{\sqrt{3}}{2}\right) + \frac{1}{2}mv^2$
∴ $v = \sqrt{gl(\sqrt{3}-1)}$

答 (1) $\sqrt{gl}$ (2) $\sqrt{gl(\sqrt{3}-1)}$

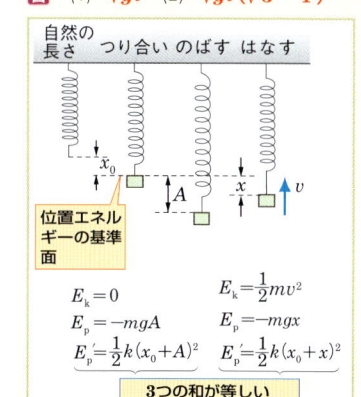

図4．鉛直につるしたばねにつないだ物体の運動

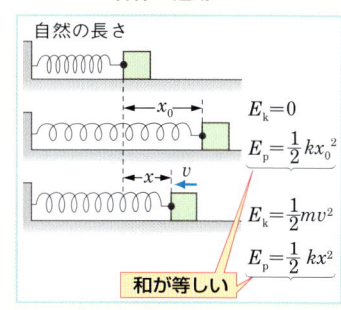

図5．水平なばねにつないだ物体の運動

解き方 問3.
$\frac{1}{2}kx^2 = \frac{1}{2}mv^2$
$200 \times 0.40^2 = 0.50 \times v^2$
$v^2 = 64$ ∴ $v = 8.0$ m/s

答 ばねの長さ…**自然の長さになったとき**，速さ…**8.0 m/s**

重要実験 ふりこの力学的エネルギーの保存

方法

1. 鋼球に長さ30～40cmの糸をつけ、机の上に置いたスタンドにつるしてふりこをつくる。
2. ふりこを静止させ、ふりこの糸の長さ l と、おもりの机の面からの高さ h を測定しておく。
3. ふりこの糸に接するように、カッターの刃をとりつける。
4. ふりこの下には白紙をしき、真下の点 O' に印をつける。また、鋼球の落下点付近にはカーボン紙をしいておく。
5. 鋼球を手に持ち、糸を水平にぴんと張ったあと、静かにはなす。すると鋼球は円軌道をえがいて落下し、O点の真下の点Qに達したときカッターによって糸が切れるので、点Qから水平投射の放物運動をして、机の上に落ちる。
6. カーボン紙をめくると、白紙の上に鋼球の落下点Rの印がついているので、O'Rの距離 x を測定する。

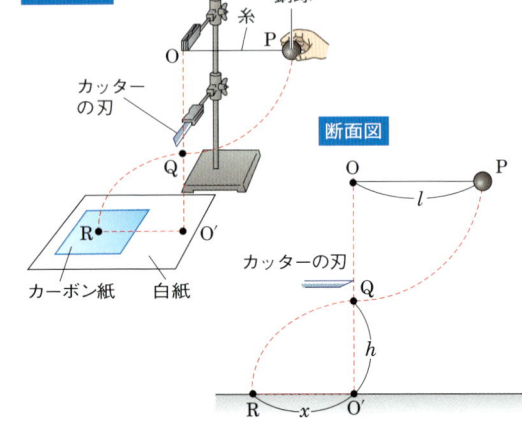

結果

数回実験を行い、それぞれの場合の l, h, x を測定する。さらに、$2\sqrt{hl}$ を計算して右の表に書きこむ。

〔測定例〕

実験	l	h	x	$2\sqrt{hl}$
1	36.0cm	23.0cm	56.0cm	57.5cm
2	34.0cm	25.0cm	57.0cm	58.3cm

考察

鋼球がP点からQ点まで落下したとき、力学的エネルギーは保存されていたといえるか。

→ Q点における鋼球の速度を v, Q点からR点まで落下する時間を t とすると、$x = vt$, $h = \frac{1}{2}gt^2$ の2式が成り立つ。この2式から t を消去すると、$v^2 = \frac{gx^2}{2h}$ となる。一方、Q点を位置エネルギーの基準面の高さとすれば、鋼球の力学的エネルギーが保存されるとき、$mgl = \frac{1}{2}mv^2$ の関係が成り立つ。この式に上で求めた v の式を代入すると、$x = 2\sqrt{hl}$ となる。したがって、測定した x の値と $2\sqrt{hl}$ の値が等しければ、**力学的エネルギーが保存されている**ことになる。

重要実験　弾性力と力学的エネルギーの保存

方法

1. 筒の底にばねを固定した発射装置を用意する。
2. 同じ質量 m の鋼球を数個用意し，ばねを鉛直にして，その上に鋼球を1個ずつのせ，そのたびごとにばねの長さを測定して，ばね定数 k を求める。
3. 机の端に発射装置を水平にして固定し，床からの高さ h をはかっておく。
4. 床の上に白い紙をしき，発射装置の真下の点Oの印をつける。鋼球の落下点の付近にはカーボン紙をしいておく。
5. 鋼球をばねに押しつけてばねを押し縮める。このときのばねの縮み d をはかっておく。
6. 鋼球をおさえている手をパッとはなすと，鋼球はとび出し，カーボン紙の上に落下する。カーボン紙をめくると，落下点Rの印がついているから，ORの距離 l をはかる。

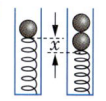

ばね定数の求め方
鋼球1個あたりの平均の縮み量を x とすると，$mg = kx$ より，$k = \dfrac{mg}{x}$

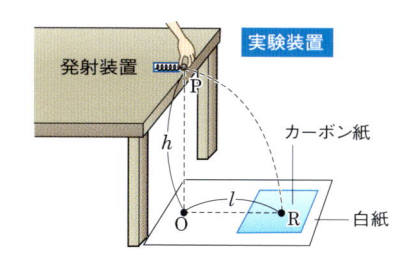

結果

■ 数回同じ実験をして，それぞれの場合の d と l の値をはかり，$d\sqrt{\dfrac{2hk}{mg}}$ の値を計算して，右の表に書きこむ。

〔測定例〕　$m = 0.010$ kg，$k = 24.5$ N/m，$h = 0.80$ m

実験	d	l	$d\sqrt{\dfrac{2hk}{mg}}$
1	0.020 m	0.40 m	0.40
2	0.030 m	0.59 m	0.60

考察

■ 鋼球がばねの弾性力によって押し出されたとき，力学的エネルギーは保存されているか。

→ 鋼球が発射装置からとび出す速さを v，鋼球がとび出してから床に落下するまでの時間を t とすると，$h = \dfrac{1}{2}gt^2$，$l = vt$ の2式が成り立つ。両式から t を消去すると，

$$v^2 = \frac{gl^2}{2h}$$

となる。鋼球がばねの弾性力によって押し出されたとき，力学的エネルギーが保存されているとすれば，$\dfrac{1}{2}kd^2 = \dfrac{1}{2}mv^2$ が成り立つ。この式に上の v を代入して l を求めると，

$$l = d\sqrt{\frac{2hk}{mg}}$$

となる。よって，l と $d\sqrt{\dfrac{2hk}{mg}}$ の値が等しければ**力学的エネルギーが保存されている**ことになる。

4章　仕事と力学的エネルギー

定期テスト予想問題　解答→p.161

1 仕事と仕事率

A君が質量250kgの荷車を引いている。次の問いに答えよ。

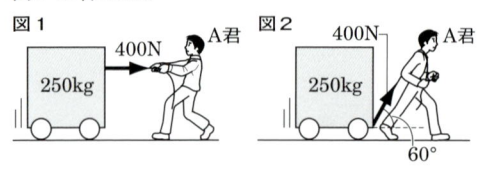

(1) 図1のように，地面に水平に400Nの力で荷車を引き60m動かすとき，A君のする仕事は何Jか。
(2) A君はこの仕事を2分で行った。仕事率は何Wか。
(3) 図2のように，A君は水平から60°の角度で荷車を400Nの力で引き40m動かした。A君のした仕事は何Jか。

2 斜面上の仕事

質量5.0kgの物体を，水平と30°の角度をなす，摩擦のある斜面にそって35Nの力で4.0m引き上げる。動摩擦係数を0.20，重力加速度の大きさを9.8m/s², √3を1.73として，次の問いに答えよ。

(1) 引く力のする仕事は何Jか。
(2) 重力のする仕事は何Jか。
(3) 動摩擦力のする仕事は何Jか。
(4) 垂直抗力のする仕事は何Jか。

3 水力のする仕事

落差が40m，水量が毎秒60m³の水力の仕事率は何kWになるか。重力加速度の大きさを9.8m/s²として答えよ。

4 運動エネルギーと仕事

質量4.0kgの台車が3.0m/sの速さで運動している。この台車に15Nの外力を加え続けたところ速さが9.0m/sになった。摩擦は無視できるものとして，次の問いに答えよ。

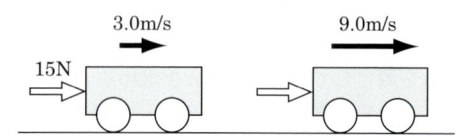

(1) 台車がはじめにもっていた運動エネルギーは何Jか。
(2) この間に，台車の運動エネルギーは何J変化したか。
(3) この間に，外力のした仕事は何Jか。
(4) この間に，台車は何m移動したか。

5 運動エネルギーと位置エネルギー

質量12kgのラジコンの飛行機が，15m/sの速さで地上より30m上空を飛んでいる。重力加速度の大きさを9.8m/s²として，次の問いに答えよ。

(1) 飛行機の運動エネルギーは何Jか。
(2) 地上を基準面にとったとき，飛行機の重力による位置エネルギーは何Jか。
(3) 地上50mのビルの屋上を基準面にとったとき，飛行機の重力による位置エネルギーは何Jか。

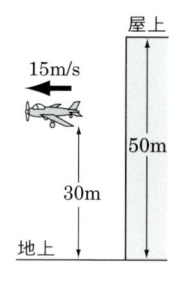

6 摩擦力と仕事

質量30kgの物体に70Nの力を水平に加えつづけたところ，物体は力の向きに8.0m動いた。物体と床との間の動摩擦係数を0.20とする。

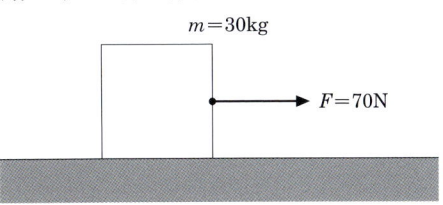

$m=30$kg
$F=70$N

(1) 以下の力のする仕事を求めよ。
① 重力
② 垂直抗力
③ 70Nの力
④ 動摩擦力
(2) (1)の③と④の仕事の差は何になったか。

7 曲面上の物体の運動

図のようなジェットコースターで，高さ44.1mの点Aから質量500kgの乗り物が静かにすべりおり，最下点Bやループの最高点Cを通過し，斜面Dの方向に動いた。重力加速度の大きさを9.8m/s²，摩擦や空気の抵抗は無視できるものとして，次の問いに答えよ。

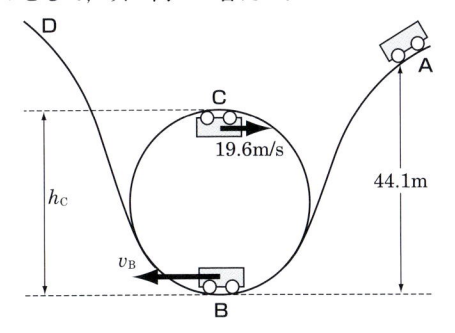

(1) 最下点Bでの乗り物の速さv_Bは何m/sか。
(2) 点Cでの乗り物の速さが19.6m/sであったとき，点Bからの高さh_Cは何mか。
(3) 乗り物は，斜面D上で，最大で高さ何mまで上がるか。
(4) 乗り物の質量が250kgであるとき，点Bでの乗り物の速さV_Bはv_Bの何倍か。

8 ふりこの運動

長さが0.80mの糸の一端に質量0.20kgのおもりをつけ，他端を天井に固定する。糸がたるまないようにして鉛直との角度が60°になるまで（点A）持ち上げたおもりを静かにはなす。重力加速度の大きさを9.8m/s²として，次の問いに答えよ。

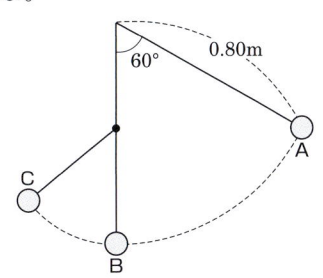

(1) おもりが最下点Bを通過するときの速さv_Bは何m/sか。
(2) おもりが最下点Bに達したとき，糸の中央の位置がくぎに引っかかるようにしておくと，おもりは点Bから最大で高さ何mまで上昇するか。

4章 仕事と力学的エネルギー

9 力学的エネルギーの保存

質量0.20kgの物体を初速度v_0で水平であらい面上をすべらせたところ，5.0mすべって静止した。物体と水平面との間の動摩擦係数を0.50，重力加速度の大きさを9.8m/s²とする。次の問いに答えよ。

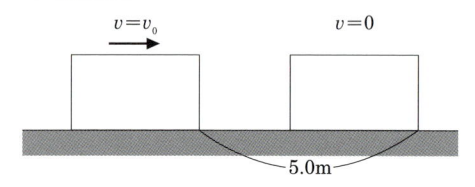

(1) 動摩擦力の大きさを求めよ。
(2) 物体が静止するまでに，動摩擦力のした仕事を求めよ。
(3) 物体の初速度v_0を求めよ。

10 ばねと弾性力

ばね定数250N/mのばねが，なめらかな水平面に置かれている。図のB～Eの状態について，次の問いに答えよ。答えは有効数字2けたで求めよ。

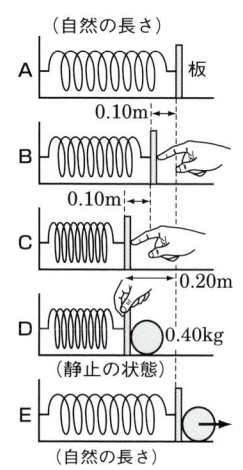

(1) 0.10m縮めたBの状態でのばねの弾性力の大きさは何Nか。
(2) Bの状態での弾性エネルギーは何Jか。
(3) Aの状態からBの状態まで，手がばねを縮める仕事は何Jか。
(4) Bの状態からさらに0.10m縮めたCの状態まで，手がばねを縮める仕事は何Jか。
(5) Cまで縮めたところに質量0.40kgのボールを置き（図D），そっと手をはなすとばねが自然の長さにもどったときボールがはなれた（図E）。このときのボールの速さは何m/sか。ただし，ばねと板の質量，床の摩擦は無視する。

11 弾性力による位置エネルギー

ばね定数k〔N/m〕のつるまきばねに，質量m〔kg〕の物体をとりつけたところ，ばねはx_0〔m〕のびた。重力加速度の大きさをg〔m/s²〕とする。次の問いに答えよ。

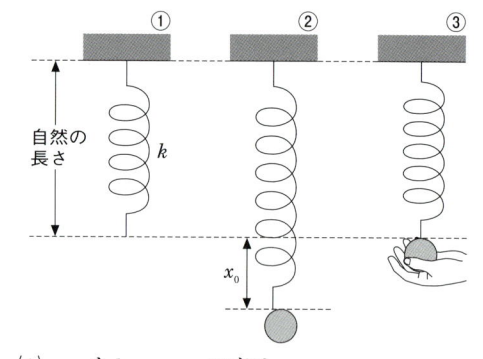

(1) x_0をk，m，gで表せ。
(2) 図の③のようにおもりを持ち上げて急に手をはなした。おもりが図②のつり合いの位置を通過するときの速さをk，m，gで表せ。
(3) ばねののびの最大値をk，m，gで表せ。

2編 熱

1章 熱量と内部エネルギー

1 温度と熱

1 物質の三態と熱運動

物質には，気体，液体，固体の3つの状態がある。これを**物質の三態**という。図1は，それぞれの状態における分子（または原子）の運動しているようすと，分子の密度を模式的に表している。どの状態でも分子は不規則な運動をしている。このような分子の運動を**熱運動**という。

2 温度はどのように表すか

あたたかさや冷たさの度合いを**温度**という。あたたかいか冷たいかは人間の感覚によって決められるが，これは正確ではない。そこで温度をはかる器具として温度計が発明された。水の融点を0度，沸点を100度とし，この間を100等分するように決めた温度を**摂氏温度**（セ氏温度ともいう）または**セルシウス温度**という。単位は〔℃〕で表している。

もっとも低い温度は約－273℃である。これ以下の温度は存在しない。そこで，この温度は**絶対0度**と呼ばれている。温度が絶対0度に近づくと，分子（または原子）はほとんど熱運動をしなくなる。絶対0度を基準として，1度の温度差を摂氏温度と同じにした温度を**絶対温度**という（図2）。絶対温度の単位は**ケルビン〔K〕**である。

絶対温度 T〔K〕と摂氏温度 t〔℃〕との関係は，次のようになる。

$$T = t + 273.15$$

物体の温度が高いほど，熱運動が激しくなっている。**温度は熱運動の激しさを表す量**と考えてよい。

3 熱平衡

熱い麦茶をさますとき，冷たい水の中に麦茶の入ったやかんを入れることがある。こうすると，麦茶の温度が下

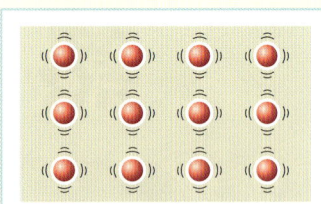

固体
分子は定まった位置を中心として振動している。

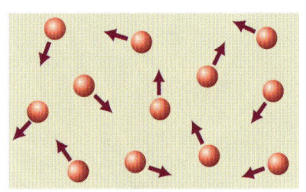

液体
分子は分子間距離をほぼ一定に保ちながら自由に動き回っている。

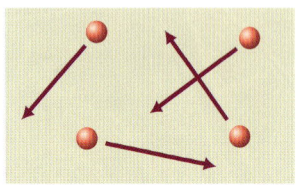

気体
分子は広い範囲を自由にとび回っている。

図1．物質の三態と分子の熱運動

図2．絶対温度と摂氏温度

がり，冷水の温度が上がっていく（図3）。

■ このとき温度の高いものから低いものに熱が移動したという。この熱の移動はずっと続くのではなく，2つの物体の温度が同じになるまで続く。温度が同じになった状態を**熱平衡**という（図4）。

■ 自然現象において，熱は高温の物体から低温の物体にだけ移動する。低温の物体から高温の物体への移動は自然には起こらない。

■ 温度の違う2物体の接触している部分では，それぞれの分子（または原子）が別の分子との衝突をくり返している。この衝突によって，高温物体の熱運動のエネルギーが低温物体に移動する。こうして熱平衡に達する。

■ このように物体間で移動する熱運動のエネルギーを，**熱**または**熱量**という。熱はエネルギーの一種であるから，単位にはジュール〔J〕を用いる。

4 熱の伝わり方

■ **伝導** 高温の物体に低温の物体が接触すると，熱が伝わっていく。これを**伝導**または**熱伝導**という。例えば，火にかけたなべがあたたまるのは伝導による。炎という高温の物体に接触していたなべが，熱伝導によってあたためられたのである。高温物体との接触によってあたためられる現象のほかに，低温物体との接触によって冷やされるのも伝導である。体温が高いときにぬれタオルをおでこに置くのは，この例である。

■ **対流** 気体や液体が循環しながら熱を運んで，部屋の中などの全体があたためられる現象を**対流**という。ストーブであたためられた空気が上にのぼり，かわって冷たい空気が下に降りて，部屋全体がストーブであたためられるのがその例である。地球全体も，空気の対流によって赤道付近から極地方に熱が運ばれている。

■ **放射** 高温の物体がもつ熱が光（熱線）の形になって，離れた場所にある別の物体にまで伝わる現象を**放射**または**熱放射**という。太陽の熱が地球に届くのはこの例であり，ストーブにかざした手は，ストーブに面した部分が放射によってあたためられるが，反対側はあたたかくならない。ストーブと手の間に何らかの障害物が入ると，障害物のストーブに面した部分もあたたかくなくなってしまう。

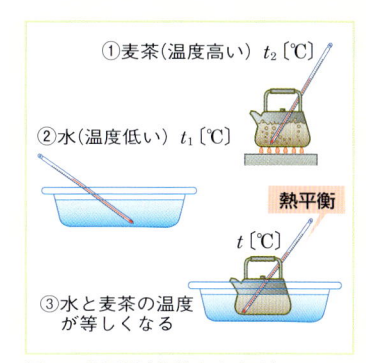

図3．熱平衡（麦茶をさます）

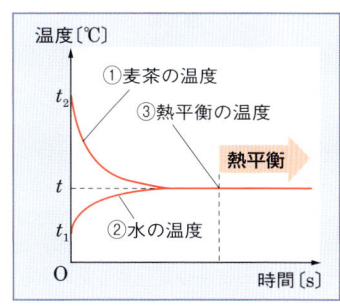

図4．熱平衡までの温度変化

✿1．熱量の単位としては，**カロリー〔cal〕**という単位も使われている（**p.62**）。

1章　熱量と内部エネルギー　61

2 熱量保存の法則

食品などによく，何kcalとか表示されていますが，これも同じく熱量の単位で，
　　1 kcal = 1000 cal
です。食品のカロリーは，三大栄養素(タンパク質，脂肪，炭水化物)が体内で消化・分解されたりするときに発生するエネルギーをさしているのよ。

1 熱量のはかり方

■ 熱の量を直接はかるのは難しい。そこで，熱が物質に加えられたとき，物質の温度が上がることを利用する。

■ 熱量の単位は**ジュール〔J〕**のほかに**カロリー〔cal〕**でも表す。**1 calは水1gの温度を1K(＝1℃)上げるのに必要な熱量**であり，およそ**4.2J**である。

> **ポイント**
> m〔g〕の水にQ〔cal〕の熱量を加えたとき，温度がt_1〔℃〕からt_2〔℃〕に上がったとすると，
> $$Q = m(t_2 - t_1)$$　熱量＝水の質量×上昇温度

問　1. 12℃の水350gを熱したら，17℃になった。このとき，加えられた熱量は何calか。

❋1. カロリーの定義のしかたはこのほかにもあり，水の比熱も温度によって多少変化するためまぎらわしい。そのため，物理学ではジュール〔J〕を使うことが多い。

【解き方】問1.
$$Q = m(t_2 - t_1)$$
$$= 350(17 - 12)$$
$$= 1750\,\text{cal}$$
$$\fallingdotseq 1.8 \times 10^3\,\text{cal}$$
　　　　　答　1.8×10^3 cal

2 物体のあたたまりやすさ

■ 物体のあたたまりやすさは，物体の大きさや材質によって異なる。つまり，同じ温度変化をさせるのに必要な熱量は物体によって異なる。そこで，**物体の温度を1K上昇させるのに必要な熱量**を**熱容量**と定義し，熱容量によって物体のあたたまりやすさの違いを表す。熱容量の単位には，**ジュール毎ケルビン〔J/K〕**が用いられる。

> **ポイント**
> 熱容量C〔J/K〕の物体の温度をt〔K〕上げるのに必要な熱量Q〔J〕は，
> $$Q = Ct$$　熱量＝熱容量×上昇温度

❋2. 熱容量が小さい物体ほどあたたまりやすく，さめやすい。逆に，熱容量が大きい物体ほどあたたまりにくく，さめにくい。

■ あたたまりやすさは，物質の種類によって違う。例えば，金属はあたたまりやすく，水はあたたまりにくい。そこで，**物質1gの温度を1K上げるのに要する熱量**を**比熱**と定義する。比熱の単位には，**ジュール毎グラム毎ケルビン〔J/(g・K)〕**が用いられる。

❋3. $Q = Ct$と$Q = mct$の2つの式を比較すると，
　　$C = mc$
　　熱容量＝質量×比熱
という関係が成り立っていることがわかる。これは1種類の物質からできている物体について成り立つものである。

> **ポイント**
> 比熱c〔J/(g・K)〕の物質m〔g〕の温度をt〔K〕上げるのに必要な熱量Q〔J〕は，
> $$Q = mct$$　熱量＝質量×比熱×上昇温度

❋4. このほか，ジュール毎キログラム毎ケルビン〔J/(kg・K)〕なども使う。

■ 温度をt〔K〕下げる場合には，$Q=mct$の熱量を放出するので，温度を上げる場合と同じ式が使える。
■ 物体は熱量Qを吸収すると温度が上昇し，放出すると温度が下降する。

問 2. ビーカーの中に500gの水と500gの鉛が入っている。水温は15℃である。これを熱して，水温を20℃にするにはいくらの熱量が必要か。水の比熱を4.2J/(g・K)，鉛の比熱を0.13J/(g・K)，ビーカーの熱容量を42J/Kとして計算せよ。

3 熱量保存の法則

■ お湯の中に水を入れてよくかき回すと，全体の温度はお湯と水の間の温度になる。この場合，外部との熱のやりとりがないものとすると，お湯が失った熱量と水が得た熱量は同じになっている。これを**熱量保存の法則**という。
■ 一般に，外部との熱のやりとりがない状態で，高温の物体と低温の物体が接触したり，混ざったりすると，やがて熱平衡に達して，2つの物体の温度が等しくなる。**熱平衡に達するまでに高温の物体が失った熱量と，低温の物体が得た熱量は等しい。**[5]

4 比熱をはかる方法

■ 図1のように，比熱をはかろうとする物質でできたm〔g〕の物体（Aとする）を熱してその温度をはかる（t_1〔℃〕であったとする）。次に，熱量計の中に適当な量の水（Bとする。比熱c_0〔J/(g・K)〕）を入れ，その質量と温度をはかる（質量M〔g〕，温度t_2〔℃〕であったとする）。次に，AをBの中に入れ，ゆっくりかき混ぜて，温度が変化しなくなったら，その温度をはかる（t〔℃〕であったとする）。
■ Aの比熱をc〔J/(g・K)〕とすると，Aの温度はt_1〔℃〕からt〔℃〕まで下がったから，$mc(t_1-t)$〔J〕の熱量を放出したことになる。一方，Bの温度はt_2〔℃〕からt〔℃〕まで上がったから，$Mc_0(t-t_2)$〔J〕の熱量を吸収したことになる。熱量計は断熱材でできているので，外から出入りする熱はないとし，容器などの熱容量も無視すると，Aが放出した熱量とBが吸収した熱量は等しいから，

$$mc(t_1-t)=Mc_0(t-t_2) \quad \text{よって，} \quad c=\frac{Mc_0(t-t_2)}{m(t_1-t)}$$

表1．いろいろな物質の比熱

物質（温度）	比熱
水（15℃）	4.19
氷（0℃）	2.10
海水（20℃）	3.93
エタノール（0℃）	2.29
鉄（0℃）	0.435
銅（0℃）	0.379
銀（0℃）	0.235
ガラス（0℃）	0.712

解き方 問2.
水と鉛とビーカーが5K上昇している。
$Q = 500 \times 4.2 \times 5$
$\quad + 500 \times 0.13 \times 5$
$\quad + 42 \times 5$
$= 10500 + 325 + 210$
$= 11035 ≒ 1.1 \times 10^4$J

答 1.1×10^4J

✿ 5. 高温の物体の質量，比熱，温度をそれぞれ，m_1, c_1, t_1, 低温の物体の質量，比熱，温度をそれぞれ，m_2, c_2, t_2とし，熱平衡に達したときの温度をtとすると，高温の物体が失った熱量Q_1は，
$Q_1 = m_1 c_1 (t_1 - t)$
低温の物体が得た熱量Q_2は，
$Q_2 = m_2 c_2 (t - t_2)$
となる。$Q_1 = Q_2$より，
$m_1 c_1 (t_1 - t) = m_2 c_2 (t - t_2)$
が成り立つ。

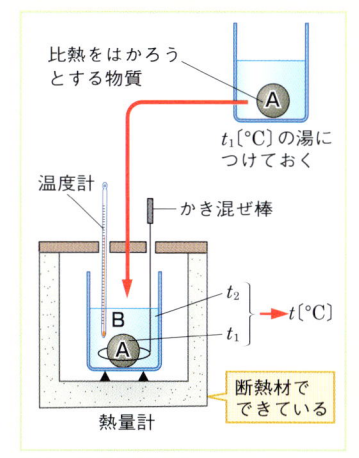

図1．比熱の測定法

重要実験 金属の比熱の測定

方法

1. 比熱を測定しようとする金属試料を用意し，その質量 m を正確にはかる。
2. 水熱量計の銅製容器と銅製かき混ぜ棒をとりはずして，その合計の質量 m_0 を正確にはかる。
3. 水を約 $200\,\mathrm{cm}^3$ とり，その質量 m_1 を正確にはかる。
4. この水を熱量計の中に入れ，しばらくして，水温が一定になってから，その温度 t_1 をはかる。
5. ビーカーに，80～90℃の熱湯を約 $300\,\mathrm{cm}^3$ 入れ，この中に比熱を測定する金属試料を入れて，しばらく湯をよくかき混ぜる。水温が一定になったら，湯の温度 t_2 を測定する。
6. 金属試料をすばやく水熱量計の中に入れてすぐふたをし，かき混ぜ棒でゆっくりかき混ぜる。水温が一定になったら，その温度 t をはかる。

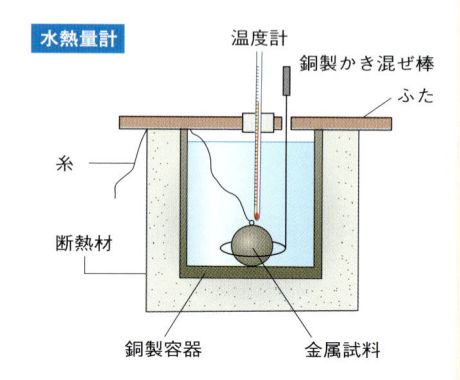

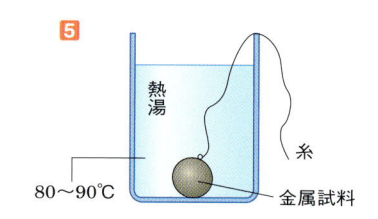

結果

測定して得たデータを右のような表に整理する。

金属試料	質量 $m=$　　　　kg	温度 $t_2=$　　　　℃
水熱量計	銅製容器と銅製かき混ぜ棒の質量 $m_0=$	kg
	水の質量 $m_1=$	kg
	最初の温度 $t_1=$	℃
	最後の温度 $t=$	℃

銅の比熱 $c_0 = 3.8 \times 10^2\,\mathrm{J/(kg \cdot K)}$
水の比熱 $c_1 = 4.2 \times 10^3\,\mathrm{J/(kg \cdot K)}$

考察

得られた測定値から，金属試料の比熱を求めてみよう。→ 金属試料が失った熱量は，
$$Q = mc(t_2 - t)\,\mathrm{[J]}\quad(c は金属の比熱)$$
で，水熱量計の銅製部分と水がもらった熱量は，
$$Q' = m_0 c_0 (t - t_1) + m_1 c_1 (t - t_1)\,\mathrm{[J]}$$
となる。熱量計から外部へ熱が逃げないとすれば，$Q = Q'$ であるから，比熱は，
$$c = \frac{(m_0 c_0 + m_1 c_1)(t - t_1)}{m(t_2 - t)}$$
という式で求められる。

定期テスト予想問題　解答→p.164

1　熱量(1)

次の問いに答えよ。
(1) 熱容量63J/Kの容器の温度を15K上昇させるのに必要な熱量はいくらか。
(2) 銅でできた質量300gの容器がある。この容器の熱容量を求めよ。ただし，銅の比熱は0.38J/(g・K)である。
(3) 比熱が0.44J/(g・K)で200gの物質の温度は16℃であった。この物質に1144Jの熱量を加えると，何℃になるか。

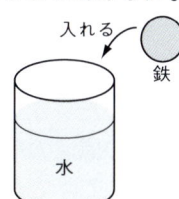

2　熱量(2)

200gの水の温度を20.0℃から100℃に上昇させる。水の比熱を4.2J/(g・K)として，次の問いに答えよ。
(1) 200gの水の熱容量は何J/Kか。
(2) このとき，水に加える熱量は何Jか。また，何calか。

3　熱量保存の法則

図のようにAとBの水を混ぜると，何℃になるか求めたい。容器やその他と熱の出入りがないものとして，次の問いに答えよ。

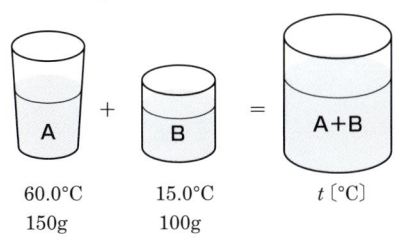

A　60.0℃　150g
B　15.0℃　100g
A+B　t [℃]

(1) 求める温度をt [℃]，水の比熱をc [J/(g・K)]として，熱量保存の法則の式
　（Aの失った熱量）＝（Bの得た熱量）
の関係を，tを使って表せ。
(2) (1)より，tを求めよ。

4　金属の比熱

20.0℃で300gの水に，70.0℃で500gの鉄球を入れて静かにかき混ぜたところ28.0℃になった。水の比熱を4.2J/(g・K)とし，容器やその他と熱の出入りがないものとして，鉄の比熱を求めよ。

5　熱量計

熱容量が168J/Kの熱量計に10.0℃の水320gが入っている。この中に，95.0℃の銅球（質量250g）を入れてかき混ぜたところ，水の温度が15.0℃になった。水の比熱を4.2J/(g・K)として，銅の比熱を求めよ。

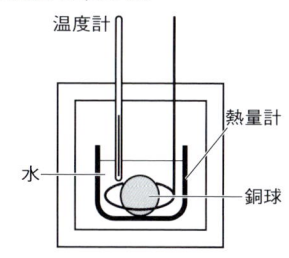

ホッとタイム

ワタシ ダレダカ ワカリマスカ？

科学史を知ることも，自然科学を学ぶうえで重要なことのひとつです。そこで，物理学の分野で活躍した多くの科学者のなかから，特によく知られた5人をあげました。次のヒントをもとに，だれだか当ててください。ヒントの①はそれぞれの信念のたぐい，②は生まれた西暦年と出生国，③おもな著書や業績と発表年，そして④でダメおし。イラストも参考になりますね。

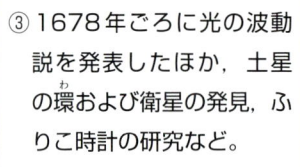

A
① 光の本性は，粒子ではなく，波動だ。
② 1629年，オランダ
③ 1678年ごろに光の波動説を発表したほか，土星の環および衛星の発見，ふりこ時計の研究など。
④ 光の回折現象の説明は，私の考え方が簡単明解！

B
① このねじれ秤を使えば，静電気力だって測定できるはずだ。
② 1736年，フランス
③ 1785年，静電気力が万有引力と同じような法則に従うことを発見。
④ 電気量の単位には私の名がつけられています。

2編 熱

C
① 「熱」と名のつく研究には，ついつい熱狂的になってしまうんです。
② 1818年，イギリス
③ 1847年，熱の仕事当量に関する論文を発表。
④ 熱と仕事の概念を科学界に広めたのは，この私といってよいでしょう。

D
① 導体を流れる電流は，電圧に比例し抵抗に反比例するんだ。
② 1789年，ドイツ
③ 1827年，抵抗と電圧と電流の間に簡単な関係があることを明らかにする。
④ 電気抵抗の単位名は，私の名前をとったものです。

E
① 原子の中心には，原子核があるはずだ。
② 1871年，ニュージーランド
③ 放射線α線・β線・γ線，および半減期の発見。
④ 最大の業績は，ごくごく薄い金ぱくにα線を当てる実験をとおして，原子の構造を解明したことです。

答えはp.173

1章 熱量と内部エネルギー

2章 気体の変化と仕事

1 物質の三態

1 物質の三態

■ 物質は温度や圧力のちがいによって，固体，液体，気体の状態になる。これを**物質の三態**という。

■ 固体中の分子や原子は，互いにばねのような強い力（分子間力）で引き合っており，規則正しく並んで結晶をつくっている。分子や原子は並んだ位置を中心にして細かく不規則な振動をしている。

■ 固体の温度を上げていくと，原子や分子の運動が激しくなり，結合がところどころ切れて分子や原子が互いの位置を入れかわりながら運動できるようになる。これが液体の状態である。液体は容器の形に応じて変形する。

■ さらに温度を上げていくと，分子や原子の速度が大きくなり，分子間力を振り切って自由に運動できるようになる。これが気体の状態である。

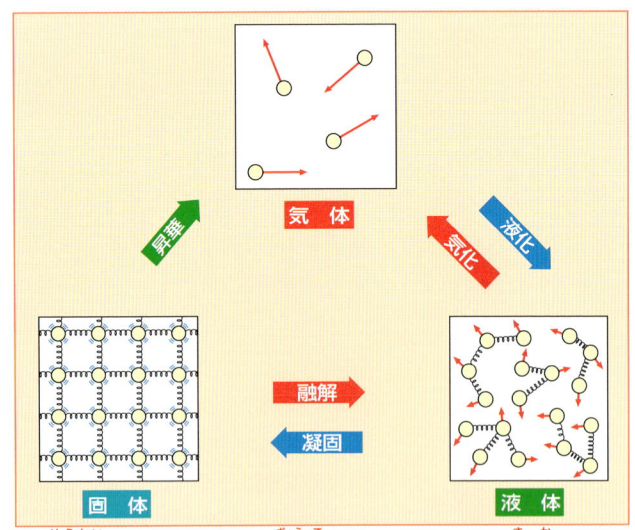

■ **融解**（固体⇒液体），**凝固**（液体⇒固体），**気化**または**蒸発**（液体⇒気体），**液化**または**凝縮**（気体⇒液体），**昇華**（固体⇒気体）を**三態変化**または**状態変化**という。

◎1. 固体，液体，気体の状態になる身近な物質としては水がある。

◎2. 気体の状態では，分子や原子どうしの距離が離れているので，圧縮や膨張をさせやすい。

図1．物質の三態変化→
物質のもつエネルギーは，分子間力による位置エネルギーと熱運動による運動エネルギーの和である。固体では分子間力による位置エネルギーが大きく，気体では熱運動による運動エネルギーが大きい割合を占めている。

◎3. 固体から液体をへずに直接気体に変化することを昇華という。また，気体が直接固体に変化することも昇華という場合がある。

2 水の三態変化

- 水は温度の低い状態から，氷，水，水蒸気と変化する。
- 図2のグラフは，0℃以下の氷に，一定の割合で熱を加えつづけたときの温度の変化を表している。

○4. 図2は氷に一定の割合で熱を加えたものであることに注意しよう。

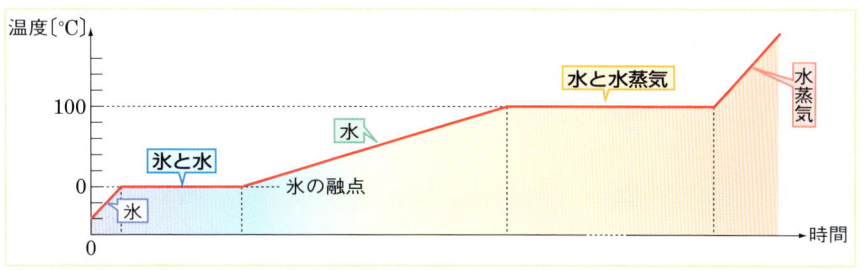

図2．水の温度変化

- 氷を加熱すると温度が上昇していくが，0℃に達すると氷がすべてとけて0℃の水になるまで，温度は0℃のままである。この温度を融点という。
- 熱を与えているのに温度が上昇しないのは，固体が液体になるときに融解熱というエネルギーが必要だからである。水の融解熱は335 J/gである。
- さらに加熱していくと，水の温度は上昇していく。
- 100℃に達すると，水は沸騰する。水はこれ以上温度が上昇することなく，水と水蒸気が共存した状態になる。この温度を沸点という。
- 熱を与えているのに温度が上昇しないのは，液体が気体になるときに気化熱というエネルギーが必要だからである。水の気化熱は2300 J/gである。
- さらに熱を加えていくと，水蒸気の温度は100℃以上になる。

融点や沸点では，熱が加わっても温度が上がりません。

○5. または，蒸発熱ともいう。

3 熱膨張

- ほとんどの物体は，温度の上昇にともなってその体積が増加する。これを熱膨張という。
- 線路のつなぎ目や橋のつなぎ目などは，温度によって伸縮することを考慮して，すきまがある。長さ100 mの線路は温度が50℃上昇すると約6 cm伸びる。
- 0℃のときの長さがl_0〔m〕の固体の物体では，t℃のときの長さl〔m〕は，

$$l = l_0(1 + \alpha t)$$

と表される。このとき，αを線膨張率〔/℃〕という。

物質	線膨張率〔/℃〕
銅	1.65×10^{-5}
鉄	1.18×10^{-5}
ガラス	0.8×10^{-5} ~ 0.9×10^{-5}
コンクリート	0.7×10^{-5} ~ 1.4×10^{-5}

表1．固体の線膨張率（20℃）

2章　気体の変化と仕事

2 内部エネルギー

1 仕事は熱に変わる

手と手をこすり合わせると,あたたかくなる。このように,摩擦のある物体どうしをこすり合わせると,熱が発生する。

18世紀末,アメリカのランフォード[1]は,大砲の砲身をくりぬく作業を監督したときに,熱は当時いわれていた熱素という粒子がもとで発生するのではなく,**仕事を加え続けることによって発生するもの**であることに気づき,実験を行って示した。

摩擦によらなくても物体の温度を上げることができる。魔法びんの中に水を1000 mLほど入れ,200～300回激しくふると,水の温度はふる前よりいくらか高くなる。これは激しくふるという仕事が熱を発生させた結果である。

2 仕事を熱に変える実験

銅線を長さ5 mmくらいに切り,質量が1 kg程度になるようにして布製の袋に入れる。これを図1のような装置にセットし,1 mの高さから何回も落下させて,銅線の温度の変化を調べる実験をしてみよう。

実験を始める前に,銅線の入った袋に温度計をさしこんで最初の温度をはかっておく。その後,20回落下させたあとの温度をはかる。次はさらに20回落下させて温度をはかり,100回落下させるまで同様にくり返すと,**銅線の温度はわずかずつながら上昇していく**のが認められる。

この実験で[2],落下させる前の銅線がもっているエネルギーは,位置エネルギー $E_{p1} = mgh$ だけで(この実験では $h = 1$ m),静止しているから運動エネルギー $E_{k1} = 0$ である。これが落下して床に衝突する直前には,

$$E_{p2} = 0 \qquad E_{k2} = \frac{1}{2}mv^2$$

となる。ところで,力学的エネルギー保存の法則より,

$$E_{p1} + E_{k1} = E_{p2} + E_{k2}$$

であり,$E_{k1} = 0$,$E_{p2} = 0$ であるから,次の関係がある。

$$E_{k2} = E_{p1} = mgh$$

---

[1]. ランフォード(1753～1814)は,砲身に穴をあけるときに出る熱は,穴あけ職人の運動が姿を変えたものであり,したがって熱は運動の一形態であるという結論を出した。そして,与えられた力学的エネルギーからどれだけの熱が生じるかを計算し,現在,熱の仕事当量といわれているものの存在を初めて明らかにした。

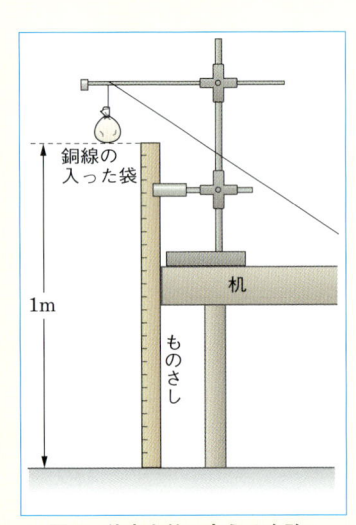

図1.仕事を熱に変える実験

[2]. 銅線の落下させる前の位置エネルギーを E_{p1},運動エネルギーを E_{k1},落下させたあとの位置エネルギーを E_{p2},運動エネルギーを E_{k2} とする。

■ ところが，銅線の衝突後の速さは0となる。つまり，運動エネルギーも位置エネルギーも0となってしまうことになるが，では最初からもっていたmghの力学的エネルギーはどこへいってしまったのだろうか。

③ 熱エネルギーのモデル実験

■ 図2のように，力学台車の上に，たくさんの長さの異なるふりこをぶら下げた枠（フレーム）を固定する。この場合，ふりこの振動方向をでたらめにできれば，もっとよい。この台車を台車Aとし，このほかに，台車Aと質量は同じで，フレームをつけない台車Bを用意する。

■ 台車に内蔵されているばねをセットして，A，Bともに同じくらいの速さで壁に衝突させてみると，衝突してはね返ったあとの速さは，台車Aのほうがおそい。そして，ふりこが振動している。これは，衝突で失われたエネルギーがふりこの振動のエネルギーに変わっていることを表している。

■ この実験で，ふりこが物質を構成する粒子であると考えると，銅線の実験で失われたエネルギーがどこへいったのかを推論できる。すなわち，失われたエネルギーは，**銅線の内部の粒子の運動エネルギーに変わった**と考えられる。

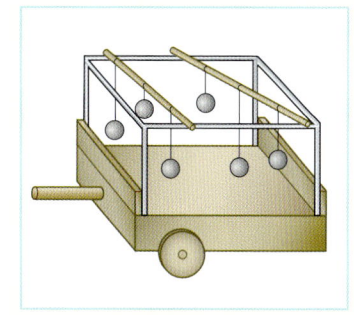

図2．モデル実験用の台車

④ 内部エネルギー

■ 銅線が失った力学的エネルギーは，銅線の中にほかの形のエネルギーとなってたくわえられている。そのエネルギーによって銅線の温度が上昇したわけである。このエネルギーのことを**内部エネルギー**という。

■ はじめの実験では，衝突によって銅線内部の粒子の運動が激しくなり（これを**熱運動**という），1つ1つの粒子のもっているエネルギーがふえている。つまり，**銅線内部にあるすべての粒子のもっているエネルギーの総和が内部エネルギーにあたる**わけである。したがって，1回の落下によって，落下前に比べて内部エネルギーはmghだけ増加している。

■ じつは，**分子の運動の激しさ**の度合いを表すのが**温度**である。したがって，内部エネルギーが増加すれば温度が上がることになる。そして，物質を構成する**すべての粒子の熱運動がなくなった状態の温度が絶対0度**である。

✱3．銅などの金属では，原子が集まって結晶をつくっている。また，各原子の一番外側の電子は**自由電子**と呼ばれ，原子から離れて自由に動くことができる。金属中では，自由電子の群れの中に，電子を失った金属原子（陽電荷をもつ）が，たがいにもっとも密になるように規則正しく並んでいる。この場合，自由電子は金属原子を結びつける役目をしている（このような原子の結合のしかたを金属結合という）。この自由電子は電流を流しやすくするはたらきをするほかに，熱をよく伝えるはたらきをももっている。

✱4．内部エネルギーとは，物質中の原子や分子のもっている運動エネルギー（これは熱運動によるもの）と位置エネルギー（原子間や分子間にはたらく力によるもの）の和である。

2章　気体の変化と仕事

3 気体のする仕事

1 気体も仕事をする

■ 図1のように，シリンダーの中にピストンで気体を封じこめ，この気体を熱すると，気体の圧力が高くなり，ピストンを持ち上げるので，ピストンにつないだクランク軸が回転し，ベルト車を回すなどの仕事をする。

■ 気体を熱すると，気体の内部エネルギーが増加するが，この内部エネルギーをベルト車の回転という力学的エネルギーに変えるのが，この装置である。

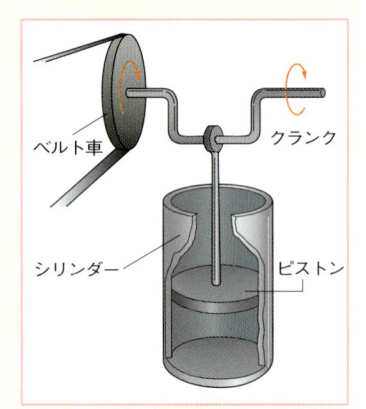

図1．気体に仕事をさせる装置
気体の内部エネルギーを力学的エネルギーに変える。

2 気体のする仕事の大きさ 発展

■ 図2は，ピストンのついたシリンダーに気体を封入したところを示している。ピストンには，たくさんの分子が衝突し，圧力をおよぼしている。ピストンは，外部の空気からも等しい圧力を逆向きに受けている。

■ シリンダー内の気体に熱を加えると，分子の平均の運動エネルギーは増し，ピストンに与える圧力が大きくなるので，ピストンは右のほうへ動きだす❶。すなわち，**気体が外部に対して仕事をする**。

■ シリンダー内の気体の圧力をp〔Pa〕，シリンダーの断面積をS〔m²〕とすると，気体がピストンを押す力はpS〔N〕となる。この力によって，ピストンがΔx〔m〕だけ右に移動したとすると，気体がピストンにした仕事W〔J〕は，

$$W = pS \times \Delta x = p \times S \cdot \Delta x$$

ここで，$S \cdot \Delta x$は気体の膨張した体積であるから，これをΔV〔m³〕とすると，Wは次のように表すことができる。

> **ポイント 気体が外部にする仕事**
> $$W = p\Delta V \quad \text{仕事＝圧力×増加体積}$$

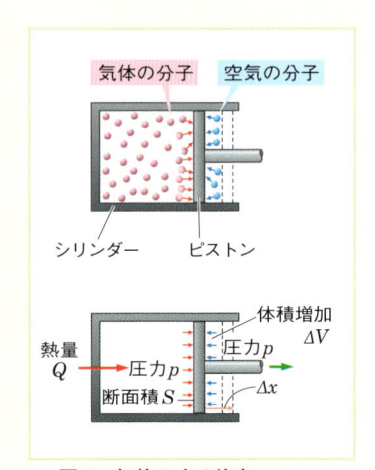

図2．気体のする仕事
シリンダー内の気体が，一定の圧力pを保ったまま膨張し，体積がΔV増加するとき，気体は外部に対して，$W = p \cdot \Delta V$の仕事をする。

3 仕事を大きくするには……

■ 気体が外部にする仕事を大きくするには，上の式から，圧力pまたは増加体積ΔVを大きくすればよいことがわかる。しかし，シリンダー内の気体の圧力を極端に大きくするのは危険であるから，ΔVを大きくするほうがよい。

❶．気体をゆっくり熱すると，内部の圧力と外部の圧力とがつり合いを保ちつつ，ゆっくりとピストンを押していく。

■ そのためには，シリンダーの体積が大きいほうがよい。自動車のエンジンの性能を比較するのに，エンジンの排気量を示すのは，このためである。

4 気体が仕事をされる場合

■ 図2で，ピストンに力を加え，ピストンをシリンダー内に押しこむと，ピストンが内部の気体に対して仕事をすることになる。このとき，内部の気体は外部から仕事をされたという。

■ 気体が外部から仕事をされるときは，気体分子の平均の速さが大きくなるので，気体の内部エネルギーが増加する。すなわち，温度が上がる。

5 熱力学の第1法則

■ 気体に熱を加えると，内部エネルギーは増加する。また，外部から仕事をしても，内部エネルギーは増加する。

> **ポイント**
> 気体にQ [J] の熱とW [J] の仕事が加えられたときの内部エネルギーの増加分ΔU [J] は，
> $\Delta U = Q + W$
> 内部エネルギーの増加＝熱＋仕事

これを**熱力学の第1法則**という。これは，気体に外から与えられたエネルギーが，すべて内部エネルギーになることを示している。

■ 上の式を用いるときは，Q，Wの正，負に注意しなければならない（図3）。QもWも，外から気体に加えられる場合を正としているので，気体から熱が出ていく場合は，$Q<0$である。また，気体が外部に対して仕事をする場合，すなわち，気体が膨張する場合は，$W<0$である。

■ ΔUは内部エネルギーの増加であるから，$\Delta U>0$ならば，内部エネルギーが増加し，気体の温度が上がる。$\Delta U<0$ならば，内部エネルギーが減少し，温度は下がる。

問 1. シリンダーに，0℃の気体が圧力1.0×10^5 Paで封入されている。気体の圧力を一定に保ったまま，温度が10℃になるように，外から20.0Jの熱を加えたとき，体積が83mL増加した。この気体の内部エネルギーの増加は何Jになるか。

2. 一般に，物体中の内部エネルギーには，分子間や原子間にはたらく力による位置エネルギーも含まれるが，気体分子は自由にとび回っていて，気体分子どうしがおよぼし合う力は非常に小さいので，位置エネルギーはほとんど無視できる。したがって，気体の内部エネルギーは，気体分子の運動エネルギーを合計したものと考えてよい。

3. 熱力学の第1法則は，熱も含めたエネルギー保存の法則を表している。例えば，一般に摩擦のある運動では力学的エネルギーは保存されないが，摩擦によって生じる熱までも含めて考えると，エネルギーは保存されているといえる。

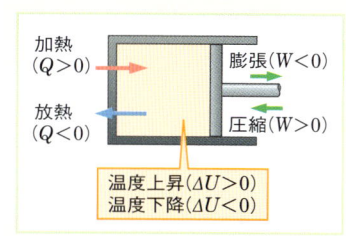

図3．熱力学の第1法則のQ，W，ΔUの符号

解き方 問1.
$W = -p \cdot \Delta V$
$= -1.0 \times 10^5$
$\times 8.3 \times 10^{-6}$
$\fallingdotseq -8.3$ J
$\Delta U = Q + W$
$= 20.0 - 8.3 = 11.7$ J
答 11.7J

4 気体の変化 発展

1 定積変化

■ 気体の体積を一定に保ったままで、気体を加熱したり冷却して温度、圧力を変化させる場合を、**定積変化**という。

■ 密閉された容器に入れた気体を加熱(熱量Q)すると、圧力が上昇する。この変化をp-Vグラフで表すと、図1のようになる。冷却する場合は矢印の向きが逆になる。

■ 体積が変化しないのであるから、外からの力が気体にする仕事Wは0である。p.73で学習した熱力学の第1法則により、

$$\Delta U = Q + W = Q + 0 = Q$$

となり、気体にあたえられた熱量Qは、すべて気体の内部エネルギーの増加ΔUになり、温度が上昇する。

✻1. **等積変化**ともいう。

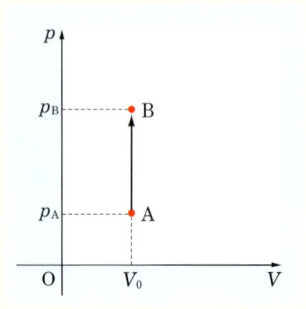

図1. 定積変化

2 定圧変化

■ 気体の圧力を一定にしたままで、気体の温度、体積を変化させる場合を**定圧変化**という。

■ 図2のように、自由に動かすことのできるピストンのついたシリンダーを考える。この中に封入された気体に熱量(Q)を加えると、ピストンはシリンダーの中と外の圧力が同じになるように動く。すなわち定圧変化をする。

■ この変化をp-Vグラフで表したものが図3である。冷却する場合は矢印の向きが逆になる。

■ この図の変化でも熱力学の第1法則を用いると、次の式が得られる。

$$\Delta U = Q + W$$

■ 気体には熱量Qが与えられているので、$Q > 0$である。また、ピストンにはたらく外力は左向きであるが、気体は膨張するのでピストンは右に動く。この過程で外力がした仕事Wは、$W < 0$である。

■ 逆にBからAの変化では、熱が放出されるので$Q < 0$、外力のする仕事は$W > 0$となる。

✻2. **等圧変化**ともいう。

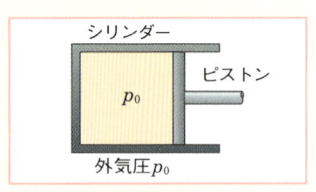

図2. 自由に動かせるピストンのついたシリンダー

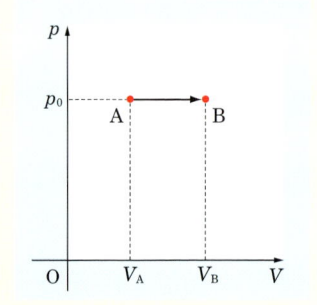

図3. 定圧変化

3 断熱変化

■ 気体を外部との熱の出入りがないようにして、状態を

変化させる場合を**断熱変化**という。

■ シリンダーに封入された気体を，ピストンで外部から急激に圧縮すると，気体の体積が減少し，圧力が高くなり，外部との熱のやりとりがないのに，温度が上昇する。

■ 図4のように，シリンダーの中に乾燥した脱脂綿を入れてこの実験をすると，急激な温度の上昇のために脱脂綿が発火する。この実験装置を圧気発火器という。

■ この変化を p-V グラフで表したものが図5である。これを**断熱圧縮**という。急激に膨張させる場合は矢印の向きが逆になる。これを**断熱膨張**という。

■ 図5の変化で，熱力学の第1法則を用いると，熱の出入りがなく，$Q = 0$ であるので，

$$\Delta U = Q + W = 0 + W = W$$

となる。この式から，気体がされた仕事 W が，すべて気体の内部エネルギーの増加 ΔU になったことがわかる。すなわち急激に気体の温度が上昇する。

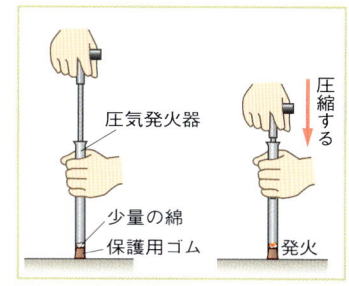

図4. 圧気発火器

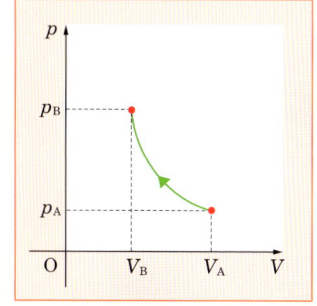

図5. 断熱圧縮

4 等温変化

■ 気体の状態変化が常に一定の温度で行われる場合，これを**等温変化**という。

■ 図6のような装置で，気体に熱を与えても内部の気体の温度が外部と同じになるようにしながら状態を変化させる。この場合，温度は変化しないのでボイルの法則に従い，圧力と体積は反比例する。p-V グラフでは，この曲線上にそって変化することになる。

■ 熱力学の第1法則を用いて考えると，温度が一定なので，$\Delta U = 0$ である。このことから，

$$\Delta U = Q + W$$
$$0 = Q + W$$

となり，$W = -Q$ となる。熱量 Q は $Q > 0$ だから，$W < 0$ となる。W は，**気体がされた仕事**であるから，気体が膨張する場合には，外部に仕事をする。

■ 図6で，熱源を低熱源に変えると，気体に与えられた熱量 Q は $Q < 0$ である。この状態で中の温度を一定に保ちながら変化させると，グラフの矢印の向きが逆になるような変化をすることになる。

■ なお，教科書によっては，$Q = \Delta U + W$ となっているものもある。この場合の W は，**気体がした仕事**である。

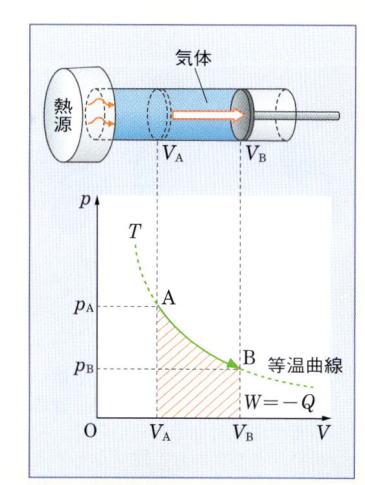

図6. 等温変化

✿3. 気体の温度が変化すると，気体分子の運動エネルギーが変化し，内部エネルギーも変化するが，逆に，気体の温度が変化しなければ，気体の運動エネルギーも変化せず，内部エネルギーも変化しない，すなわち，$\Delta U = 0$ である。

2章 気体の変化と仕事

5 熱機関

1 永久に動く機械

　太陽の日周運動・月の満ち欠けなど，はるか昔から続いている現象を見て，燃料も使わず永久に動き続ける機械をつくることに熱中した人たちが過去にいた。このような機械を**永久機関**という（図1）。現在では，永久機関をつくることは不可能であることが理論的に証明されている。

2 もとにもどらない変化

　自然現象のなかには，映画のカメラで撮影して，そのフィルムを逆に回しても，ちっとも不自然に見えないものがある。例えば，ふりこの運動である。これに対して逆の現象は不自然で，決して起こり得ないものもある。例えば，滝の水が流れ落ちる運動である。前者を**可逆変化**，後者を**不可逆変化**という。

　熱エネルギー（内部エネルギー）の発生を伴う現象は，完全にはもとの状態にもどすことができないので，**すべて不可逆変化である。**

3 もとにもどらないわけ

　部屋の中で1滴の香水を落とすと，それから蒸発した分子はやがて部屋いっぱいに広がり，部屋中に芳香がただよう。部屋いっぱいに広がった香水の分子が再び1点に集まり，もとの1滴の香水にもどることは絶対にないといってもよい。なぜならば，分子の数はきわめて多く，それぞれが勝手な運動をしているために，そのようなことが起こる確率がきわめて小さいからである。

　図2のように，部屋のまん中にしきりを入れて，片方に高温の気体，もう一方に低温の気体を入れる。しきりをとりはずすと，両者は混じり合い，やがて，全体の温度が両者の温度の間の温度になる。高温の気体は分子の平均速度が大きく，低温の気体は分子の平均速度が小さいが，しきりをとりはずすと，両方の分子が混じり合い，衝突し合っているうちに，分子の平均速度が両者の間の値に落ち着くわけである。こうなると，部屋の片側に高速の分子だけ

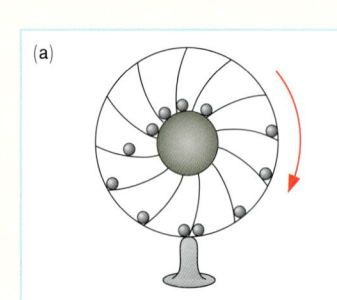

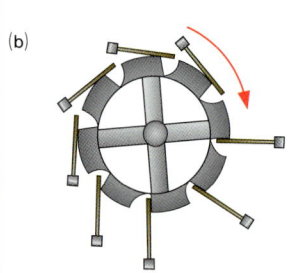

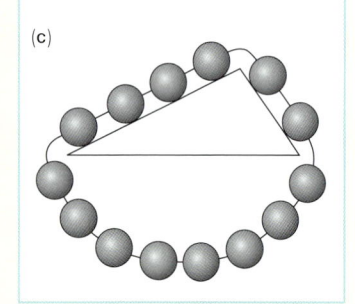

図1. いろいろな永久機関
(a) 曲がったスポークの上で重い球が動けるようにしたもの。球の分布が左右対称ではないので，左まわりと右まわりに回ろうとする作用がつり合わず回転を続けると考えられたが，実際はつり合う。
(b) 車のまわりに，ハンマーをちょうつがいでとりつけたもの。これも，左まわりと右まわりに回ろうとする作用がつり合わないと考えられたが，実際はつり合う。
(c) おもりをじゅずのようにつないで，傾きの違う斜面にかけたもの。これも実際につくってみると，つり合って動かない。

が集まり，他方に低速の分子だけが集まって，部屋の中が高温部と低温部に分かれるなどということは絶対に起こらないといってよい。理由は香水の場合と同じである。

4 熱力学の第2法則　発展

熱エネルギーの発生をともなう現象は，変化の進む向きが決まっている。それで，その事実をまとめて，これを**熱力学の第2法則**という。

> **ポイント　熱力学の第2法則**
> ① 熱は自然には，高温物体から低温物体に移動する。
> ② 外から受けとった熱を全部仕事に変えることはできない。
> ③ 摩擦によって熱が発生する現象は不可逆である。

上の3つのうち，1つでも成立すれば，他の2つは証明できるので，3つのうちどれを第2法則といってもよい。

5 熱機関とは

高温の物体のもつ内部エネルギーの一部を仕事，すなわち力学的エネルギーに変える装置を**熱機関**という（図3）。実用的な熱機関の最初のものは蒸気機関である。最初はピストンを用いた往復動機関であったが，やがて蒸気タービンに進み，さらに，燃料をシリンダー内で燃やす内燃機関へと進歩した。これは，効率よく内部エネルギーを力学的エネルギーに変化させる努力の歴史である。

6 どれだけの熱が仕事になるか

熱機関は，高温の物体から熱量Qを供給され，その一部が外に仕事Wを行い，残りの熱量Q'が低温の物体に捨てられる。熱力学の第2法則により，QとWが等しくなることはなく，必ず一部の熱量Q'が捨てられる。

供給された熱量Qと仕事に用いられた熱量Wとの比を**熱効率**という。熱効率eは，次の式で求められる。

> **ポイント　熱効率**　$e = \dfrac{W}{Q} \times 100\% = \dfrac{Q-Q'}{Q} \times 100\%$

問 1. 毎秒4.0×10^4Jの熱を受けとり，8.0kWの仕事率で仕事をしているエンジンの熱効率は何％か。

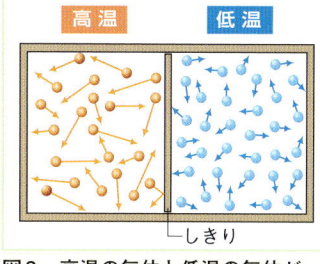

図2. 高温の気体と低温の気体が混じると，どうなるか

○1. 熱が自然に，低温物体から高温物体に移動する現象があったとしても，これは熱力学の第1法則には反しない。しかし，このような現象は決して起こらないということを第2法則で規定しているのである。

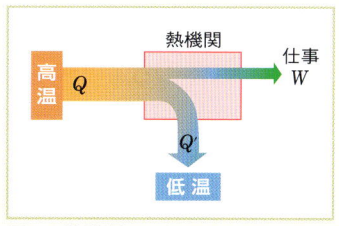

図3. 熱機関のはたらき

○2. エネルギーを失うことなく，永久に仕事をし続ける機関を**第1種永久機関**という。熱力学の第1法則に反するので，このような機関はつくれない。
燃料から出た熱を全部仕事に変える機関を**第2種永久機関**という。熱力学の第2法則に反するので，このような機関もつくれない。

解き方 問1.
8kWは毎秒8kJの仕事をする仕事率である。
$e = \dfrac{W}{Q} = \dfrac{8.0 \times 10^3}{4.0 \times 10^4} \times 100$
　$= 20\%$
答 20％

2章　気体の変化と仕事

定期テスト予想問題　解答→p.164

1 物質の三態

−5℃の氷200gがある。これを30℃の水にする。次の問いに答えよ。
(1) −5℃の氷200gを0℃の氷にするのに必要な熱量を求めよ。ただし，氷の比熱は2.1J/(g·K)とする。
(2) 200g，0℃の氷を0℃の水にするのに必要な熱量を求めよ。ただし，氷の融解熱は334J/gである。
(3) 200g，0℃の水を30℃にするのに必要な熱量を求めよ。ただし，水の比熱は4.2J/(g·K)である。

2 気体の仕事(1) 発展

なめらかなピストンのついたシリンダーの中に，気体が入っている。この気体に500Jの熱を加えたところ，気体の体積は$3.2 \times 10^{-3} \mathrm{m}^3$膨張した。外気圧を$1.0 \times 10^5 \mathrm{Pa}$とする。次の問いに答えよ。
(1) 気体のした仕事を求めよ。
(2) 気体の内部エネルギーの増加量を求めよ。

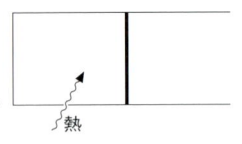

3 気体の仕事(2) 発展

気体の圧力が$1.0 \times 10^5 \mathrm{Pa}$の状態のまま，体積を$1.2 \times 10^{-3} \mathrm{m}^3$から$1.6 \times 10^{-3} \mathrm{m}^3$にした。この気体が外部にした仕事はいくらか。

4 気体の仕事(3) 発展

ある気体に2100Jの熱量をあたえたら，$1.0 \times 10^5 \mathrm{Pa}$の圧力のまま，体積が$0.010 \mathrm{m}^3$増加した。次の問いに答えよ。
(1) 気体が外部にした仕事は何Jか。
(2) 気体の内部エネルギーの増加は何Jか。

5 熱効率(1)

840Jの熱量をあたえたら，外部に240Jの仕事をする熱機関がある。この熱機関の熱効率は何%か。

6 熱効率(2)

熱効率25%の熱機関に$1.7 \times 10^4 \mathrm{J}$の熱量をあたえた。この熱機関は外部に対して何Jの仕事をするか。

3編 波

1章 波の性質

1 波を表すいろいろな量

1 波とは

静かな水面に小石を投げると，そこを中心として波が広がっていく。このとき，水面に浮かんでいる木の葉などをよく見ると，もとの位置でほぼ上下に振動するだけで，波といっしょに進んではいかない（図1）。このことから，水波は水の流れではなく，水の上下運動が次々ととなりの部分に伝わる現象であることがわかる。このようにある点の振動が次々に周囲に伝わる現象を**波**または**波動**といい，波が発生する場所を**波源**，波を伝える物質を**媒質**という。

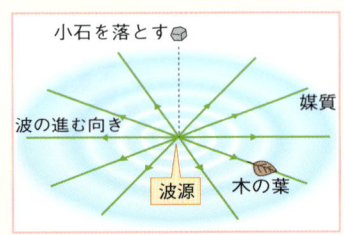

図1．水面に生じた波
石の落下点を中心に円形の波が広がるが，木の葉は上下にゆれるだけである。

2 ひもを伝わる波

ひもをピーンと張って，図2の(a)のように左端をすばやく上に上げてもとにもどすと，1つの山だけの波ができて，右のほうに伝わっていく。(b)のようにひもを連続して上下に振動させると，山と谷がつぎつぎに発生して右側にどんどん伝わっていく。この波の媒質はひもで，手の部分が波源である。(a)のような波を**パルス波**（または**孤立波**）と呼び，(b)のような波を**連続波**と呼ぶ。

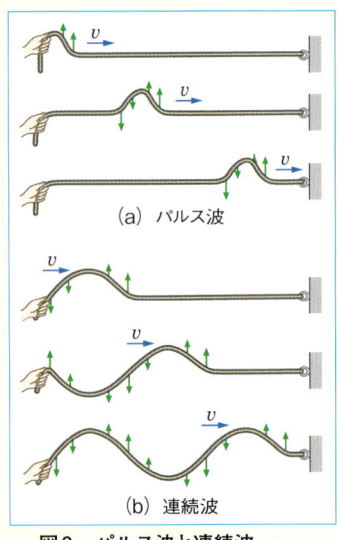

図2．パルス波と連続波

3 波長と振幅

この章では複雑な波ではなく，山と山の間隔が一定で，山の高さも一定な波を考える。このような波では，となり合う山と山の距離と谷と谷の距離は同じで，この距離を**波長**と呼ぶ。山の高さと谷の深さも同じで，これを**振幅**と呼ぶ（図3）。

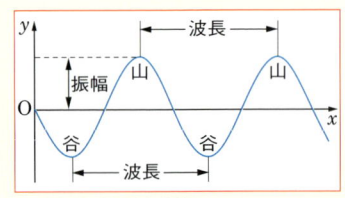

図3．波長と振幅
図3のような形の波を，**サインカーブ**または**正弦波**という。

4 周期と振動数

媒質の1点が1回振動するのに要する時間を**周期**という。また，媒質が1秒間に振動する回数を**振動数**といい，**単位はヘルツ〔Hz〕**で表す。

> **ポイント**
> 波の周期をT〔s〕，振動数をf〔Hz〕としたとき，Tとfの間には次の関係がある。
> $$T = \frac{1}{f}$$

周期と振動数は，逆数の関係になっているんだよ。

5 速度と振動数，波長の関係

■ 波の伝わる速さは，媒質の質量，加わっている力，水波であれば水深など，媒質の物理的な性質によって決まる。音波の速さは空気中で約340 m/s，地震のS波の速さはマントルの下部で約7.3 km/sである。光波(光)の速さは真空中で約3.0×10^8 m/sである。

■ ひもの一端を上に上げて，下に下げて，もとの位置にもどすという運動を1回行うと，上に上げたときに山をつくり，下に下げたときに谷をつくることから，波は1波長分できることになる（図4）。すなわち，1回振動させる時間（周期T〔s〕）の間に，波は1波長（λ〔m〕）の距離を進むことになる。したがって，波の速さv〔m/s〕は，$v = \frac{\lambda}{T}$となる。Tとfの関係を用いると，さらに$v = f\lambda$と表せる。

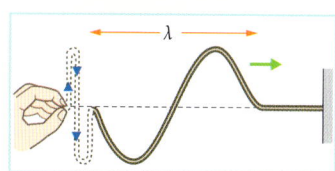

図4．波の速さ
波は1回振動する間（周期）に1波長進む。

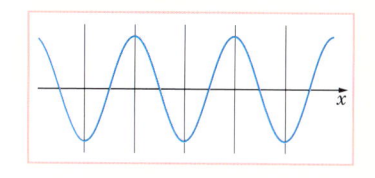

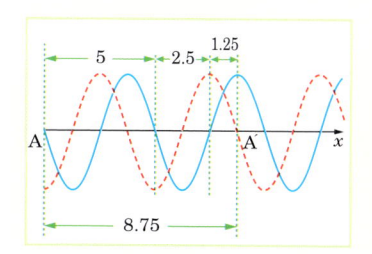

> **ポイント**
> 波の速さをv〔m/s〕，波長をλ〔m〕，周期をT〔s〕，振動数をf〔Hz〕とすると，
> $$v = \frac{\lambda}{T} = f\lambda$$

例題 右の図は，x軸の正の向きに速さ60 cm/sで進む波で，振幅は2.0 cm，波長は5.0 cmである。この波の振動数および周期はいくらか。また，このときから$\frac{7}{48}$秒後の波形を点線でかき入れよ。

解説 問題文から，$v = 60$ cm/s，$\lambda = 5.0$ cmである。
$v = f\lambda$に代入して，$60 = f \times 5$より，
振動数は，$f =$ **12 Hz** ……………………**答**
周期は，$T = \frac{1}{f} = \frac{1}{12} \fallingdotseq$ **0.083 s** …………**答**
この波は$\frac{7}{48}$秒間に，$60 \times \frac{7}{48} = 8.75$ cmだけ右に進んでいるから，1つの山を右に8.75 cmずらした波を作図すればよい。　　　　　　**答 右図の赤い点線**

1章 波の性質

2 縦波と横波

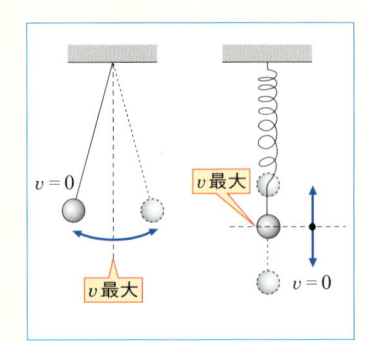

図1. ふりことばねの振動

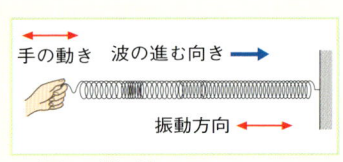

図2. 縦波

☆1. 音波や地震のP波が縦波である。

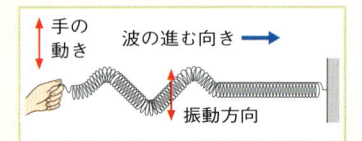

図3. 横波

☆2. 地震のS波や光の波，電磁波が横波である。

1 媒質の振動

　糸につけたおもりを左右に振動させたり，ばねにつけたおもりを上下に振動させると，**つり合いの位置からもっとも離れた場所（最大変位）でおもりの速さが0になっている**。また，おもりは，**つり合いの位置（変位0の場所）を通過するときがもっとも大きな速さになっている**（図1）。波によって振動する媒質も，これと同じような振動をしている。

2 縦　波

　図2のように，つる巻きばねの一端を，ばねに平行に振動させる。このとき，ばねにリボンをつけておけば，媒質を示すリボンはばねに平行に振動する。このように，波の進行方向に対して媒質が平行に振動する波を，**縦波**あるいは**疎密波**という。

3 横　波

　長いつる巻きばねの一端を固定し，他端を上下に振動させると，ばねには図3のように連続的に波が発生する。ばねの1か所にリボンをつけておくと，リボンは波が伝わってくるのにともなって，上下に振動する。波は右方向に伝わるのに対して，媒質を示すリボンはほぼ垂直に振動する。このように，波の進行方向に対して媒質が垂直に振動する波を，**横波**という。

4 水面波

　水面波は横波のように思われがちであるが，縦波でも横波でもない特別な波である。

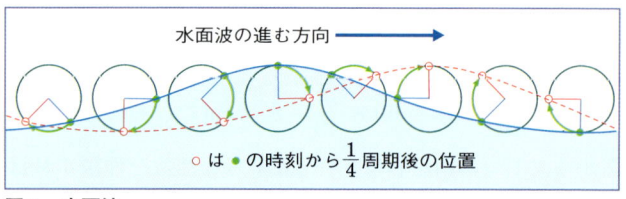

図4. 水面波

くわしく調べてみると，媒質は波の進行にともなって，図4のようにほぼ円をえがくように振動している。浮き袋で浮かんでいると，水面の波によって上下に振動するだけでなく，横方向にも振動することが経験できる。

> 図2や図5の(a)のように，縦波では，ばねが縮んで密になっている部分と，ばねがのびて疎になっている部分があるので，疎密波ともいうんだね。

5 縦波を横波の形で表す

縦波は波であるのに波の形に見えず，ばねの図をかいても考えにくい。そこで，縦波を横波のようなサインカーブで表すことにする。縦波の媒質は図5の(a)のように左右に振動しているので，(b)のように，それぞれの媒質のつり合いの位置を基準にして，右に変位している媒質が同じ長さだけ上に変位しているように，左に変位している媒質が同じ長さだけ下に変位しているようにかき直す。

このようにかき直すと，縦波を横波の形でかき表すことができる。1波長がどこからどこまでなのかがわかりやすくなるが，逆に疎密の分布がわかりにくくなる。この場合は横波でかかれた図を縦波にもどして考えればよい。

図5．縦波を横波の形に表す

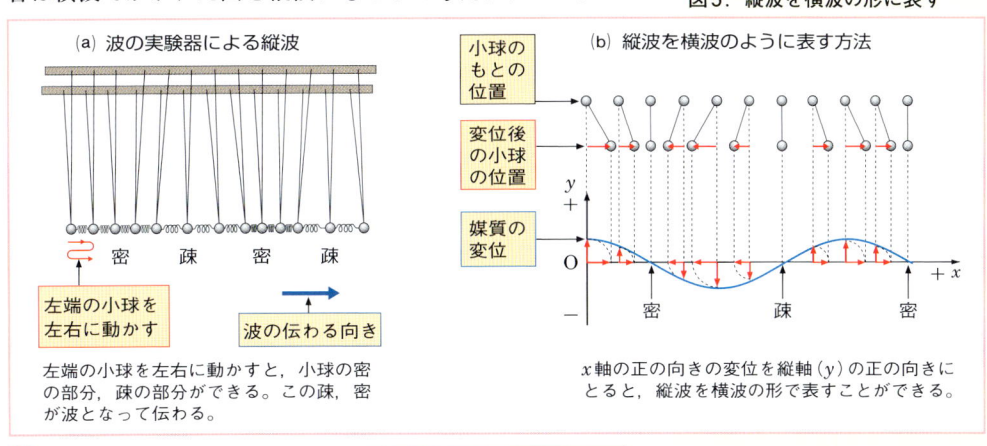

(a) 波の実験器による縦波

密　疎　密　疎

左端の小球を左右に動かす　波の伝わる向き

左端の小球を左右に動かすと，小球の密の部分，疎の部分ができる。この疎，密が波となって伝わる。

(b) 縦波を横波のように表す方法

小球のもとの位置
変位後の小球の位置
媒質の変位

密　疎　密

x軸の正の向きの変位を縦軸(y)の正の向きにとると，縦波を横波の形で表すことができる。

> **例題** 右の図は縦波を横波のようにかき表したものである。次のような媒質の点を答えよ。
> (1) もっとも疎　　(2) もっとも密
> (3) 速さが0　　(4) 正の変位が最大 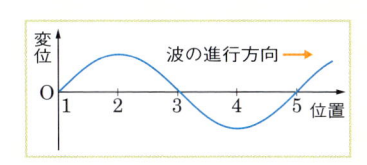
>
> **解説** 右下がりになっている部分が密，右上がりになっている部分が疎である。速さ0は最大変位の部分。1，3，5が速さ最大。
>
> **答** (1) **1，5**　(2) **3**　(3) **2，4**　(4) **2**

1章 波の性質

3 波を表すグラフ

1 y-x グラフ

■ 図1はひもの一端を固定し、他端を上下に振動させて連続波をつくっているようすを表している。波の進行方向に対して、ひも（媒質）は垂直に振動していることから、横波であることがわかる。これに図1のように x 軸と y 軸を入れると、波の形（波形）を表すグラフになる。これを **y-x グラフ**という。

図1．*y-x* グラフ→
B，C，F，Gの各点，およびA，D，Eの各点はそれぞれ変位の大きさが等しい点とする。

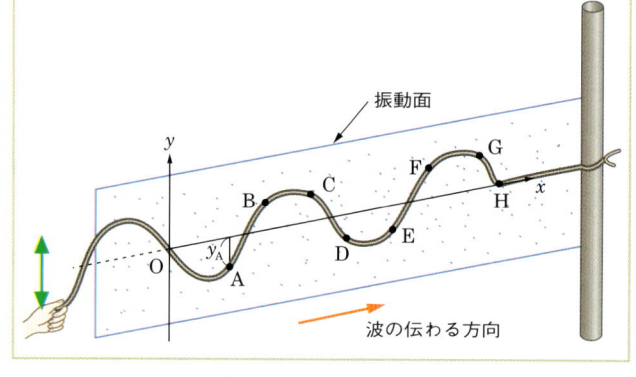

図1で，A，D，Eの各点は変位が等しいけれど、同じ振動状態にあるといえるでしょうか？　図2で考えてみよう。

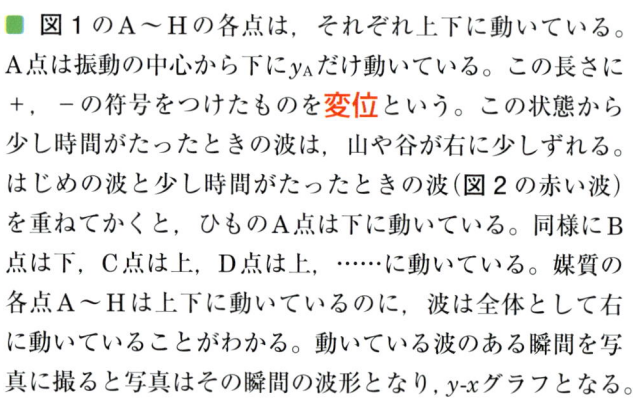

■ 図1のA～Hの各点は、それぞれ上下に動いている。A点は振動の中心から下に y_A だけ動いている。この長さに＋，－の符号をつけたものを**変位**という。この状態から少し時間がたったときの波は、山や谷が右に少しずれる。はじめの波と少し時間がたったときの波（図2の赤い波）を重ねてかくと、ひものA点は下に動いている。同様にB点は下，C点は上，D点は上，……に動いている。媒質の各点A～Hは上下に動いているのに、波は全体として右に動いていることがわかる。動いている波のある瞬間を写真に撮ると写真はその瞬間の波形となり、*y-x* グラフとなる。

図2．少し時間がたった波と重ねてかいた図→

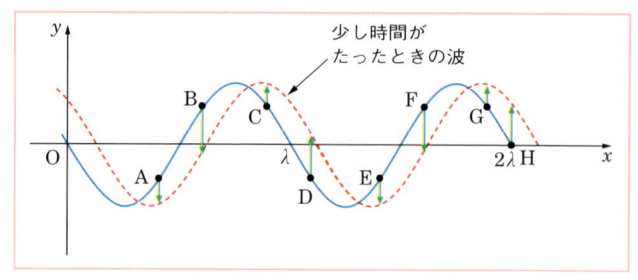

2 同位相と逆位相

■ 図2でA点とE点に注目してみよう。両方とも変位が等しく、媒質の運動の速さと向き（矢印の長さと向き）も等しい。この2点のように振動状態が同じ場合に、A点とE点は**位相**が等しい（**同位相**）という。B点とF点、C点とG点も同位相である。

■ 図2でA点とC点は、変位の大きさは等しいけれど符号が逆で、矢印の長さは等しいけれど向きが逆になっている。このように振動状態が逆になっている場合に、A点とC点は位相が逆である（**逆位相**）という。B点とD点、C点とE点、……も逆位相である。

✿1.
位相のずれがないともいう。

✿2.
一方が山のとき、他方は谷になっている。逆位相を「位相がπずれている」ともいう。

3 y-t グラフ

■ 図1の波が伝わっていくと、各点の変位は時間とともに変化していく。A点に注目し、図1の状態の時刻を$t=0$としよう。A点では、図2を見ればわかるように、まず下に変位が大きくなり、さらに時間が少したつと上に動き、下への変位が小さくなっていく。その後、変位が0、上に最大、……のように振動をする。これをグラフに表したものが図3である。図3はA点の変位の時間変化を表すもので、A点の **y-tグラフ**（振動のグラフ）という。媒質がもとの振動状態にもどるまでの時間（1回振動する時間：周期）をTとすると、図3に示すように、A点は周期Tの間隔ごとに同じ振動状態になっている。

■ A点と位相が等しいE点のy-tグラフは、図1の状態の時刻を$t=0$としたとき、図3と同じ形になる。つまり同位相の点のy-tグラフは同じ形になる。

■ A点の振動状態は周期Tごとにもとにもどっているので、A点の振動のグラフでは周期Tごとに同位相になっている。また、図2の波形のグラフ（y-xグラフ）では、波長λの間隔ごとに同じ振動状態がくり返されており、λの間隔で同位相になっている。

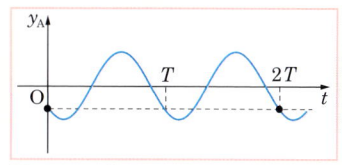

図3. y-tグラフ

✿3. 横軸が時間tになっていることに注意。

✿4. E点の振動のグラフが、図3と同じになることを確かめてみよう。

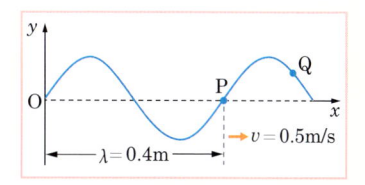

例題 今（時刻$t=0$）、波長0.4mの波が右の図のように、速さ0.5m/sでx軸の正の向きに進んでいる。次の問いに答えよ。
(1) P点のy-tグラフを0.8秒後までかけ。

$\lambda = 0.4$m, $v = 0.5$m/s

1章 波の性質

(2) Q点のy-tグラフを0.8秒後までかけ。

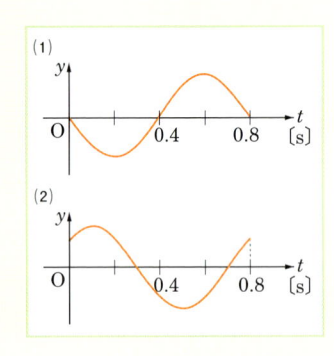

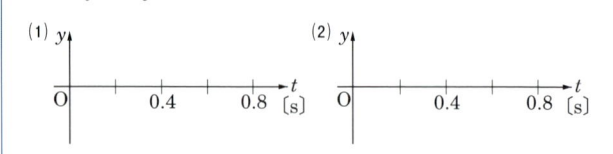

(1) y → t 軸 0.4, 0.8 [s]
(2) y → t 軸 0.4, 0.8 [s]

解説 $v = \dfrac{\lambda}{T}$ より，$0.5 = \dfrac{0.4}{T}$　よって，$T = 0.8\,\mathrm{s}$

周期が0.8秒だから，P点，Q点はそれぞれ，0.8秒後に時刻$t = 0$のときと同じ状態になる。図の状態から少し時間がたつと，P点は変位0の位置から下に動き，Q点は山の中腹の変位から上に動いていくことに注意してグラフをかけばよい。　　　**答** 左図

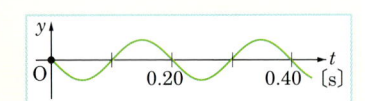

(1) y グラフ 0.4, 0.8 [s]
(2) y グラフ 0.4, 0.8 [s]

y 0.20, 0.40 [s]

例題 長いひもの右端を固定し，左端を左図のように振動させた。ひもを伝わる波の速さを10 m/sとする。次の問いに答えよ。

(1) 周期，振動数，波長を求めよ。
(2) 0.1秒後にひもにできる波形をかけ。
(3) 0.2秒後にひもにできる波形をかけ。
(4) 0.4秒後にひもにできる波形をかけ。

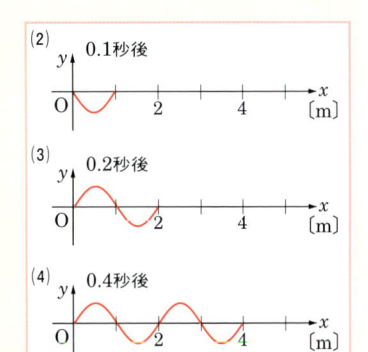

(2) y 0.1秒後 2, 4 [m]
(3) y 0.2秒後 2, 4 [m]
(4) y 0.4秒後 2, 4 [m]

解説 (1) グラフより，周期$T = \mathbf{0.20\,s}$ ……………… **答**

振動数$f = \dfrac{1}{T} = \dfrac{1}{0.20} = \mathbf{5.0\,Hz}$ ……………… **答**

波長は$v = f\lambda$ より，$\lambda = \dfrac{v}{f} = \dfrac{10}{0.5} = \mathbf{2.0\,m}$ ……… **答**

(2) 0〜0.1 s間で，ひもは下に下げてもとの位置にもどしたので，谷だけがつくられる。また，0.1 s間に波は，$10 \times 0.1 = 1.0\,\mathrm{m}$進んでいる。　　**答** 左図

(3) 0〜0.2 s間で，谷をつくってから山をつくっているので，波形は，谷のあとに山ができる。また，0.2 s間に波は2.0 m進んでいる。　　**答** 左図

(4) (3)までの振動をもう1回くり返すので，波形は2波長分できる。　　**答** 左図

(2) y 0.1秒後 2, 4 [m]
(3) y 0.2秒後 2, 4 [m]
(4) y 0.4秒後 2, 4 [m]

4 重ね合わせの原理

1 波の独立性

■ 図1はウェーブマシンと呼ばれる実験装置である。これは横波を表示する器具で、左端の棒を上下に振動させて波をつくった状態である。この装置の両端から図2のような波(パルス波)をつくると、2つの波は真ん中で出あって重ね合わさり、波の形が変化してしまう。

■ しかしその後は、2つの波はそれぞれの形を保って、たがいに他方の波の進行をさまたげることもなく、あたかもすりぬけてきたかのように伝わっていく。このように2つの波はたがいに影響を受けることなく伝わる。これを **波の独立性** という。

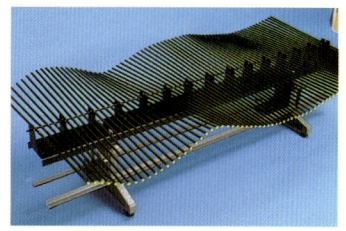

図1．ウェーブマシン

図2．反対向きに進む2つの波
左はウェーブマシンによる実験を示し、右は2つの波が出あったあとも、もとの形を保ったまま進むようすを示している。

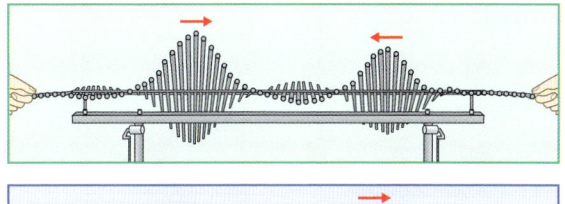

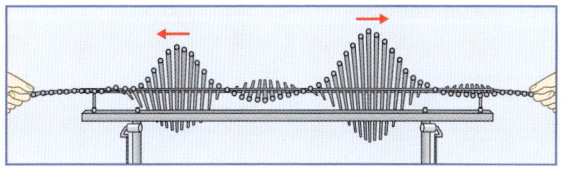

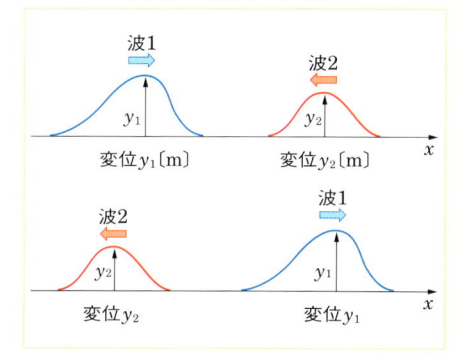

2 波の重ね合わせの原理

■ 2つの波が重なったときの波形は、どうなるであろうか。一般に、2つの波が重なったときにできる波の変位は、図3のように、2つの波の変位をたし合わせたものになる。

> **ポイント**
> 2つの波が重なり合ってできる波の変位 y は、それぞれの波の変位 y_1 と y_2 の和に等しい。すなわち、
> $$y = y_1 + y_2$$
> となる。これを **波の重ね合わせの原理** という。

■ 山と谷の波が出あうと、次ページの図3(b)の下から3番目の図のように、一瞬波がなくなる場合がある。これはA、Bの波の変位の大きさが等しく、逆向きだからである。

◆1. 2つの波が重なってできる波の波形を **合成波形** という。

◆2. 2つの波が重なり合う現象は、物体が衝突する現象とまったく異なっている。2つの物体の衝突では、衝突後にはね返ったり、一体となったり、いろいろな状態が現れる。しかし波の場合には、2つの波の振動(変位)が媒質に伝わっているだけである。これが粒子(物体)と波動の違いの1つである。

1章 波の性質 87

図3．反対向きに進む，振幅の等しい2つの波の重ね合わせ
(a)では山と山が重なり合い，(b)では山と谷が重なり合う。

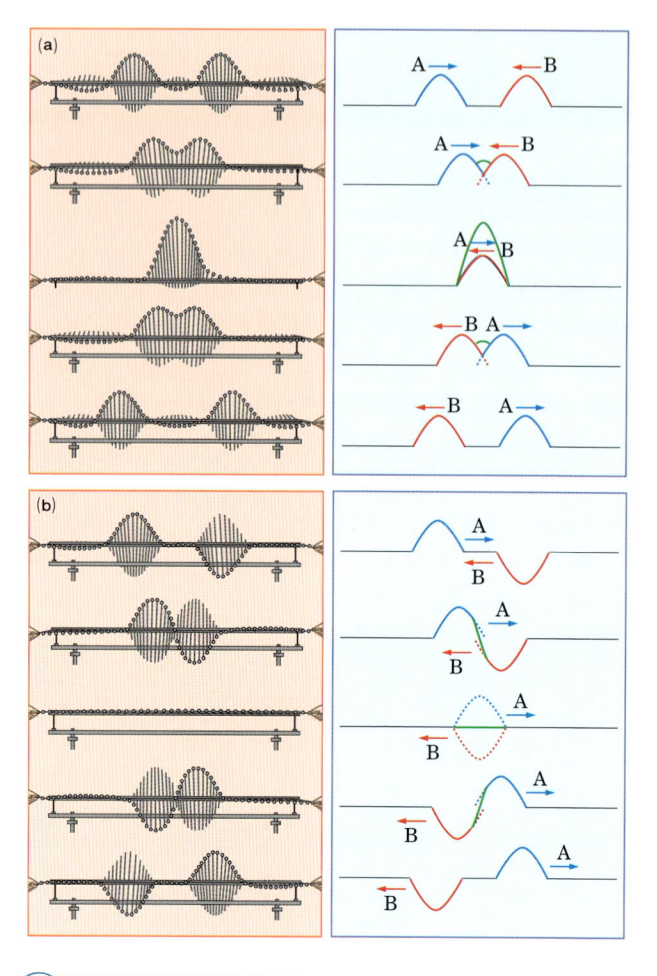

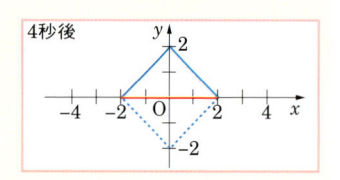

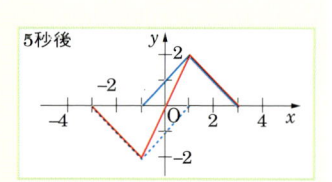

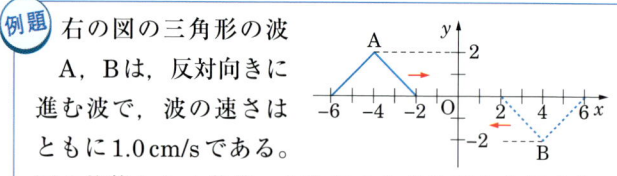

例題 右の図の三角形の波A，Bは，反対向きに進む波で，波の速さはともに1.0cm/sである。

図の状態から4秒後，5秒後の合成波形を作図せよ。図の1めもりは1cmとする。

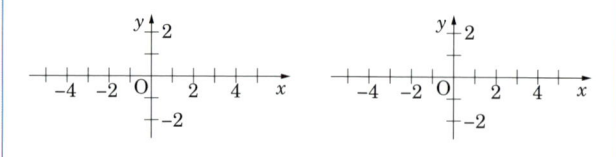

解説 波を2つの直線部分に分けて考える。直線で表される2つの波を合成すると，合成波形も直線になることに注意する。

答 左図の赤い線

4秒後

5秒後

5 定常波

1 動かない波もある

■ 図1は，波長と振幅が同じ2つの波が，一直線上をたがいに反対向きに同じ速さで進んできて，重なり合うようすを表している。

■ 時刻 $t=0$ で2つの波の先端が真ん中で出あい，$\frac{T}{8}$ ずつ時間が経過したときのようすが順番に示されている。図のC点（図の⑦参照）では，合成波が上に大きく振動してから，下に大きく振動することをくり返しており，もっとも大きく振動している（A点とE点も同様）。このような場所を **腹**（はら）という。腹の部分の振幅は，もとの波の2倍になっている。

■ 一方，B点，D点では，その合成波の変位は常に0で，まったく振動していない。このような場所を **節**（ふし）という。

■ 時間がたっても，腹と節の位置は変化しないので，合成波は左右どちらにも移動しているようには見えない。このように移動しない波を **定常波**（または **定在波**）という。これに対して，図1で重なり合う前の波のように，時間とともに波形が移動する波を **進行波** という。

■ 弦などにできた定常波を観察すると，図1の⑫のように見えるが，実際は，⑦～⑪のように振動して，⑫のように見えているのである。⑪と⑫から，となり合う腹と腹の距離は，もとの波の波長の半分 $\left(\frac{\lambda}{2}\right)$ であることがわかる。また，腹からとなりの節までの距離は $\frac{\lambda}{4}$ である。

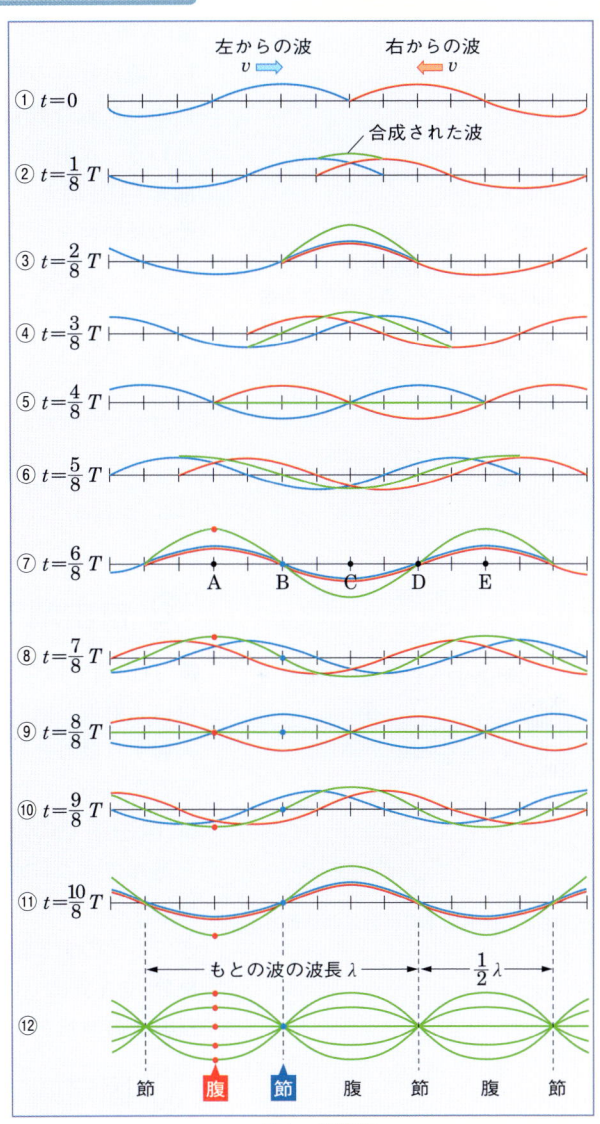

図1．定常波
反対向きに同じ速さ v で進む，振幅と波長（λ）の等しい2つの波（右向き：青，左向き：赤）が，重なり合ってできる定常波（緑）。T は2つの波の周期。

1章 波の性質

6 波の反射と位相の変化

1 反射点の媒質のようす

■ 水面を伝わってきた波が容器の壁面で反射されるように，波は媒質の端に達すると，そこで反射する。反射面に向かって進む波を**入射波**といい，反射された波を**反射波**という。反射面で媒質が自由に振動できる場合，その反射面を**自由端**といい，媒質がまったく振動できない場合，その反射面を**固定端**という（図1）。

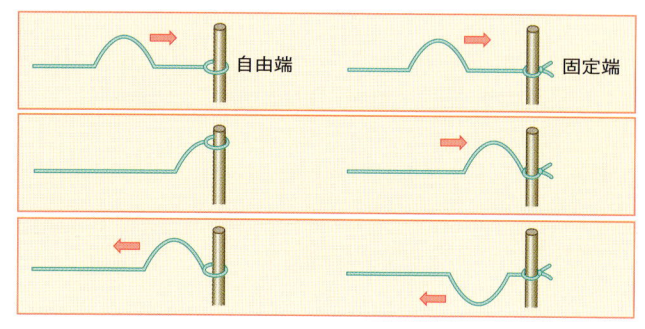

図1．自由端と固定端→
自由端では波がくると媒質が自由に動く。固定端では波がきても媒質が動けない。

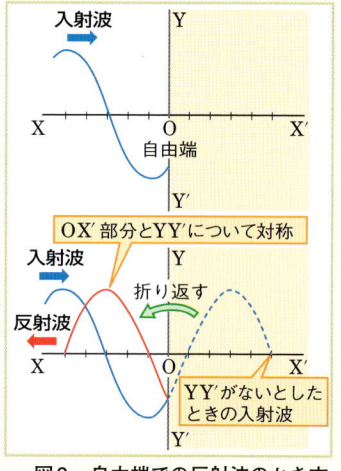

図2．自由端での反射波のかき方

2 自由端ではどうなるか

■ 自由端では媒質が自由に振動できるから，反射波の変位は入射波と同じ向きで，山が入射すれば山として，谷が入射すれば谷として反射される。すなわち，**自由端で波が反射されるときは位相の変化がない**。

■ **自由端での反射波のかき方** 図2のように，XX′上を進んできた波が，自由端YY′で反射されるものとする。反射するとき位相の変化がないから，入射波を，YY′を過ぎてもそのまま続けてかく。さらにYY′をこえた部分（OX′部分）をYY′について対称に右から左に折り返したものが，反射波の波形となる。

3 固定端ではどうなるか

■ 固定端では，媒質が変位しないので，入射波と反射波の合成波の変位も0になる。したがって，反射波の変位の向きは入射波と反対向きになり，山が入射すれば谷として，谷が入射すれば山として反射される。つまり，**固定端で波が反射されるときは，位相がπだけ変化する**。

○1．位相が半波長だけ変化することを，位相がπだけ変化するという。

■ **固定端での反射波のかき方** 図3のように，XX′上を進んできた波が，固定端YY′で反射されるものとする。反射するとき位相がπだけ変化するから，入射波を，YY′を過ぎてもそのまま続けてかく。さらにYY′をこえた部分を，OX′に対称に上下に折り返し，さらにそれをYY′について対称に右から左に折り返すと，反射波の波形になる。

4 入射波と反射波が重なると……

■ 入射波と反射波は，振幅，周期が等しく，たがいに反対向きに進む波であるから，**入射波と反射波の合成波は定常波になる**。

■ 自由端の反射では，山は山として反射されるから，反射点における合成波の変位は，入射波の2倍になる。すなわち，

> **ポイント** 自由端は定常波の**腹**になる（図4）。

■ 固定端の反射では，山は谷として反射されるから反射点における合成波の変位は0である。すなわち，

> **ポイント** 固定端は定常波の**節**になる（図4）。

例題 右の図のように，右向きに速さ4 cm/sで進むパルス波（山の高さ：2 cm）が点Oで反射される。図の状態から1秒後の反射波，および入射波と反射波の合成波の波形を作図せよ。ただし，点Oは自由端とし，図の1めもりは1 cmとする。

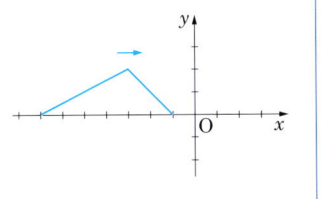

解説 まず，波が反射しないで，そのまま進んだときの1秒後の波形をかく。次にそれをy軸について対称に折り返した波形をかき，その波と入射波を合成する。

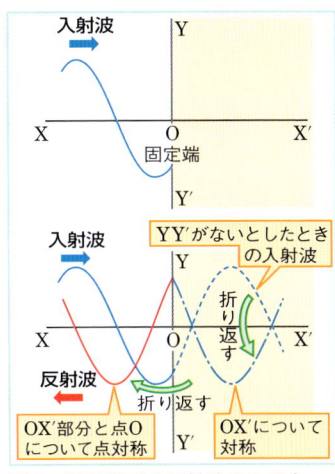

合成波の波形を求めるには，折れ線部分を2つの線分に分けて考える。直線の波形を合成すると直線になるので，まず，合成波の両端の2点の変位を求め，その2点を通る直線を引く。

答 右図の赤い線

図3. 固定端での反射波のかき方

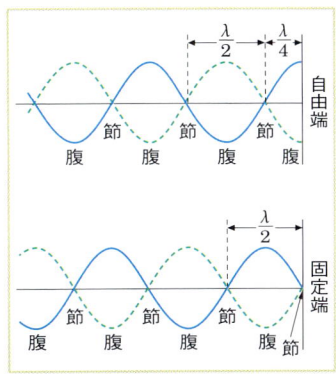

図4. 定常波の端のようす
自由端は定常波の腹となり，固定端は定常波の節となる。

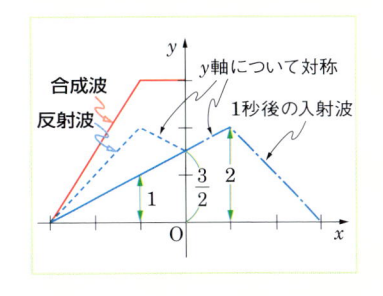

1章 波の性質

7 水面波の性質（反射・屈折・回折・干渉） 発展

✿1. 波の進行方向を示す直線，または曲線のことを**射線**ということもある。

1 波の波面

■ 水面に小石を投げこむと，水面波の山の部分を連ねた線や谷の部分を連ねた線が円形となって広がる。これを**円形波**または**球面波**といい，同位相の点を連ねた線や面を**波面**という。波の進行方向は波面に対して**垂直**である。

■ 長い棒を水面に浮かべて，棒を上下に振動させると，直線上の波面ができる。このような波を**平面波**という。

■ 平面波も円形波も，波面と波の進行方向は垂直である。

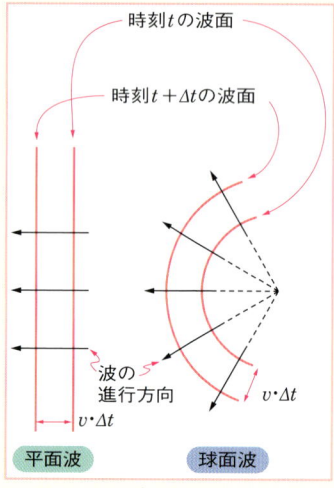

図1．平面波と球面波

2 波の回折

■ 沖合から進んできた波は，防波堤の裏側に回りこむように伝わっていく。これを波の**回折**という。すき間の幅がせまいほど，回折の効果が大きい（図2）。

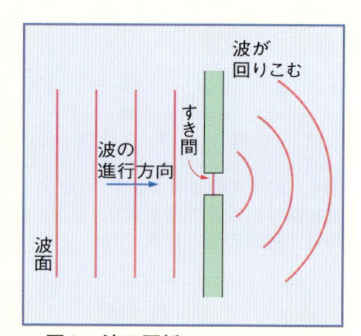

図2．波の回折

3 波の反射・屈折

■ 波が反射するとき，反射面に立てた垂線（**法線**という）と入射波の進行方向がなす角度を**入射角**という。この法線と反射波の進行方向がなす角度を，**反射角**という。

ポイント
反射の法則
　　入射角＝反射角

■ 水面波は水深が深いところでは速く，浅いところでは遅い。このように，波はその伝わる速さが異なっている媒質の境界面で，進む方向が変化する。このような現象を**屈折**という。図3のように，媒質Ⅰから媒質Ⅱに波が入射するとき，波の一部は媒質Ⅱの中を進む。このとき，屈折波の進行方向と境界面の法線とのなす角（r）を，**屈折角**という。入射角iを変えたとき，$\sin i$と$\sin r$の比は一定である。この比を媒質Ⅰに対する媒質Ⅱの**屈折率**といい，n_{12}で表す。

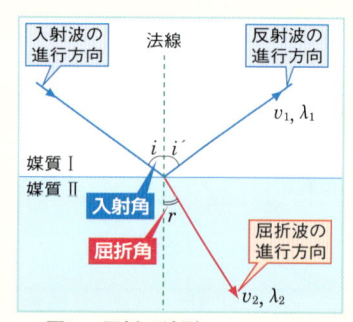

図3．屈折の法則

$$n_{12} = \frac{\sin i}{\sin r}$$

4 波の干渉

■ 水面の1か所だけ振動させたとき，水面上のどの場所にも振動が伝わるので，水面の木の葉は必ず振動する。

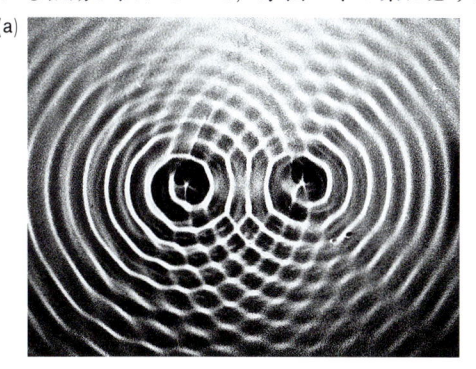

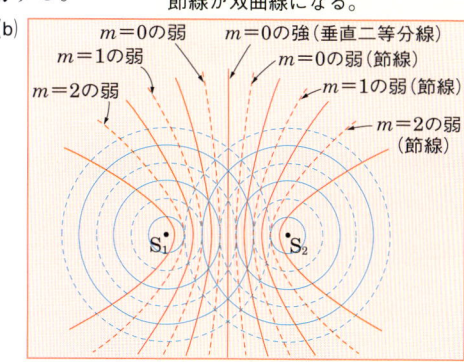

図4．2つの波源から出た同位相の円形波の干渉
節線が双曲線になる。

■ しかし水面上の2か所を，同じ振動数，同じ振幅で振動させると，ある場所で，一方の波源S_1から伝わってきた波が山であったとき，他方の波源S_2から伝わってきた波が谷だとすると，2つの波が重なって**打ち消しあい(弱めあい)**，この場所の水面は振動しない。

■ その後，この場所に波源S_1から伝わってきた波が谷になると，波源S_2から伝わってくる波は山なので，やはり水面は振動しない。

■ また，一方の波源S_1から伝わってきた波が山であったとき，他方の波源S_2から伝わってきた波が山となる場所では，2つの波は**強めあい**，水面が大きく振動する。

■ 図5で$r_1 > r_2$とすると，S_2からの波の山がP点に達したとき，S_1P上でS_1からr_2だけ離れた点の変位は山になっている。したがって，S_1P上の残りの部分の距離$|r_1 - r_2|$が波長の整数倍であれば，S_1からの波のP点での変位も山になるから，2つの波はP点で強めあい，P点の変位は$2A$になる。また，$|r_1 - r_2|$が，波長の整数倍＋半波長であれば，S_1からの波のP点での変位は谷になるから，2つの波はP点で弱めあい，P点での変位は0となる。

■ 振動しない点を結ぶと図の赤い点線で示したような曲線になる。これを**節線**という。

> **ポイント 2つの波源が同位相の振動をするとき**
> - 強めあう条件　　$|r_1 - r_2| = m\lambda$ ……………①
> - 弱めあう条件　　$|r_1 - r_2| = \left(m + \dfrac{1}{2}\right)\lambda$ …… ②

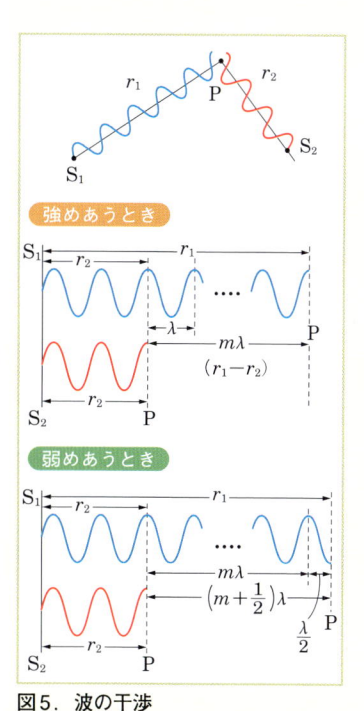

✿2. すなわち**節**となる。節では常に2つの波が打ち消しあって，合成波の振幅が0になる。

図5．波の干渉
2つの波源S_1，S_2から出た波が点Pで重なるとき，強めあうか弱めあうかは，S_1PとS_2Pの距離の差$|r_1 - r_2|$が波長の何倍になるかによって決まる。

1章　波の性質

定期テスト予想問題 解答→p.165

1 波の伝わる速さ

図はウエーブマシンの一端Oを周期T〔s〕で上下に動かし、そこを波源として、波が伝わっていくようすを示したものである。点Pは波の先端部分の位置を表す。次の問いに答えよ。

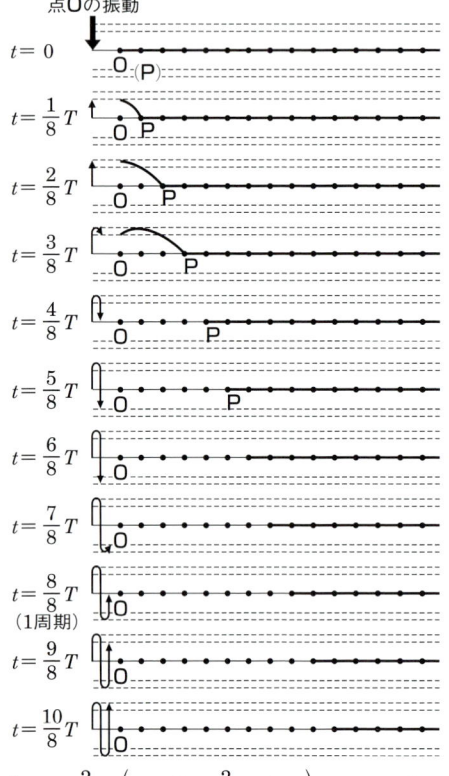

(1) $t=\dfrac{3}{8}T$（1周期の$\dfrac{3}{8}$の時間）までは、作図が完了している。$\dfrac{4}{8}T$以下の図を完成せよ。
(2) 上の図より、$t=\dfrac{8}{8}T=T$（1周期）までに波の先端Pはどれだけ進むか。波の波長をλとして答えよ。
(3) 波の伝わる速さvはTとλを使って、どう表せるか。

2 縦波を横波で表す

図1は波が生じていない状態、図2は波の実験器による縦波のある瞬間の小球の位置と変位（矢印）を表している。次の問いに答えよ。

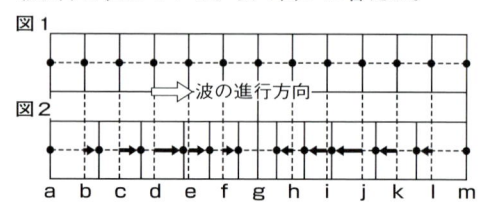

(1) 図2に、縦波を横波のように表す方法で、縦波の波形を作図せよ。
(2) 図2のa〜mで、もっとも密である点はどこか。
(3) 波の進行方向の変位が最大の点はどこか。
(4) 波の進行方向の速度が最大の点はどこか。
(5) 速さが0の点はどこか。

3 波を表すグラフ

図のように、ある時刻にAの状態であった波（実線）が、0.40s後にはBの状態（破線）になった。次の問いに答えよ。

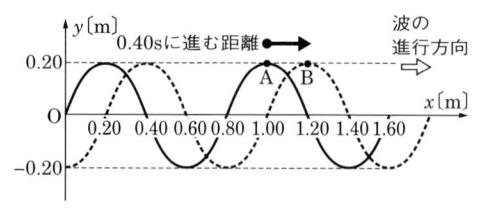

(1) この波の振幅と波長は何mか。
(2) この波の速さは何m/sか。
(3) この波の振動数は何Hzか。
(4) この波の周期は何sか。

4 波の重ね合わせ

図は，2つの波A，Bが独立に進んできたときの，ある瞬間の波形を表している。この2つの波の合成波を作図せよ。

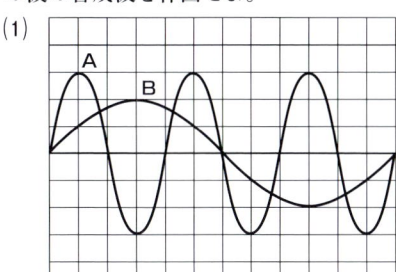

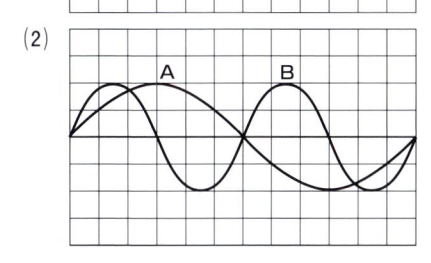

(1)

(2)

5 反射による位相の変化

図は，x軸の正の向きに進む波を表しており，波は端P点で反射される。次の問いに答えよ。

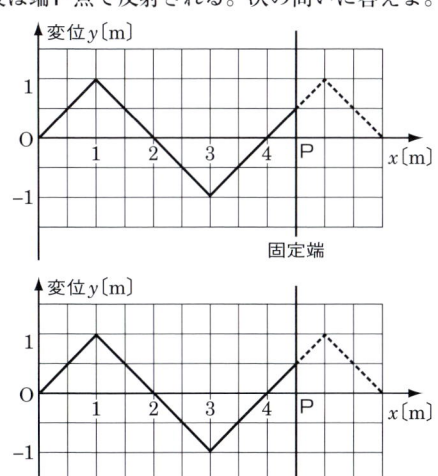

(1) それぞれの図に，反射波を太い破線(------)で記入せよ。
(2) それぞれの図に，もとの波と反射波を合成した波(実際に観察される波)を太い実線(———)で記入せよ。

6 定常波

図のように，右向きに進む連続波がある。
図は，周期をTとして，時刻$t=0$，$t=\dfrac{1}{8}T$，$t=\dfrac{2}{8}T$のようすを表したものである。次の問いに答えよ。

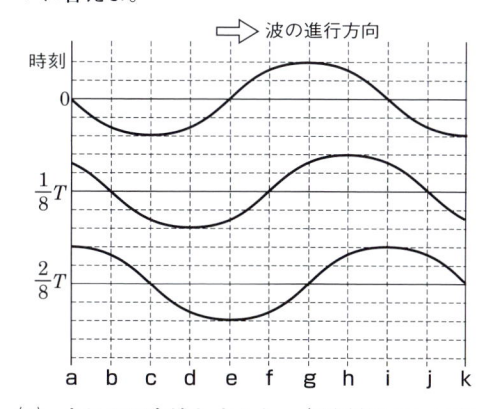

(1) 点kが固定端とすると，各時刻において左向きに進む反射波を図中に太い破線(------)で記入せよ。
(2) 各時刻における右向きの波(実線)と反射波(破線)を合成した波(定常波)を図中に太い実線(———)で記入せよ。
(3) 合成波(定常波)の腹の位置はどこか。点a～kで答えよ。
(4) 点kは定常波の節か腹か。
(5) 定常波の波長はもとの波の何倍か。
(6) 定常波の腹の位置の振幅はもとの波の振幅の何倍か。

1章 波の性質

2章 音波

1 音波とその要素

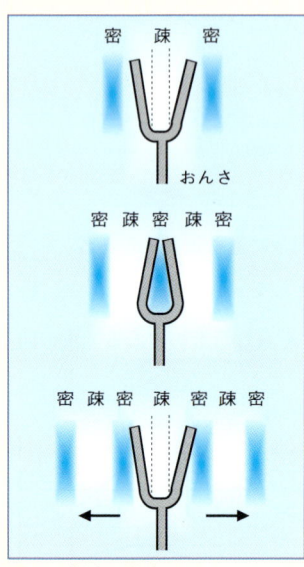

図1. 音波の発生

媒　質	音速〔m/s〕
鉄	5130
水	1500
CO_2	258

表1. いろいろな媒質中の音速

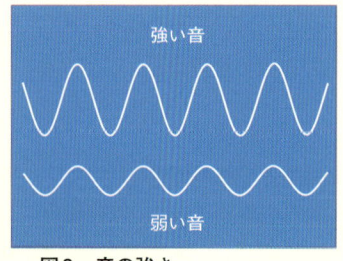

図2. 音の強さ

1 音の発生

太鼓をたたくと，周囲の窓ガラスなどが振動する。これは，太鼓の皮の振動がまわりの空気を振動させ，この空気の振動がとなりからとなりへと伝わることが原因である。空気の密度が疎な部分(圧力が低い)と密な部分(圧力が高い)が生じ，これが**疎密波**となって伝わるものが**音波**である。

おんさは図1のように振動し，空気の疎密をくり返しつくることによって音を出している。このとき，空気の振動方向は音が伝わっていく方向と同じになっている。このように，音波は空気中を**縦波として伝わる**。

音を発生する物体を**発音体**または**音源**という。音は空気以外の物質中でも縦波として伝わっていく。しかし，真空中では伝わらない。

2 音の速さ

上で述べたように，音波は空気のような気体に限らず，液体，固体の中も伝わっていくが，その速さは媒質によって異なる(表1)。**空気中を伝わる音の速さは，気温が高いほど速くなる**。音速をV〔m/s〕，気温をt〔℃〕とすると，

$$V = 331.5 + 0.60\,t$$

である。

3 音の三要素

太鼓をたたくと窓ガラスなどが振動するのは，**波がエネルギーを運んでいる**ことを示している。音波の伝わる方向に垂直な1 m^{2}の面を，1秒間に通過する音波のエネルギーを，**音の強さ**という。同じ高さの音で比較すると，振幅が大きいほど音は強い。図2は同じ振動数の音で，強い音と弱い音を横波の形に表したもので，振幅が大きいほど強い音になっている。

■ 人間の耳は，音の強さが同じでも振動数が違うと**大きさ**が違って聞こえる。これは耳の感度が振動数によって異なることが原因である。ソプラノの高い声はよく聞こえるが，バスの低い声が聞こえづらいのはこのためである。

■ 音の振動数の違いは，人には**音の高さ**の違いとなって聞こえる。人間が聞くことのできる音は，およそ20～20000 Hzであり，この音を**可聴音**という。20000 Hzよりも振動数の大きな音は人間の耳に聞こえない音で，これを**超音波**という。

■ 音の場合にも $V = f\lambda$ の関係が成り立つ。温度が一定の空気中では V が一定だから，振動数 f と波長 λ は反比例する。したがって，高い音ほど波長が短いことになる（図3）。

■ 音楽で使われる音階では，一般に440 Hzの振動数の音が「ラ」の音と決められている。この音を基準として，ある法則に従って振動数を決めたものを**平均律音階**という。**1オクターブ高い音は振動数が2倍になっている**。ピアノのような鍵盤楽器は平均律音階で，音階と振動数の関係は，図4のようになっている。

■ 同じ高さの音でも，フルートとバイオリンとでは，まったく質の違った音に聞こえる。この音の質のことを**音色**という。音色の違いは音波の波形の違いによる。例えば，どんな物体でも，440 Hzで振動すれば，「ラ」の音として聞こえるが，音色は同じとは限らない。音を特徴づける，音の高さ，音の強さ，音色の3つを**音の三要素**という。

> **ポイント**
> **音の三要素** { 高さ……振動数の違い
> 強さ……振幅・振動数の違い
> 音色……波形

■ 図5の(a)と(b)はそれぞれ，サキソホーンとクラリネットによる波形を示している。波形はまったく異なるが，それぞれ同じパターンの波形がくり返されている。このような波形の場合も，となり合う同位相の点の間の距離が波長となる。

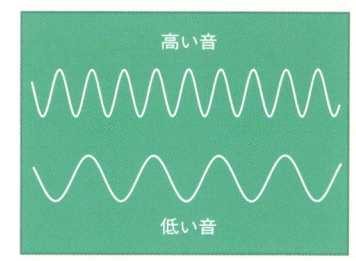

図3．音の高さ

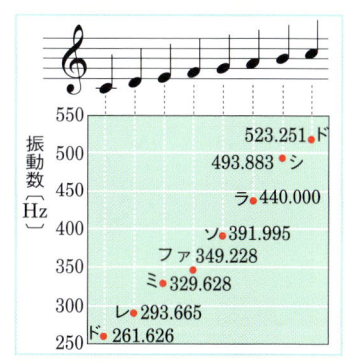

図4．標準的な音階と振動数

523.251 ド
493.883 シ
440.000 ラ
391.995 ソ
349.228 ファ
329.628 ミ
293.665 レ
261.626 ド

○1. 楽器の音の波形は図5のように複雑な形をしているが，おんさの音の場合は，なめらかなサインカーブ（→p.80）となる。

図5．サキソホーンの波形(a)とクラリネットの波形(b)

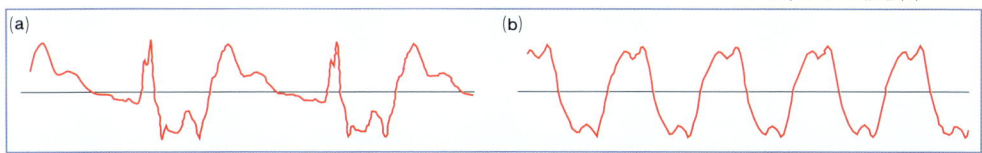

2 音波の反射・うなり

1 音の反射

■ 図1のような簡単な実験をすると，**音波も反射の法則に従っていて，（入射角）＝（反射角）となっている**ことを確かめることができる。また，屋外では聞きとりにくい音でも，せまい室内では音源からの直接音と壁からの反射音がほとんど同時に耳に届くことから，はっきりと聞こえる。

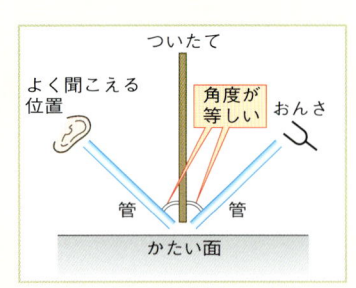

図1. 音の反射を調べる実験

■ トンネルやふろ場で音を出すと音が長く響く。これを**残響**といい，壁の表面で音が何回も反射し，耳に何回も同じ音が入ってくるからである。コウモリは超音波を出して，その反射音を利用して物体を感知している。魚群探知機も音の反射を利用している（図2）。

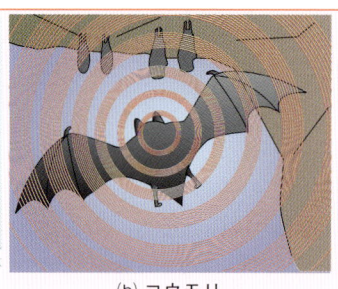

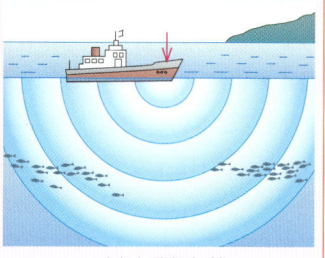

(a) ふろ場の残響　　(b) コウモリ　　(c) 魚群探知機

図2. 反射のいろいろ

■ コンサートホールを設計するときには，壁や天井からの反射音による音響効果を生かすように工夫している。

■ **日光の鳴竜**　栃木県日光市の東照宮，輪王寺の一角に本地堂（薬師堂）がある（図3）。ここの天井には竜の絵が描かれていて，竜の頭の下で拍手をすると音が天井と床で何回も反射をくり返し，あたかも竜が鳴いているかのように聞こえることから「鳴竜」と呼ばれている。

天井が竜の頭の部分をへこませた凹面鏡のような形のため，音波がひろがらずに，反射を繰り返しやすい構造になっているからである。

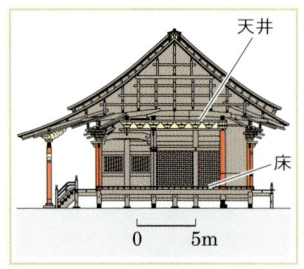

図3. 輪王寺の薬師堂

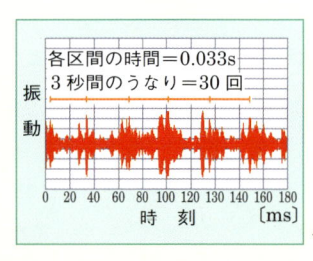

図4は，反射音の波形である。振幅の大きいところの間隔は0.033秒で，この間に音が伝わる距離は天井の高さ5.7mの2倍になっている。

各区間の時間＝0.033s
3秒間のうなり＝30回

←図4. 反射音の波形

2 うなり

振動数がわずかに違う2つのおんさを同時に鳴らすと，音が周期的に強まったり，弱まったりして，「ウァン，ウァン，……」というような音が聞こえる。このような現象を**うなり**という。うなりは，振動数がわずかに違う2つの音波の干渉によって起こる現象である。

3 うなりの振動数

図5は，振幅が等しく，振動数がわずかに異なる2つの音波Ⅰ，Ⅱの波形を示したものである。図のA点では，Ⅰの谷とⅡの山が重なるので，合成波の振幅は0になる。波形を右に見ていくと，ⅠとⅡの山と谷はしだいにずれていって，ちょうど波が1つずれたC点で，再びⅠの谷とⅡの山が重なり，合成波の振幅が0になる。ACの中間点のB点では，位相の等しい波が重なるので，振幅はもとの波の2倍になる。

したがって，もとの波の振幅をAとすると，合成波の振幅は0と$2A$の間で周期的に変化する。

合成波の振幅が0になってから次に再び0になるまでの時間をt〔s〕とし，Ⅰ，Ⅱの音波の振動数をそれぞれf_1〔Hz〕，f_2〔Hz〕とすると，この間のⅠ，Ⅱの波の数はそれぞれf_1t，f_2tで，波の数の差は1であるから，

$$|f_1t - f_2t| = 1$$

ここで，tはうなりの周期であるから，うなりの振動数（単位時間あたりのうなりの回数）n〔Hz〕は，

$$n = \frac{1}{t} = |f_1 - f_2|$$

> **ポイント**
> **うなり**の振動数＝2つの音波の**振動数の差**

例題 振動数のわからないおんさと，振動数450Hzのおんさを同時に鳴らしたとき，1分間に24回うなりが聞こえた。このおんさの振動数はいくらか。

解説 うなりの振動数は，1秒あたり，$\frac{24}{60} = 0.4\,\text{Hz}$であるから，$|f - 450| = 0.4$より，

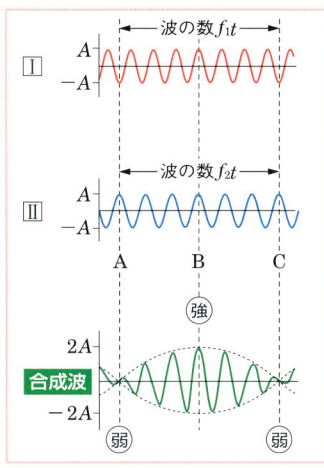

$$f = 450 \pm 0.4 = \textbf{450.4\,Hz,\quad 449.6\,Hz} \quad \text{答}$$

図5．うなりの原因
振動数がわずかに違う2つの音波が重なると，2つの音波の山と谷の位置が少しずつずれていくので，合成波の振幅は0と$2A$の間で周期的に変わる。

✻1. 音が強→弱→強と1回うなる時間をうなりの周期と呼ぶ。また，これの逆数がうなりの振動数である。

3 弦の振動

1 横波が弦を伝わる速さ 〔発展〕

ピンと張った弦を，弦と垂直な方向に引っ張ってはなすと，弦に横波[1]が生じる。この横波が弦を伝わる速さは，弦の張力と単位長さあたりの弦の質量(これを弦の**線密度**という)によって決まる。

> **ポイント**
> 線密度 ρ 〔kg/m〕の弦を張力 T 〔N〕で張ったときの弦を伝わる横波の速さ v 〔m/s〕は，
> $$v = \sqrt{\frac{T}{\rho}} \qquad 速さ = \sqrt{\frac{張力}{線密度}}$$

例題 長さ2.0m，質量0.50gの弦の端に2.0kgのおもりをつるして張った。この弦を伝わる横波の速さはいくらか。ただし，重力加速度の大きさを9.8m/s²とする。[2]

解説 上の公式を用いればよいが，張力は〔N〕の単位に，線密度は〔kg/m〕の単位になおしてから代入する。
張力は，$T = 2.0\,\text{kgw} = 2.0 \times 9.8\,\text{N}$
線密度は，1mあたりの質量であるから，
$$\rho = \frac{0.50}{2.0}\,\text{g/m} = 0.25 \times 10^{-3}\,\text{kg/m}$$
よって，求める速さ v は，
$$v = \sqrt{\frac{T}{\rho}} = \sqrt{\frac{2.0 \times 9.8}{0.25 \times 10^{-3}}} = \mathbf{280\,m/s} \quad \text{答}$$

2 弦の固有振動数

両端を固定した弦の中央をはじくと，そこから両端に向かって進む横波が発生し，両端で反射して返ってくるので，入射波と反射波が重なって，定常波ができる(図1)。弦の両端は固定端であるから，**両端は定常波の節となる**。

弦は，定常波をつくるような特定の振動数の場合だけ振動する。このような振動を**弦の固有振動**といい，その振動数を**固有振動数**という。固有振動のうちで振動数が一番小さいものを**基本振動**という。

弦に生じる定常波は，図1に示したような形になる。

◆1. 弦を指ではさんで，弦の方向に強くこするようにすると，弦に縦波が生じる。この縦波の振動数は横波よりはるかに大きい。初心者がバイオリンをひくと，不快な高い音が出るのは，このような縦波ができるからである。

◆2. 重力加速度については，p.13とp.22を参照のこと。質量 m 〔kg〕の物体にはたらく重力 W 〔N〕は，重力加速度の大きさを g 〔m/s²〕とすると，
$W = mg$
で表される。

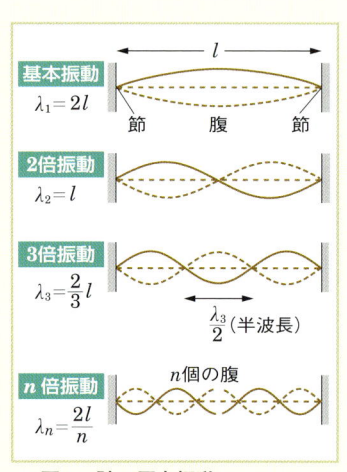

図1. 弦の固有振動

基本振動	$\lambda_1 = 2l$	節—腹—節
2倍振動	$\lambda_2 = l$	
3倍振動	$\lambda_3 = \frac{2}{3}l$	$\frac{\lambda_3}{2}$(半波長)
n 倍振動	$\lambda_n = \frac{2l}{n}$	n 個の腹

両端が節になる定常波ができる。1つの節からすぐとなりの節までの距離は半波長に等しく，半波長の整数倍が弦の長さに等しいという関係がある。

図からわかるように，弦の長さは，どの場合も，**半波長の整数倍**になっている。今，弦の長さをl〔m〕，固有振動の波長をλ_n〔m〕$(n = 1，2，3，……)$とすると，

$$\frac{\lambda_n}{2} \cdot n = l \qquad \therefore\ \lambda_n = \frac{2l}{n}$$

となる。ここで，$n = 1$のときを**基本振動**，$n = 2$のときを**2倍振動**，$n = 3$のときを**3倍振動**，……と呼ぶ。

■ 発展 n倍振動の固有振動数をf_n〔Hz〕とすると，波の伝わる速さv〔m/s〕との間に$v = f_n\lambda_n$が成り立つから，

$$f_n = \frac{v}{\lambda_n} = \frac{n}{2l}\sqrt{\frac{T}{\rho}} \quad となる。$$

3. 2倍振動，3倍振動，……と呼ぶのは，その振動の振動数が基本振動の振動数の2倍，3倍，……になるからである。

> **ポイント**
> 長さl〔m〕，線密度ρ〔kg/m〕，張力T〔N〕の弦の固有振動数f_n〔Hz〕は，
>
> $$f_n = \frac{n}{2l}\sqrt{\frac{T}{\rho}} \qquad (n = 1，2，3，……)$$

③ メルデの実験　発展

■ 図2のように，弦の一端をおんさ（ふつうは電磁おんさ）の1つの腕にとりつけ，他端は滑車を通して，おもりをつるす。こうして，おんさを振動させると，一定の振動数の横波が弦を伝わる。滑車と弦が接するところは固定端であり，おんさの腕の先端の振幅は非常に小さいので固定端とみなせば，弦には両端が節となった定常波ができる。

■ 今，おもりの質量がM〔kg〕のとき，n個の腹をもつ定常波ができたとする。重力加速度の大きさをg〔m/s²〕とすると，張力がMg〔N〕であるから，固有振動数は，

$$f_n = \frac{n}{2l}\sqrt{\frac{Mg}{\rho}} \quad となる。$$

> **例題** メルデの実験で，おもりの質量が10 kgのとき，定常波の腹が3個できた。おもりの質量だけを変えて，定常波の腹の数を5個にしたい。おもりの質量をいくらにすればよいか。

> **解説** おんさの振動数は同じだから，上式より，
>
> $$\frac{3}{2l}\sqrt{\frac{10 \cdot g}{\rho}} = \frac{5}{2l}\sqrt{\frac{M \cdot g}{\rho}}$$
>
> $$\therefore\ M = 10 \times \left(\frac{3}{5}\right)^2 = \mathbf{3.6\ kg} \quad \cdots\cdots 答$$

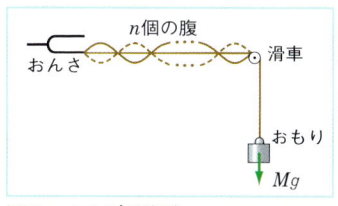

図2. メルデの実験

4. この実験を**メルデの実験**という。おんさを下の図のように，縦にして用いると，おんさが2回振動する間に弦が1回振動するので，弦の固有振動数はおんさの振動数の$\frac{1}{2}$になる。

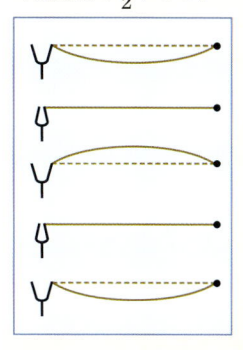

5. 厳密には，弦と滑車の接点も動くので，近似的な固定端である。

2章 音波

4 気柱の振動

1 管内の空気は外の空気と違う

試験管に強く息を吹きこむと,鋭い音が出る。これは試験管内の空気が振動するからである。管の中の空気は,管で動きが制約されているため,外の空気から独立した別の振動体となる。この管の中の空気の柱を**気柱**と呼ぶ。

気柱に空気の振動(音波)が伝わると,管口から進む音波と,管底(または反対側の管口)から反射してもどってくる音波とが干渉して,定常波ができる。気柱は,定常波をつくるような特定の振動数の場合だけ振動する。このような振動を**気柱の固有振動**という。

2 開管の振動のしかた

両端が開いている管を**開管**という。開管に音波を送りこむと,両方の管口で反射して音波が往復し,それらが干渉して定常波ができる。管口の空気は振動しやすいので,**管口は自由端となり,定常波の腹となる**。

開管で生じる定常波は,図1に示したような形になる。図からわかるように,管の長さはどの場合も,$\frac{1}{4}$**波長の偶数倍**になっている。今,管の長さをl〔m〕,固有振動の波長をλ_n〔m〕($n = 1, 2, 3, \cdots\cdots$)とすると,

$$\frac{\lambda_n}{4} \cdot 2n = l \qquad \therefore \quad \lambda_n = \frac{2l}{n}$$

となる。ここで,$n = 1$のときを**基本振動**,$n = 2$のときを**2倍振動**,$n = 3$のときを**3倍振動**,$\cdots\cdots$と呼ぶ。

n倍振動の固有振動数をf_n〔Hz〕($n = 1, 2, 3, \cdots\cdots$),音速を$V$〔m/s〕とすると,

$$V = f_n \lambda_n = f_n \cdot \frac{2l}{n} \qquad \therefore \quad f_n = \frac{n}{2l}V$$

となる。

> ◆1. 定常波の節の位置は,密になったり,疎になったりするから,**密度の変化が最大**である。また,密になれば圧力が大きくなり,疎になれば圧力が小さくなるから,節は**圧力の変化も最大**の点である。反対に,定常波の腹は,密度変化,圧力変化とも最小である。

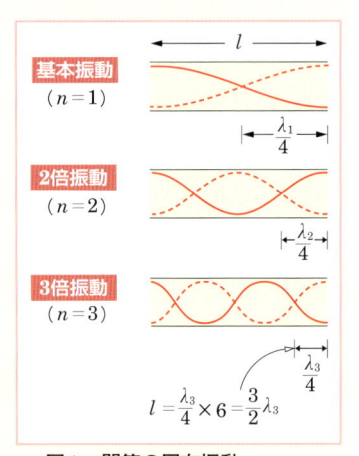

図1. 開管の固有振動
図は,開管内の定常波のでき方を示す。開管の定常波は,いずれも両端が腹になる。定常波の腹とそのとなりの節との距離は$\frac{1}{4}$波長に等しい。

基本振動 ($n=1$)
2倍振動 ($n=2$)
3倍振動 ($n=3$) $l = \frac{\lambda_3}{4} \times 6 = \frac{3}{2}\lambda_3$

ポイント
長さl〔m〕の開管の固有振動数f_n〔Hz〕は,
$$f_n = \frac{n}{2l}V$$
($n = 1, 2, 3, \cdots\cdots$,$V$〔m/s〕は音速)

3 閉管の振動のしかた

■ 一端が閉じ，他端が開いている管を**閉管**という。閉管の開いている口から音波を送りこむと，音波は，閉端と開端とで反射し，管内を往復するので，これらが干渉して，定常波となる。**閉端は空気が振動しにくいので，固定端となり，定常波の節になる。**開端は振動しやすい自由端であるから，定常波の腹になる。

■ 閉管で生じる定常波は，図2に示したような形になる。図からわかるように，管の長さはどの場合も，$\frac{1}{4}$**波長の奇数倍**になっている。今，管の長さを l [m]，固有振動の波長を λ_n [m] ($n = 1, 2, 3, \cdots$) とすると，

$$\frac{\lambda_n}{4}(2n-1) = l \quad \therefore \quad \lambda_n = \frac{4l}{2n-1}$$

となる。ここで，$n = 1$ のときを**基本振動**，$n = 2$ のときを **3倍振動**，$n = 3$ のときを **5倍振動**，……と呼ぶ。

■ $(2n-1)$ 倍振動 ($n = 1, 2, 3, \cdots$) の固有振動数を f_n [Hz]，音速を V [m/s] とすると，

$$V = f_n \lambda_n = f_n \cdot \frac{4l}{2n-1} \quad \therefore \quad f_n = \frac{2n-1}{4l}V$$

ポイント 長さ l [m] の閉管の固有振動数 f_n [Hz] は，

$$f_n = \frac{2n-1}{4l}V$$

($n = 1, 2, 3, \cdots$，V [m/s] は音速)

4 気柱の長さと管の長さは違う

■ ここまでの説明では，開管や閉管に定常波ができるとき，開端が定常波の腹になるとしてきたが，実際には**管口よりも少し外に腹ができる**。これは，管口のすぐ近くの空気が，管内の空気の振動の影響を受けるためである。管口から，この実際の腹までの長さを**開口端補正**という（図3）。

■ 開口端補正 Δl [m]（Δ（デルタ）は「非常に小さい」ということを表す記号）が無視できないときは，管の長さを L [m] として，気柱の長さ l [m] を，
開管では， $l = L + 2\Delta l$ 　　閉管では， $l = L + \Delta l$
として，とり扱わなければならない。

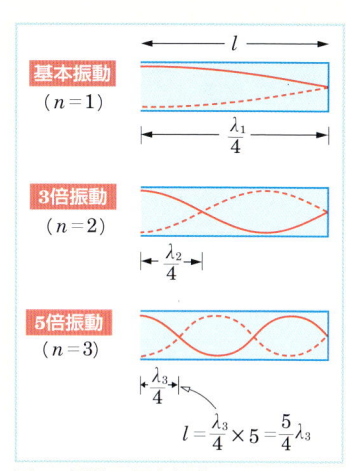

図2．閉管の固有振動

✿2. 3倍振動，5倍振動，……と呼ぶのは，その振動の振動数が基本振動の振動数の3倍，5倍，……になるからである。

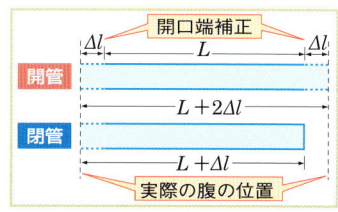

図3．開口端補正

✿3. 下の図のようにして，同じ振動数の音波に対する2つの共鳴（→p.104〜105）位置 L_1, L_2 を求めると，音波の波長 λ は，

$$\lambda = 2(L_2 - L_1) = 4(\Delta l + L_1)$$

$$\therefore \quad \Delta l = \frac{1}{2}(L_2 - 3L_1)$$

となる。このような測定から求められた開口端補正 Δl の大きさは，管の直径が音の波長に比べて十分小さい場合は，$\Delta l \fallingdotseq 0.6r$（$r$ は管の半径）である。

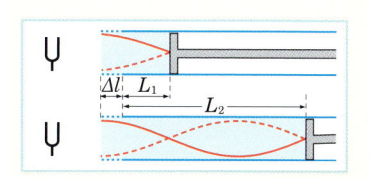

2章 音波

5 共振・共鳴

ギターなどの弦楽器では，胴の中の空気が弦の振動に共鳴して，音を強めているんだよ。

1 共振とはどういう現象か

子供の乗ったブランコを振動させるとき，うしろからむやみに力を加えても振幅は大きくなっていかない。ブランコの振動の周期に合わせて力を加えていくと，小さな力でもだんだん振幅が大きくなっていく。

このように，振動する物体に，外部からその振動の周期と同じ周期で力を加えると，振幅が大きくなっていく。この現象を**共振**という。

物体には，それぞれ固有の振動しやすい振動数がある。これをその物体の**固有振動数**★1という。物体に，その固有振動数と同じ振動を外から与えると，物体は効率よく振動のエネルギーを吸収して，振幅が大きくなっていく。この現象を共振という。

p.101で学習したメルデの実験では，おんさの固有振動数と弦の固有振動数が一致したために，共振が起こったのである。これが原因で，弦の振動の振幅が大きくなり，定常波ができたのである。

建物も固有振動数をもっている。この振動数と同じ振動数の地震が発生すると，共振が起こり，大きく振動することになる。

★1. 固有振動数については，「弦の振動」(→p.100～101)や「気柱の振動」(→p.102～103)のところで学習したが，ここで説明している固有振動数と同じものである。

2 連結ふりこ

図1のように，水平に張った糸に，糸の長さが等しいふりこA，Bと，糸の長さが短いふりこCを結びつける。これを**連結ふりこ**★2という。ふりこの振動の周期は糸の長さによって決まるので，AとBは同じ周期だが，Cは異なる。すなわちAとBの固有振動数は同じであるが，Cは異なった固有振動数をもっている。

全体を静止させてから，Aを振動させるとBは小さく振動を始め，その振幅はしだいに大きくなっていく。これはAの振動によって水平に張られた糸が振動し，この振動によってBも振動を始めるという共振が起こったためである。ところがCは，その固有振動数がA，Bと異なるため，振幅は大きくならない。したがって，ほとんど振動しない。

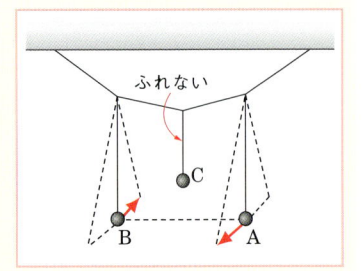

図1．連結ふりこ
Aをふらせると，Aと長さの等しい(振動数が等しい)Bはふれるが，Aと長さの違うCはふれない。

★2. ふりこの糸の長さをl〔m〕，重力加速度の大きさ(→p.13)をg〔m/s²〕とすると，ふりこの周期T〔s〕は，
$$T = 2\pi\sqrt{\frac{l}{g}}\quad (\pi：円周率)$$
であたえられる。gは定数なので，ふりこの振動の周期は，糸の長さによって決まる。

3 おんさの共鳴

図2のように，振動数が等しいおんさを2つ用意し，一方のおんさをたたいて鳴らすと，他方のおんさも鳴りはじめる。たたいたほうのおんさの振動を止めると，もう一方が鳴っていることがよくわかる。これも共振である。共振によって音が聞こえるとき，とくに**共鳴**という。

4 おんさと気柱の共鳴

気柱の固有振動数が管の長さで決まることは，p.102〜103で学習した。この振動数とおんさの振動数が同じになったときに，共鳴が起こり，大きな音が聞こえる。この現象を用いて，おんさの振動数を測定することができる。

図3は，水だめの位置を上下に動かすことによって，管の中の水面の位置を変え，気柱の長さを変えられる装置である。

管口付近でおんさを鳴らしながら水面の位置を下げていくと，共鳴により音が大きく聞こえる場所がある。これが第1共鳴点である（図の(a)）。このときの管の長さL_1を測定する。音波の腹の位置は管口と一致していないので，L_1は$\frac{\lambda}{4}$（λはおんさによる音波の波長）と同じにはならない。そこで水面をさらに下げていくと，また音が大きくなる場所がある。これが第2共鳴点である（図の(b)）。ここでも管の長さL_2を測定する。

図を見ると，L_2とL_1の長さの差は，定常波の節から節までの距離となっているので，$\frac{\lambda}{2}$である。したがって，$\lambda = 2(L_2 - L_1)$であるから，おんさの振動数fは，空気中での音速をVとすると，

$$f = \frac{V}{\lambda} = \frac{V}{2(L_2 - L_1)}$$

で求めることができる。

音波の腹の位置は管口と一致しないので，$L_1 = \frac{\lambda}{4}$としておんさの振動数を計算すると，正確な値とはならない。

問 1. 気柱の共鳴実験で，第1共鳴点と第2共鳴点の管口からの長さが，それぞれ16cm，50cmであった。おんさの振動数を求めよ。音速は340m/sとする。

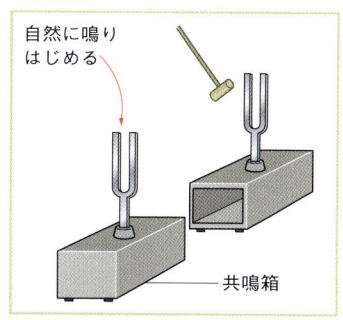

図2. おんさの共鳴
振動数の等しいおんさを2つ並べておいて，一方をたたいて鳴らすと，他方も鳴りはじめる。

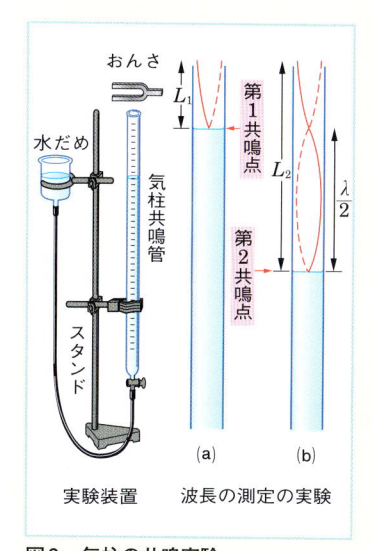

図3. 気柱の共鳴実験

解き方 問1.
図3より$L_2 - L_1 = \frac{\lambda}{2}$なので，
$50 - 16 = \frac{\lambda}{2}$
$\lambda = 68\,\text{cm} = 0.68\,\text{m}$
$f = \frac{v}{\lambda} = \frac{340}{0.68} = 500\,\text{Hz}$

答 500Hz

重要実験 気柱の共鳴

方法

1. めもりのついた気柱共鳴実験用のガラス管と水だめをゴム管でつなぎ，水を入れる。
2. ガラス管内の空気の温度t_1をはかる。
3. おんさを振動させてガラス管の管口付近に置き，水だめを下げて管内の水位を下げていくと，音が大きくなるところがある。そのときの管口からの距離l_1をはかる。これを第1共鳴点という。
4. もう一度おんさを振動させて，さらに水位を下げていくと，再び音が大きくなるところがある。そのときの管口からの距離l_2をはかる。これを第2共鳴点という。
5. 3，4の実験をくり返し，l_1，l_2の平均値を求める。
6. ガラス管内の温度t_2を測定し，t_1とt_2の平均値tを求める。

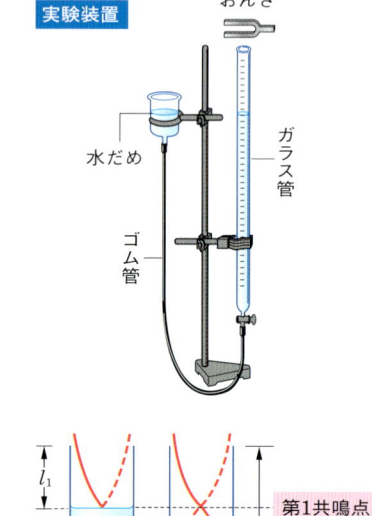

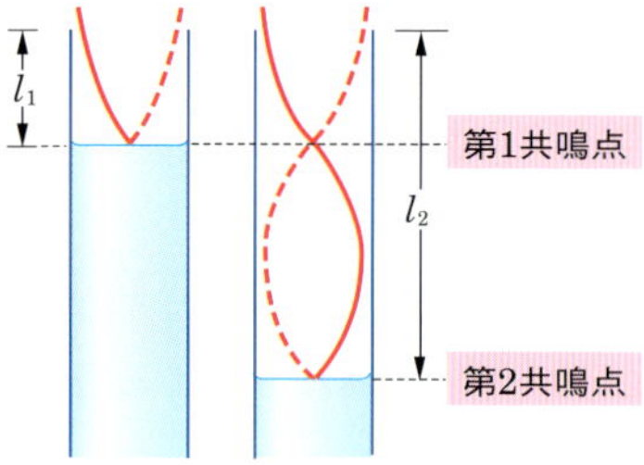

結果

測定値を右のようにまとめる。

管口～第1共鳴点間の距離l_1	11.7 cm
管口～第2共鳴点間の距離l_2	37.5 cm
気柱の温度t	10℃

考察

1. 音波の波長λはいくらか。 → 第1共鳴点と第2共鳴点の間の距離が**半波長に等しい**から，$\frac{\lambda}{2} = l_2 - l_1$
∴ $\lambda = 2(l_2 - l_1) = 2(37.5 - 11.7) = 51.6 \text{ cm} = 0.516 \text{ m}$

2. 開口端補正Δlはいくらか。 → **開口端補正**は，管口の外の腹の位置と管口の間の距離だから，$\Delta l = \frac{\lambda}{4} - l_1 = \frac{51.6}{4} - 11.7 = 1.2 \text{ cm}$

3. おんさの振動数はいくらか。 → ガラス管内の音速vは，$v = 331.5 + 0.6 \times 10 = 337.5 \text{ m/s}$であるから，おんさの振動数$f$は，$v = f\lambda$より，
$f = \frac{v}{\lambda} = \frac{337.5}{0.516} = 654 \text{ Hz}$

重要実験 弦の振動

方法

1. 長さ2mくらいのタコ糸の端を記録タイマーの振動片に結びつけ，他端にはおもりをつり下げられるようにする。
2. 机の上に，記録タイマーにつないだタコ糸を張り，なめらかな滑車を通して，20gのおもりを1個つり下げる。滑車の近くに移動コマを置く。
3. 記録タイマーの電源を入れ，移動コマを動かして，定常波ができるようにする。
4. 節と節の間の距離lをものさしではかる。
5. おもりの数を2個，3個とふやしながら，同じ実験をする。

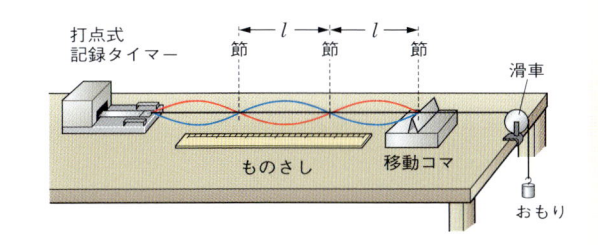

結果

1. データを右の表のように整理する。

おもりの数n	節と節の距離l	l^2
1	0.46 m	0.21
2	0.65 m	0.42
3	0.80 m	0.64

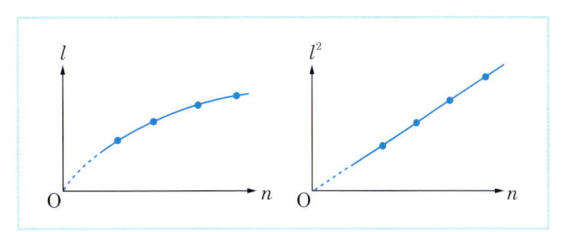

2. おもりの個数nと節と節の間の距離lの関係をグラフに表してみる。

3. おもりの個数nと節と節の間の距離の2乗l^2との関係をグラフに表してみる。

考察

1. おもりの個数をふやすにつれて，弦の定常波の波長はどのように変わるか。

→ 上のグラフから，nとl^2が比例することがわかるから，定常波の節と節の間の距離はおもりの個数の平方根に比例する。定常波の節と節の間の距離は半波長に等しいから，**定常波の波長もおもりの個数の平方根に比例する。**

2. 弦を伝わる波の速さは，おもりの個数とともにどのように変わるか。

→ この実験では振動数fが一定だから，弦を伝わる波の速さvは$v = f\lambda$より，波長に比例する。したがって，**弦を伝わる波の速さは，おもりの個数の平方根に比例する。**

定期テスト予想問題　解答 → p.167

1 音波

音楽では，「ラ」の音を440Hzと定め，これを基準として音階をつくっている。音速を340m/sとすると，この音の波長は何mか。答えは小数第2位まで求めよ。

2 空気中の音速

稲妻が見えてから4.0秒後に雷鳴が聞こえた。気温は14℃であった。次の問いに答えよ。
(1) 雷鳴に含まれている低い音と高い音では，どちらが速く伝わるか。
(2) 音の伝わる速さを求めよ。
(3) 稲妻までの距離は何mになるか。ただし，光の速さは音の速さに比べてとても速く，到達する時間は無視できると考えてよい。

3 音の反射(1)

30kHzの超音波を発する魚群探知機を用いて，海底を調べたところ，0.040秒後に反射音をとらえた。水中の音速を1.5km/sとする。次の問いに答えよ。
(1) この超音波の水中での波長は何cmか。
(2) 海底の深さを求めよ。

4 音の反射(2)

船が岸壁に向かって8.0m/sの速さで近づいている。この船が汽笛を鳴らしたところ，3.5秒後に船上で反射音が聞こえた。音速を340m/sとする。次の問いに答えよ。
(1) 3.5秒間に船は岸壁に向かって何m近づいているか。
(2) 汽笛を鳴らしたとき，船は岸壁から何mの距離にいたか。

5 音の三要素

下の図は，オシロスコープで観察した音の波形である。横軸は時間，縦軸は変位を示す。どの図も縦軸，横軸の目盛りは同じである。次の問いに答えよ。

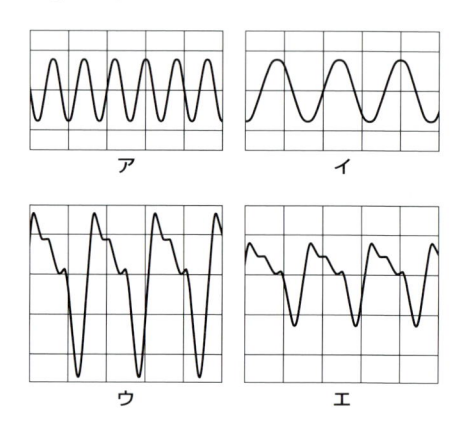

ア　　イ

ウ　　エ

(1) 音の高低の違いを示す例として最も適当な2図は，どの図とどの図か。
(2) 音の大小の違いを示す例として最も適当な2図は，どの図とどの図か。
(3) 音色の違いを示す例として最も適当な2図は，どの図とどの図か。

6 可聴音

ヒトが聞くことのできる音(可聴音)の振動数は20～20000Hzである。空気中を伝わる音の速さを340m/sとする。次の問いに答えよ。
(1) 可聴音で，もっとも短い波長を求めよ。
(2) 同様に，もっとも長い波長を求めよ。
(3) 空気中で，1000Hzの音の伝わる速さを求めよ。

7 うなり

3つのおんさがある。Aは振動数が520Hzのおんさ，Bは振動数が525Hzのおんさ，Cは振動数不明のおんさである。次の問いに答えよ。

(1) AとBを同時に鳴らしたら，うなりは1秒間に何回聞こえるか。
(2) AとCのおんさを同時に鳴らしたら，うなりが2回，BとCのおんさを同時に鳴らしたら，うなりが3回聞こえた。Cのおんさの振動数は何Hzか。

8 弦の定常波

弦が基本振動，2倍振動，3倍振動の定常波となっている場合，それぞれの弦の振動の状態を図に記せ。

基本振動 ├──────────────────┤

2倍振動 ├──────────────────┤

3倍振動 ├──────────────────┤

9 弦の振動 発展

ギターに，線密度 3.0×10^{-3} kg/m の弦を張力 120 N で張り，弦をはじいたところ図のような定常波ができた。次の問いに答えよ。

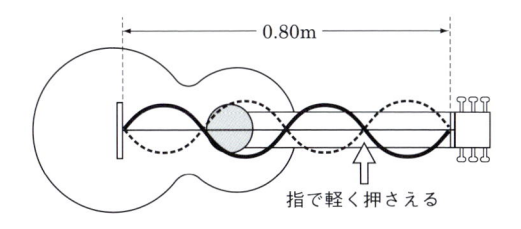

（図：0.80 m、指で軽く押さえる）

(1) 弦を伝わる波の速さはいくらか。
(2) この定常波は何倍振動か。また，この定常波の波長は何mか。
(3) この定常波の振動数はいくらか。
(4) このギターに基本振動の定常波ができたとき，その振動数はいくらか。

10 気柱の振動

開管の気柱に基本振動，2倍振動，3倍振動の振動が生じている場合に，気柱の振動を横波のように表した定常波の概形を記せ。同様に，閉管の場合の基本振動，3倍振動，5倍振動を記せ。ただし，どちらも開口端補正は無視してよい。

〔開管〕　　　　　　〔閉管〕
基本振動　　　　　　基本振動

2倍振動　　　　　　3倍振動

3倍振動　　　　　　5倍振動

11 笛の気柱の振動

開管の笛がある。開口端補正は無視できるものとし，音速を340 m/sとして，次の問いに答えよ。

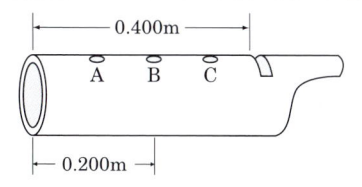

（図：0.400 m、A、B、C、0.200 m）

(1) 笛の穴A，B，Cをすべてふさいで笛を吹いたとき，基本振動の音が出た。この定常波の波長と振動数はいくらか。
(2) 穴Bから指をはなしたところ，2倍振動の音が出た。この定常波の波長と振動数はいくらか。
(3) この笛が先端の閉じた閉管だとしたら，基本振動の振動数はいくらか。

2章　音波

ホッとタイム

うっそ～，ホント!? クイズ どーれだ？

世の中には，ホントのようなウソの話，ウソのようなホントの話がたくさんあります。ここではそのようなものをいくつか集めてみました。それぞれのA～Cの中から本当のものを1つ見つけ出してください。勘の良しあしを試してみましょう。

Q1

A アインシュタインはネコを飼っていた。そのネコの名前は「サファイヤ」といった。

B フレミングはオウムを飼っていた。そのオウムの名前は「エメラルド」といった。

C ニュートンはイヌを飼っていた。そのイヌの名前は「ダイヤモンド」といった。

Q2

A セ氏温度計を発明したセルシウスははじめ，水が凝固する温度を100度，沸騰する温度を0度とした。

B カ氏温度という名前は，発明者ファーレンハイトのミドルネーム「ガブリエル」がもとである。

C 絶対温度が発案されたのは，単位名のもとになった科学者ケルビンより，ずっと後のことである。

Q3

A ノーベル賞を兄妹で受賞した人がいる。そのうち1組は天文学のハーシェル兄妹である。

B ノーベル賞を2回受賞した人がいる。そのうち1人はマリー・キュリー（キュリー夫人）である。

C ノーベル賞を親子で受賞した人がいる。そのうち1組は電磁気学のヘルツ父子である。

答えはp.173

4編 電気

1章 静電気と電流

1 静　電　気

☆1. 電気量のことを電荷ということもある。

1 電気には2種類ある

■ 電気（電荷ともいう☆1）には，まったく正反対の作用をする**正電気（正電荷）**と**負電気（負電荷）**の2種類がある。**電気量はクーロン〔C〕**という単位を用いて表し，正電気，負電気は正負の符号をつけて区別する。

■ 物質を構成する原子は，**原子核**と**電子**からなり，原子核の中にある粒子（**陽子**）が正電気を，原子核のまわりを回る電子が負電気をもっている。物体には，ふつう**正電気と負電気が同量ずつ含まれている**ので，たがいにその作用を打ち消しあっている。この状態のとき，物体は**電気的に中性**であるという。

☆2. 電子は原子核のまわりを回っているので，原子を離れることは比較的容易である。

2 物質をこすると電気が現れる

■ 2種類の物質をこすり合わせると，**一方の物質から他方の物質に電子が移る**☆2。電子を得た物質は，そのぶんだけ負電気が正電気より多くなるので，負電気の作用を表すようになる。逆に，電子を失った物質は正電気の作用を表す。このような状態になったとき，物体は負（あるいは正）に**帯電した**といい，その物体を**帯電体**という（図1）。

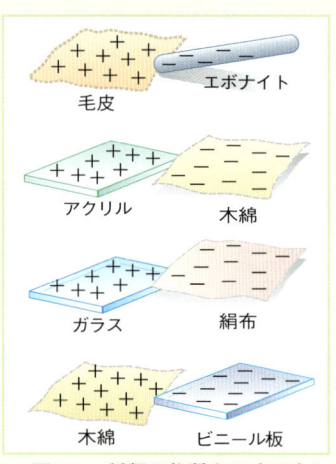

図1．2種類の物質をこすり合わせたときの帯電のしかた
2種類の物質をこすり合わせたとき，どちらが正に帯電し，どちらが負に帯電するかは，物質の組み合わせによって決まる。また，同じ物質でも，こすり合わせる相手の物質によって，帯電する電気の種類が異なる場合がある。

（毛皮／エボナイト／アクリル／木綿／ガラス／絹布／木綿／ビニール板）

3 電荷どうしは力をおよぼす

■ 電荷どうしは，離れていても，たがいに力をおよぼす。静止している電荷の間にはたらく力を**静電気力**という。

■ **同種（正と正，負と負）の電荷**の間にはたがいにしりぞけ合う向きの力（**反発力，斥力**），**異種（正と負）の電荷**の間にはたがいに引き合う力（**引力**）がはたらく。

> 同じ種類の電荷の間には反発力　　がはたらく。
> 異なる種類の電荷の間には引力

112　4編　電　気

4 電荷のまわりは特別な空間

■ 1つの電荷Aの近くに別の電荷Bをもってくると、BはAから力を受けるが、これは、見方を変えると、電荷Aのまわりの空間が、特別な性質をもつようになって、そこに置かれた電荷Bに力をおよぼしたのだと考えることもできる。

■ 電荷のまわりにできるこのような空間を電場(電界)といい、記号Eで表す。電源に導線をつなぐと導線内に電場が生じ、電場から受けた静電気力によって電子が移動する。

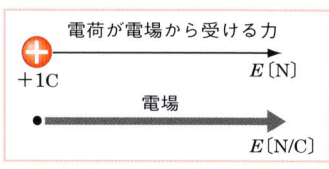

図2. 電場の強さと向き

5 電荷が電場から受ける力　発展

■ 電場の強さがE〔N/C〕の点に1クーロンの正電荷を置くと、電荷はE〔N〕の力を受ける(図2)。したがって、q〔C〕の電荷を置くと、E〔N〕のq倍の大きさの力を受ける。

ポイント
E〔N/C〕の電場に置かれたq〔C〕の電荷が電場から受ける静電気力F〔N〕は、
$$F = qE \qquad 力＝電荷×電場の強さ$$

■ 力の向きは、電荷qが正のときは電場と同じ向き、qが負のときは電場と逆向きである。

❂3. 電場の単位1ニュートン毎クーロンというのは、1クーロンあたり1ニュートンの力を受けるという意味であるから、電場E〔N/C〕では、1クーロンあたりE〔N〕の力を受けることになり、電荷をqクーロンにすると、E〔N〕のq倍になる。

6 帯電の有無を調べる方法　発展

■ **はく検電器**は正電気と負電気が引きつけ合うことを利用して、物体が帯電しているかどうかを調べる装置で、図3のような構造をしている。

■ 帯電した物体を、はく検電器の金属板に近づけると、金属板に帯電体と異種の電荷が引きつけられ、金属はくに帯電体と同種の電荷が現れるため、2枚の金属はくは反発し合って開く。これによって、物体が帯電していることがわかる。電気量が大きいほど、はくが大きく開く。

■ 図4のように、2つのはく検電器AとBを導線でつないで、Aに負に帯電したエボナイト棒を近づけると、A、Bともにはくは開く。これはAの自由電子がBに移動したためで、この状態のまま導線をとり、エボナイト棒を遠ざけてもAは正、Bは負に帯電したままなので、はくは開いたままとなる。

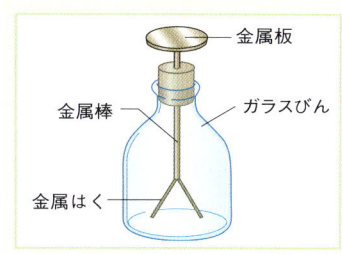

図3. はく検電器

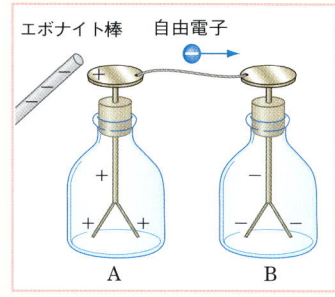

図4. 2つのはく検電器を使った実験

1章　静電気と電流

2 電流

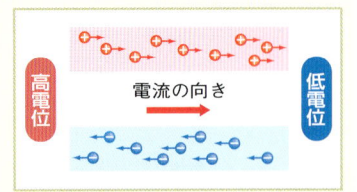

1 電流とは

■ 荷電粒子(電子やイオンなど)の流れを**電流**という。電流を表すには，その大きさと流れる向きを示すことが必要である。導体内を移動する正電荷の向きを**電流の向き**と決める(図1)。

図1．電流の向き
正電荷の流れる向きを電流の向きと決める。負電荷が流れる場合は，その反対の向きが電流の向きである。

■ 導線内を電流が流れているとき，導線のある断面を1秒間に通過する電気量を，その導線を流れる**電流の強さ**という。電流の強さの単位は**アンペア〔A〕**である。導線のある断面を1秒間に通過する電気量が1クーロン〔C〕であるときの電流の大きさを1アンペア〔A〕という。

> **ポイント**
> 導線のある断面をt〔s〕間に通過する電気量がQ〔C〕であるとき，電流の強さI〔A〕は，
>
> $$I = \frac{Q}{t} \qquad 電流の強さ = \frac{電気量}{時間}$$

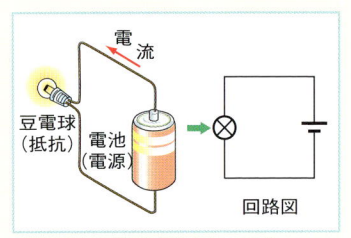

図2．電池と豆電球の回路

■ 小さい電流の場合には，
10^{-3}A ＝ 1ミリアンペア〔mA〕
10^{-6}A ＝ 1マイクロアンペア〔μA〕
などの単位も用いられる。

2 電圧・電位差

■ 図2は，豆電球に電池をつないだ図である。電池の＋極から電流が流れ出て，豆電球を通り－極に入っていく。このように，電池などが電流を流そうとするはたらきを**電圧(電位差)**といい，単位は**ボルト〔V〕**で表す。

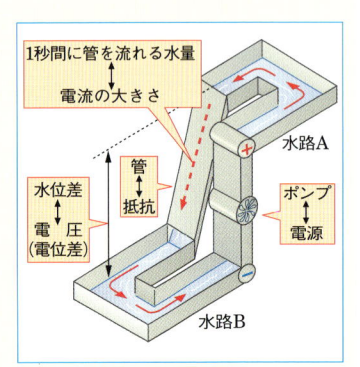

図3．電流を水流にたとえた図
水路Aが水路Bより高くなっているように，電池では＋極のほうが－極より電位が高くなっていて，＋極と－極を導線でつなぐと，電位の高い＋極から－極に電流が流れる。

■ 図3は電流の流れを水流にたとえた図である。電池は水を送り出すポンプの役割をしていて，斜めになっている管が電球などの抵抗である。この場合，電圧は水路Aと水路Bの高さの差に相当し，水路Aのほうが水路Bより電位[*1]が高いという。水路A，Bの高さの差が大きいほど水流が強くなるが，電流も，電位の差すなわち電圧(電位差)が大きいほど強くなる。**電流は電位の高いところから低いところへ流れ，電位差がなければ流れない。**

✦1．電位については，p.125でさらに詳しく学習する。

3 電源のはたらき

■ 図4のように，正に帯電している導体Aと負に帯電している導体Bを導線でつなぐと，負電荷の**自由電子**がBからAに向かって移動する。しかし，Bの負電荷はしだいに減少し，Aの正電荷も中和されて減少するので，AとBの電荷はどちらも減少し，それにつれて，AとBの電位差も小さくなる。そして，**電位差が0になったとき，電場も0になって，自由電子の移動は止まる。**

■ 自由電子の移動がいつまでも続くようにするには，Aに流れこんでくる電子をすべてBに送り返してやればよい。そうすれば，電子が移動しても，A，Bの電荷は増えも減りもせず，最初の電位差が保たれるので，自由電子の移動が続く（図4）。このようなはたらきをするものを**電源**という。すなわち，電源は，**電位の高い点に流れこんでくる自由電子を，電位の低い点に送り返すはたらきをする。**

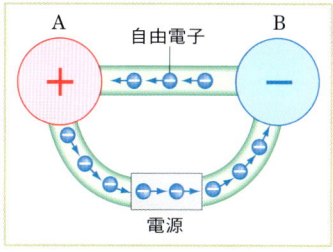

図4. 電源のはたらき
電源は，電位の高い点から電位の低い点に自由電子を送り返すはたらきをするものである。

4 金属中の電流

■ 金属中の2点を，それぞれ電源の電位の高い点と低い点に導線でつなぐ（こうすることを**電圧を加える**という）と，2点間に電場ができ，その電場から力を受けて，自由電子が電位の低いほう（負極）から高いほう（正極）へ向かって流れる（図5）。この自由電子の流れが金属中の電流である。ところで，自由電子は負電荷であり，電流の向きは正電荷の流れの向きと決められているので，**自由電子の流れる向きと反対の向きが電流の向きである。**

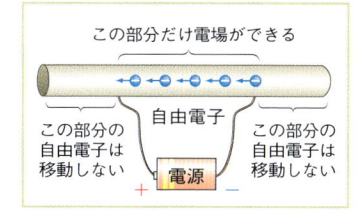

図5. 金属中の電流
金属中の2点間に電圧を加えると，2点間の自由電子が移動して，電流が流れる。

問 1. 断面積が $3.0 \times 10^{-2} \text{cm}^2$ の銅線に 10A の電流が流れている。

(1) この銅線の1つの断面を通過する電気量は毎秒いくらか。また，1つの断面を通過する電子の数は毎秒何個か。ただし，電子1個の電気量を 1.6×10^{-19} C とする。

(2) このとき，すべての電子が同じ速さで移動しているとすると，その速さはいくらか。ただし，銅 1m^3 の中に含まれている自由電子の数は 8.5×10^{28} 個である。

ヒント (2) 電子の速さを v〔m/s〕とすると，1つの断面をある瞬間に通過した電子は，1秒後には v〔m〕進んでいるから，断面を底面とする高さ v〔m〕の円柱内の自由電子が1秒間に断面を通過したと考える。銅線の断面積を S〔m^2〕，自由電子の密度を n〔個/m^3〕とすると，円柱の体積は Sv〔m^3〕だから，円柱内の自由電子の数は nSv〔個〕となる。

解き方 問1.
(1) $I = \dfrac{Q}{t}$ より，
$10 = \dfrac{Q}{1}$ ∴ $Q = 10$ C
$Q = N \times e$ より，
$N = \dfrac{Q}{e} = \dfrac{10}{1.6 \times 10^{-19}}$
$\fallingdotseq 6.3 \times 10^{19}$ 個

(2) 電子1個の電気量を e〔C〕とすると，断面を流れる電流 I〔A〕は，$I = enSv$
$10 = 1.6 \times 10^{-19} \times 8.5$
$\times 10^{28} \times 3.0 \times 10^{-6} \times v$
$(S = 3.0 \times 10^{-6} \text{m}^2)$
$v = 2.5 \times 10^{-4}$ m/s
$= 2.5 \times 10^{-2}$ cm/s

答 (1) 電気量…**10C**
電子の数…**6.3×10^{19}個**
(2) **2.5×10^{-2} cm/s**

1章 静電気と電流

3 オームの法則

1 電流と電圧の関係を調べる

■ 豆電球を明るくつけるためには，電池の数を増やして，電圧を大きくすればよい。電圧を大きくすれば，導線の中の電場が強くなるから，電子が移動する速さも大きくなり，電流が強くなると考えられる。

■ 導線に流れる電流は，電圧によってどのように変わるかを調べるために，ニクロム線などの導線に，電圧を変えることのできる電源と，電流計および電圧計をつないで，図1のような回路をつくり，電圧V〔V〕をいろいろ変えたときに回路を流れる電流の大きさI〔A〕をはかる。

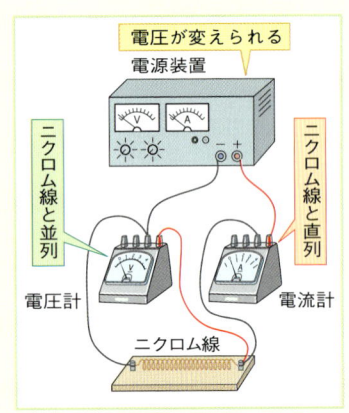

図1．電流と電圧の関係を調べるための回路
電圧計はニクロム線の両端に加わっている電圧をはかるものだから，ニクロム線の両端につなぐ。電流計はニクロム線と直列につないで，ニクロム線と同じ強さの電流が電流計にも流れるようにする。

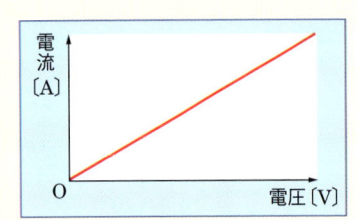

2 電流は電圧に比例する

■ 図2は，測定結果をグラフに示したものである。電流と電圧の関係をグラフに示すと，原点を通る直線になる。

■ 電流と電圧の関係を表したグラフが原点を通る直線になっていることから，導線を流れる**電流I〔A〕は，導線の両端に加えられた電圧V〔V〕に比例している**ことがわかる。すなわち，導線に加える電圧を2倍，3倍，……にすると，電流も2倍，3倍，……になるという関係がある。

■ 比例定数を$\frac{1}{R}$とすると，電流I〔A〕と電圧V〔V〕の関係は，

$$I = \frac{1}{R} \times V$$

と書くことができる。

図2．電流と電圧の関係

3 電流をさまたげるはたらき

■ 上の式のRは，導線の金属の種類，太さ，長さおよび温度などによって決まる値であり，同じ電圧を加えても，Rの値が大きい導線ほど流れる電流が小さいことがわかる。つまり，**Rの大きい導線ほど電流が流れにくい**。そこで，Rを導線の**電気抵抗**または単に**抵抗**という。

■ 抵抗の単位は**オーム〔Ω〕**である。1Vの電圧を加えたとき，1Aの電流が流れるような導線の抵抗を1Ωとする。

■ 大きな抵抗の場合は，次のような単位も用いられる。

$$1\,\text{k}\Omega\,(\text{キロオーム}) = 10^3\,\Omega$$
$$1\,\text{M}\Omega\,(\text{メガオーム}) = 10^6\,\Omega$$

4 電流・電圧・抵抗の関係

■ ある大きさの抵抗に流れる電流の強さは，その抵抗に加わる電圧の大きさによって決まる。

> **ポイント**
> 抵抗 R〔Ω〕の導線の両端に V〔V〕の電圧を加えたとき，I〔A〕の電流が流れたとすると，
>
> $$I = \frac{V}{R} \qquad 電流 = \frac{電圧}{抵抗}$$
>
> または，
>
> $$V = RI \qquad 電圧 = 抵抗 \times 電流$$

この関係を**オームの法則**という。

例題 ある電気ストーブを100Vの電源につないだら，5Aの電流が流れた。この電気ストーブの電気抵抗はいくらか。また，電源の電圧が90Vになると，電気ストーブに流れる電流は何Aになるか。

解説 オームの法則より，

$$R = \frac{V}{I}$$

この式に，$V = 100\,\text{V}$，$I = 5\,\text{A}$ を代入すると，

$$R = \frac{100}{5} = \mathbf{20\,\Omega} \quad \cdots\cdots\text{答}$$

電源の電圧が90Vになっても抵抗は20Ωのままであると考えて，$I = \dfrac{V}{R}$ に，$V = 90\,\text{V}$，$R = 20\,\Omega$ を代入すると，

$$I = \frac{90}{20} = \mathbf{4.5\,A} \quad \cdots\cdots\text{答}$$

（別解） 抵抗の大きさが変わらなければ，電流は電圧に比例する。よって，電圧が100Vから90Vになると，電気ストーブに流れる電流も，100Vのときの $\dfrac{90}{100}$ 倍になるから，

$$5 \times \frac{90}{100} = \mathbf{4.5\,A} \quad \cdots\cdots\text{答}$$

問 1. 導線に加える電圧を5倍にすると，導線の断面を1秒間に通過する自由電子の数は何倍になるか。

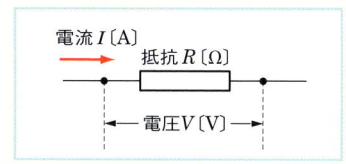

電圧と電流とは，比例する関係にあるんだ。

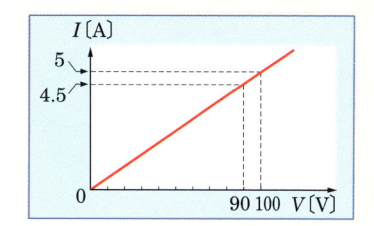

解き方 問1.
$I = \dfrac{V}{R}$ より，V を5倍にすると I も5倍になる。すると1秒間に通過する自由電子の数も5倍になる。

答 5倍

1章 静電気と電流

4 電気抵抗

1 電気抵抗の原因は……

■ 導線に電圧を加えると、導線内に電場ができ、電場の作用によって自由電子が移動して、電流となる。電場の強さは一定であるから、自由電子は一定の大きさの力を受け、速さがしだいに増す運動をする。もし、自由電子が電場からの力のみを受けて運動するのであれば、自由電子の速さはしだいにはやくなり、電流は時間とともにどんどん強くなるはずである。

■ しかし、実際には、電圧が一定ならば、電流も一定に保たれる。したがって、自由電子の速さは一定でなければならない。

■ 金属内には、金属原子が規則正しく並んでいるが、その原子はすべて電子を放出して陽イオンになっている。放出された電子が自由電子となって、陽イオンの間を動き回っているわけである。

■ 導線に電圧が加えられると、自由電子は電場から力を受けて、いっせいに動き始め、速さを増していくが、やがて陽イオンに衝突してはね返される。そして再び前と同じ向きに電場から力を受け、加速する。すべての自由電子がこれと同じ運動を繰り返すので、自由電子の平均の速さは一定に保たれ、電流の強さが一定になる。このように、自由電子が陽イオンと衝突することが電気抵抗の原因となる。

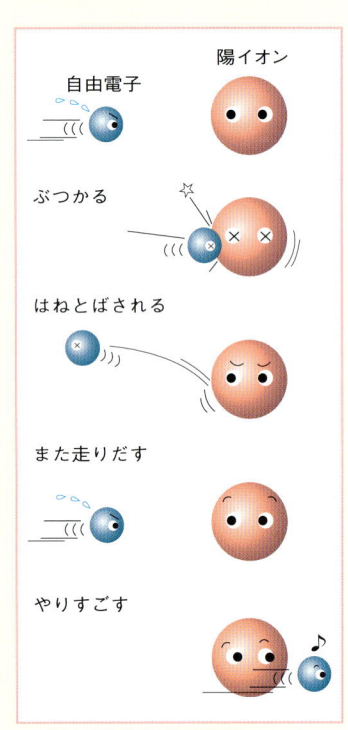

図1. 電気抵抗の原因

2 電気抵抗の大きさ

■ 図2のように導体紙を直列につなげていって、その電気抵抗の値をデジタルテスターで測定してみる。すると導体紙を2枚、3枚、……とふやしていくにしたがって、電気抵抗の値も2倍、3倍、……と増加していくことがわかる。このことから、抵抗値Rは、抵抗体の長さlに比例していることがわかる。式で表すと次のようになる。

$$R \propto l$$

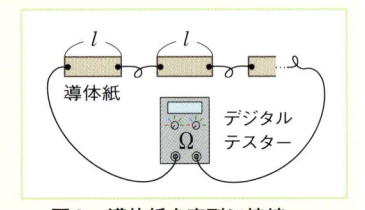

図2. 導体紙を直列に接続

✿1.「∝」は左辺と右辺が比例関係にあることを示す記号である。

■ 次に図3のように目玉クリップを用いて、導体紙を並列につなげていったときの抵抗値を測定する。この実験では、導体紙を2枚、3枚、……とふやしていくと、電気抵

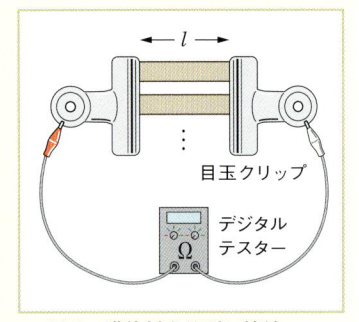

図3. 導体紙を並列に接続

抗の値は$\frac{1}{2}$倍, $\frac{1}{3}$倍, ……のように減少していく。目玉クリップに接触している導体紙の面積が2倍, 3倍, ……になると, 抵抗は$\frac{1}{2}$倍, $\frac{1}{3}$倍, ……となっている。一般に, 抵抗値Rは, **抵抗体の断面積Sに反比例**しており, 式で表すと次のようになる。

$$R \propto \frac{1}{S}$$

■ 以上の2つの式を1つにまとめると, $R \propto \frac{l}{S}$ となるが（図4）, 比例定数をρとおくと次の式で表せる。

$$R = \rho \frac{l}{S}$$

ρは抵抗体の種類や温度で決まる定数である。ρを**抵抗率**といい, 単位は**オームメートル〔Ω・m〕**である。

> **ポイント**
> 抵抗率ρ〔Ω・m〕の物質でできた長さl〔m〕, 断面積S〔m^2〕の導線の抵抗R〔Ω〕は,
> $$R = \rho \frac{l}{S} \quad 抵抗 = 抵抗率 \times \frac{長さ}{断面積}$$

上の式からわかるように, 抵抗率ρの等しい物質でできた導線の抵抗は, 導線の長さに比例し, 断面積に反比例する。

問 1. (1) 断面積2 mm^2, 長さ10 mの銅線の電気抵抗はいくらか。銅の抵抗率は1.7×10^{-8} Ω・mとする。
(2) (1)の銅線を長さがn倍になるように引きのばした。体積やその性質が変わらないとすれば, 電気抵抗は何倍になるか。

③ 抵抗は温度によって変わる 〔発展〕

■ 金属の抵抗は, 温度が高くなると大きくなる（図5）。これは, 温度が高くなると, 金属中の陽イオンの熱振動が激しくなり, 自由電子との衝突の回数がふえて, 抵抗力が増すためである。

> **ポイント**
> 0℃のときの抵抗をR_0〔Ω〕とすると, 同じ導線のt〔℃〕のときの抵抗R〔Ω〕は,
> $$R = R_0(1 + \alpha t)$$

上の式のα〔/K〕を抵抗の温度係数という。

抵抗は長さに比例する
$4R$〔Ω〕
$2R$〔Ω〕
R〔Ω〕

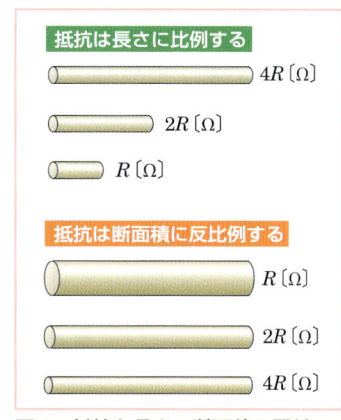

抵抗は断面積に反比例する
R〔Ω〕
$2R$〔Ω〕
$4R$〔Ω〕

図4. 抵抗と長さ・断面積の関係

解き方 問1.
(1) $R = \rho \frac{l}{S}$
$= 1.7 \times 10^{-8} \times \frac{10}{2 \times 10^{-6}}$
$= 0.085$ Ω

(2) 長さがlから$l' = nl$になったとすると, 断面積Sは, 体積が変わらないことより
$lS = nlS'$
$S' = \frac{S}{n}$
$R' = \rho \frac{l'}{S'} = \rho \frac{l}{S} \times n^2$

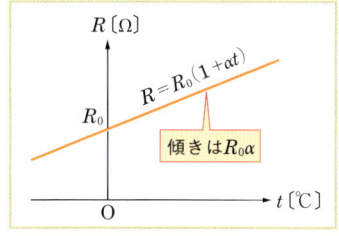

答 (1) 0.085 Ω (2) n^2倍

図5. 抵抗の温度変化
金属の抵抗は, 温度が上がると, 一定の割合で大きくなる。
（グラフ：$R = R_0(1+\alpha t)$, 傾きは$R_0 \alpha$）

✿2. Kは絶対温度の単位ケルビンであり, 1℃の温度差と1Kの温度差は等しい（→p.60）。

1章 静電気と電流

5 抵抗の接続

1 抵抗を直列につなぐと……

■ いくつかの抵抗を縦に長くつないで，電流が各抵抗を順に流れるようにするつなぎ方を直列接続という（図1）。

■ 抵抗R_1〔Ω〕，R_2〔Ω〕を直列につなぎ，全体に電圧V〔V〕を加えると，各抵抗に等しい強さの電流が流れる。この電流の強さをI〔A〕とすると，各抵抗R_1，R_2に加わっている電圧V_1，V_2は，オームの法則より，

$$V_1 = R_1 I \qquad V_2 = R_2 I$$

であるから，

$$I = \frac{V_1}{R_1} = \frac{V_2}{R_2} \qquad \therefore \quad \frac{V_1}{V_2} = \frac{R_1}{R_2}$$

となり，各抵抗に加わる電圧は抵抗に比例する。

■ 各抵抗に加わる電圧の和は，全体の電圧に等しいから，

$$V = V_1 + V_2 = (R_1 + R_2)I \cdots\cdots ①$$

直列に接続した抵抗全体を1つの抵抗と考えて，その抵抗（合成抵抗という）をR〔Ω〕とすると，電圧V〔V〕が加わって電流I〔A〕が流れているので，オームの法則より，

$$V = RI \cdots\cdots ②$$

①式と②式から，

$$R = R_1 + R_2$$

すなわち，直列に接続した抵抗の合成抵抗の大きさは，各抵抗の和に等しい。

> **ポイント**
> 抵抗R_1〔Ω〕，R_2〔Ω〕，……を直列に接続したときの合成抵抗R〔Ω〕は，
> $$R = R_1 + R_2 + \cdots\cdots$$
> 合成抵抗＝抵抗$_1$＋抵抗$_2$＋……

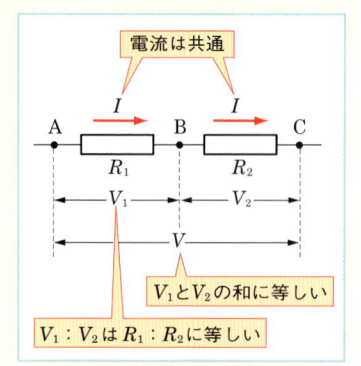

図1．抵抗の直列接続
直列につながれた抵抗には，等しい強さの電流が流れる。抵抗の両端の電圧は各抵抗の大きさに比例し，各抵抗の両端の電圧の和が全体に加わっている電圧に等しい。

2 電圧降下とは

■ 図2で，C点を基準にとると，Aの電位はV〔V〕，Bの電位は$V_2 = V - R_1 I$〔V〕である。これを，B点の電位は，抵抗R_1に電流Iが流れたために，A点の電位より$R_1 I$〔V〕だけ下がったと考えて，この$R_1 I$〔V〕を抵抗R_1〔Ω〕による電圧降下（電位降下）という。

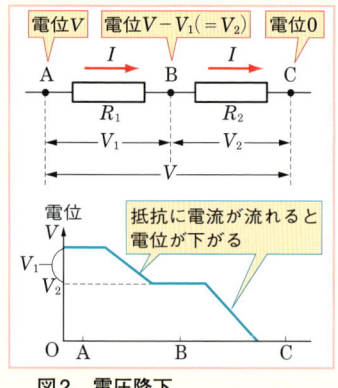

図2．電圧降下
回路を電流と同じ向きにたどると，抵抗を通り過ぎるたびに，電位が下がる。

問 1. 電気抵抗がそれぞれ 2 Ω, 4 Ω の 2 つの抵抗 R_1, R_2 がある。R_1, R_2 を直列に接続した。
(1) 合成抵抗はいくらか。
(2) 12 V の電圧を加えたとき, 流れる電流はいくらか。
(3) (2)のとき, 各抵抗に加わっている電圧はいくらか。

解き方 問 1.
(1) $R = R_1 + R_2$
 $= 2 + 4 = 6\, \Omega$
(2) $I = \dfrac{V}{R} = \dfrac{12}{6} = 2\,\text{A}$
(3) 2 Ω の電圧降下は
 $V = RI = 2 \times 2 = 4\,\text{V}$
 4 Ω の電圧降下は
 $V' = RI = 4 \times 2 = 8\,\text{V}$

答 (1) **6 Ω** (2) **2 A**
(3) R_1 … **4 V**, R_2 … **8 V**

③ 抵抗を並列につなぐと……

■ いくつかの抵抗の両端を束ねるようにし, 電流が各抵抗に分かれて流れるつなぎ方を**並列接続**(へいれつせつぞく)という。

■ 図 3 のように, 抵抗 R_1 〔Ω〕, R_2 〔Ω〕を並列に接続し, その両端に電圧 V 〔V〕を加えると, どちらの抵抗にも V 〔V〕の電圧が加わる。抵抗 R_1, R_2 を流れる電流をそれぞれ I_1 〔A〕, I_2 〔A〕とすると, オームの法則より,

$$I_1 = \frac{V}{R_1}, \quad I_2 = \frac{V}{R_2} \quad \therefore \quad \frac{I_1}{I_2} = \frac{R_2}{R_1}$$

すなわち, **各抵抗を流れる電流は, 抵抗に反比例する。**

■ 回路を流れる全電流を I 〔A〕とすると,

$$I = I_1 + I_2 = V\left(\frac{1}{R_1} + \frac{1}{R_2}\right) \quad \cdots\cdots ③$$

並列に接続した抵抗を 1 つの抵抗と考えて, その合成抵抗を R 〔Ω〕とすると, オームの法則より,

$$I = \frac{V}{R} \quad \cdots\cdots ④$$

③式と④式から,

$$\frac{1}{R} = \frac{1}{R_1} + \frac{1}{R_2}$$

すなわち, **全抵抗の逆数は各抵抗の逆数の和に等しい。**

> **ポイント**
> 抵抗 R_1 〔Ω〕, R_2 〔Ω〕, …… を並列に接続したときの合成抵抗を R 〔Ω〕とすると,
> $$\frac{1}{R} = \frac{1}{R_1} + \frac{1}{R_2} + \cdots\cdots$$
> $$\frac{1}{\text{合成抵抗}} = \frac{1}{\text{抵抗}_1} + \frac{1}{\text{抵抗}_2} + \cdots\cdots$$

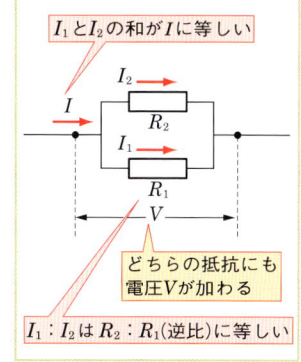

図 3. 抵抗の並列接続
並列につないだ抵抗には, どれにも等しい電圧が加わる。各抵抗に流れる電流は抵抗に反比例し, 各抵抗の電流の和が全電流に等しい。

問 2. 電気抵抗がそれぞれ 1 Ω, 4 Ω の 2 つの抵抗 R_1, R_2 がある。これを並列につないだ。
(1) 合成抵抗はいくらか。
(2) 両端に 16 V の電圧を加えると, 全電流はいくらか。
(3) (2)のとき, 各抵抗を流れる電流はいくらか。

解き方 問 2.
(1) $\dfrac{1}{R} = \dfrac{1}{1} + \dfrac{1}{4} = \dfrac{5}{4}$
 $R = \dfrac{4}{5} = 0.8\,\Omega$
(2) $I = \dfrac{V}{R} = \dfrac{16}{0.8} = 20\,\text{A}$
(3) $I_1 = \dfrac{V}{R_1} = \dfrac{16}{1} = 16\,\text{A}$
 $I_2 = \dfrac{V}{R_2} = \dfrac{16}{4} = 4\,\text{A}$

答 (1) **0.8 Ω** (2) **20 A**
(3) R_1 … **16 A**, R_2 … **4 A**

1 章 静電気と電流

定期テスト予想問題　解答→p.169

1 はく検電器

負に帯電した棒をはく検電器に近づけるとはくが開いた（図(a)）。次の問いに答えよ。

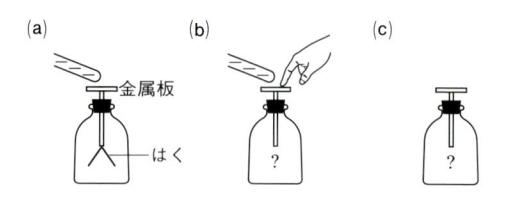

(1) はくの部分は正，負のいずれに帯電するか。また，自由電子の移動の向きはどうか。
(2) 負に帯電した棒を近づけたまま，はく検電器の金属板に指を触れると（図(b)），はくの開きはどうなるか。また，自由電子の移動の向きはどうか。
(3) 指をはなしてから，負に帯電した棒を遠ざけると（図(c)），はくの開きはどうなるか。また，自由電子の移動の向きはどうか。

2 電場 発展

次の問いに答えよ。
(1) 200N/Cの電場に電荷を置いたところ，電場の向きと反対向きに3.6×10^{-3}Nの力を受けた。電荷の正，負と，電気量の大きさを求めよ。
(2) 右向きの電場2.0×10^2N/Cの中で，電子が受ける力の向きと大きさを求めよ。ただし，電子の電荷の大きさは1.6×10^{-19}Cである。

3 電流

ある導線の断面を20秒間に-800Cの電子が通過した。次の問いに答えよ。

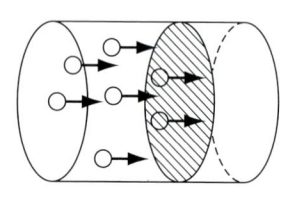

(1) 電流は何Aか。
(2) 電子の電荷の大きさを1.6×10^{-19}Cとすると，この間に電子は何個断面を通過したか。

4 オームの法則

次の問いに答えよ。
(1) 20Vの電圧を加えたとき，0.40Aの電流が流れる導体の抵抗は何Ωか。
(2) 5.0kΩの抵抗に3.0mAの電流が流れるとき，抵抗に加わる電圧は何Vか。

5 電気抵抗の大きさ

長さ0.20m，断面積0.50mm²の金属線の抵抗を調べたところ，5.0Ωであった。同じ金属線を使った抵抗について，次の問いに答えよ。
(1) 断面積は同じで，長さが0.60mの金属線の抵抗は何Ωか。
(2) 長さが同じで，断面積が2.0mm²の金属線の抵抗は何Ωか。
(3) はじめの金属線を0.40mに引きのばしたとき，金属線の体積は変化しなかった。このとき，金属線の抵抗は何Ωか。
(4) 金属の温度が高くなると，抵抗の値は大きくなるか小さくなるか。

6 直列接続(1)

図のように抵抗R_1，R_2を直列に接続して24Vの電圧を加えた。次の問いに答えよ。

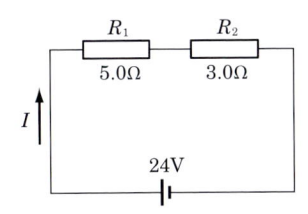

(1) R_1，R_2の合成抵抗は何Ωか。
(2) R_1，R_2を流れる電流Iは何Aか。
(3) R_1に加わる電圧は何Vか。

7 直列接続(2)

図のように抵抗R_1，R_2，R_3を直列に接続して電源をつないだところ，R_1，R_2，R_3の抵抗に加わる電圧の比は，1：2：3であった。次の問いに答えよ。

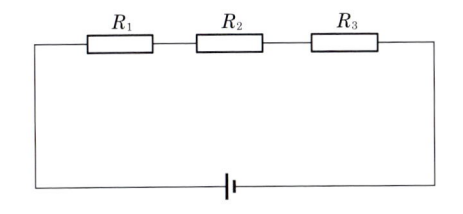

(1) 抵抗値の比$R_1:R_2:R_3$を求めよ。
(2) 電源を24Vにすると，R_1の抵抗に流れる電流は2Aであった。このとき，R_1，R_2，R_3の値を求めよ。

8 並列接続

図のように抵抗R_1，R_2を並列に接続して6.0Vの電圧を加えた。次の問いに答えよ。

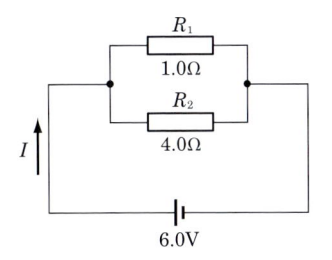

(1) R_1，R_2の合成抵抗は何Ωか。
(2) 回路を流れる電流Iは何Aか。
(3) R_2を流れる電流は，R_1を流れる電流の何倍か。

9 抵抗の接続

図のように3つの抵抗を接続した。次の問いに答えよ。

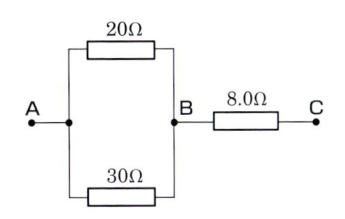

(1) AB間の合成抵抗R_{AB}は何Ωか。
(2) AC間の合成抵抗R_{AC}は何Ωか。
(3) AC間に電流を流したとき，BC間の電圧V_{BC}が6.0Vになった。AB間の電圧V_{AB}は何Vか。
(4) (3)のとき，20Ωの抵抗を流れる電流は何Aか。

1章 静電気と電流 123

2章 電気とエネルギー

1 電流と仕事

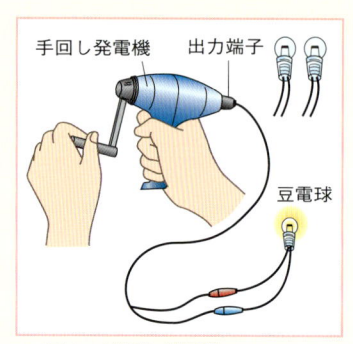

図1. 手回し発電機

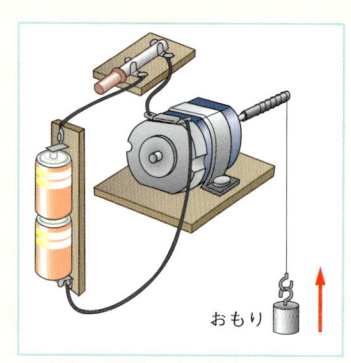

図2. 電池のする仕事

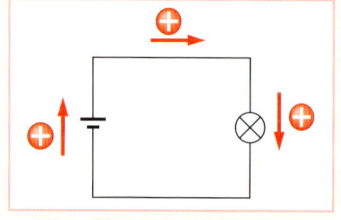

図3. 電源のする仕事
実際はプラスの電荷ではなく、マイナスの電荷をもった自由電子が逆向きに動いている。

1 仕事による電気の発生

■ 直流用のモーターに電池を接続すると、モーターは回転する。モーターを手で回転させると、逆に電力が発生する。自転車についている発電機はこの原理による。

■ 図1のように、手回し発電機を回転させると豆電球がともるが、豆電球をつけないで回転させたときと比べると、ハンドルが重たくなる。

■ ハンドルが重くなるのは、豆電球をつけると、手による運動エネルギーが電気のエネルギーに変換され、さらに豆電球で光のエネルギーに変換されるので、そのぶん仕事をしなければならないためである。

2 電源

■ 電球、抵抗、モーターなどは、電源から電気のエネルギーが供給されると、光や熱のエネルギーや運動エネルギーに変換するはたらきをする。このようなものを**負荷**という。

■ スピーカーに電流を流すと音が発生する。これは電流によってスピーカーが振動し、これに接触している空気を振動させているからである。スピーカーは、電気のエネルギーを振動のエネルギーに変換する負荷である。

■ 図2のように、モーターに電源(この場合は電池)をつなぐとおもりを持ち上げることができる。すなわち仕事をすることができる。**電源とは、電気エネルギーを供給し続ける装置**である。電源には、乾電池、太陽電池、発電機、家庭用の交流電源などがある。電源は、正極からプラスの電荷を出し、プラスの電荷は回路をめぐって負極にもどってくる(図3)。電源の内部では、プラスの電荷を負極から正極に移動させる仕事をしている。あたかもポンプで水をくみ上げて流すようなはたらきをしていることになる。

3 電場中で電荷を動かすと…… 発展

図4のように，正電荷を静電気力にさからって，点Bから点Aまで移動させると，正電荷には，静電気力にさからってした仕事のぶんだけエネルギーがたくわえられる。このエネルギーを**静電気による位置エネルギー**①という。したがって，A点はB点より位置エネルギーが高い点といえる。このことを，A点はB点より**電位**が高いという。電位の大きさは，1クーロン〔C〕の正電荷を移動させるのに要した仕事の大きさで表され，この仕事が V〔J〕であるとき，点Aの点Bに対する電位は V〔V〕であるという。

4 電圧とは何か 発展

ある点を基準としたとき，点Aの電位が V_A，点Bの電位が V_B で，$V_A > V_B$ であれば，点Aの電位は点Bの電位より高いといい，$V_A - V_B = V$ を2点AB間の**電位差**②または**電圧**③という（図5）。

電場の強さと向きがどこも同じであるとき，一様な電場という。今，強さが E〔N/C〕の一様な電場中で，+1Cの正電荷を，電場の向きとは反対の向きに，静電気力にさからって d〔m〕動かすものとする（図4）。この電荷にはたらく静電気力の大きさは E〔N〕であるから，このときに要する仕事は Ed〔J〕である。したがって，**強さ E〔N/C〕の一様な電場中で，電場の方向に d〔m〕離れた2点間の電位差（電圧）V〔V〕は，$V = Ed$ であたえられる。**④

5 電場中に電荷を置けば…… 発展

強さが E〔N/C〕の一様な電場中に $+q$〔C〕の電荷を置くと，この電荷は，電場から qE〔N〕の静電気力を受けて，電場の向きに移動する。電荷が，ある点Aから点Bまで，電場の向きに d〔m〕だけ移動したとすると，この間に電場が電荷にした仕事 W は，$W = qE \times d$ である。一方，AB間の電位差（電圧）を V〔V〕とすると，$V = Ed$ であるから，仕事 W〔J〕は次のように表される。

> **ポイント**
> 電位差（電圧）V〔V〕の2点間で電荷 q〔C〕を動かす仕事 W〔J〕は，
> $$W = qV$$ ⑤　　仕事＝電荷×電位差（電圧）

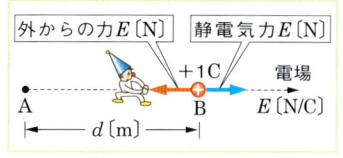

図4. 電場にさからって正電荷を動かすには，仕事が必要

1. エネルギーの大きさが位置で決まるとき，そのエネルギーを位置エネルギーという（→**p.49**）。

2. 電位の基準点はどこにとってもよいが，理論上は無限遠の点，実際上は地球の表面にとり，これを電位0の点とすることが多い。

3. ここで電圧の意味がはっきりするだろう。電圧は電位の差で，それは，静電気力による位置エネルギーを重力による位置エネルギーにたとえたとき，基準面からの高さの差に相当する。

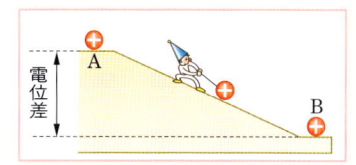

図5. 電位差（電圧）のモデル
電位の低いB点から電位の高いA点に正電荷を移動させるのは，坂道で荷物を運び上げる仕事に似ている。

4. この式を変形すると，
$$E = \frac{V}{d}$$
したがって，電場 E の単位として〔V/m〕も使える。
1 N/C = 1 V/m

5. この式から，電荷を動かす仕事は，電荷と電位差によって決まり，途中の道筋に無関係であることがわかる。

2章　電気とエネルギー

2 ジュール熱と電力

1 電流が流れると熱が出る

電気抵抗のある導体に電流を流すと，熱が発生する。この熱を**ジュール熱**という。電熱器（ヒーター）などは，ジュール熱を利用したものである。

2 なぜ熱が出るのか

抵抗のある金属に電圧を加えると，金属内の自由電子は加速されて運動エネルギーが増すが，やがて陽イオンに衝突して，そのエネルギーをわたす（図1）。陽イオンは電子が衝突するたびにエネルギーを受けとるので，しだいに**振動（熱運動）が激しくなり**，その結果，温度が上昇する。

3 熱量と電流・電圧・抵抗の関係

電気抵抗 R〔Ω〕の導線の両端に電圧 V〔V〕を加えたとき，I〔A〕の電流が流れたとすると，導線内のある断面を t〔s〕間に移動する電気量は It〔C〕である。電位差（電圧）V〔V〕の2点間を It〔C〕の電気量が移動したのであるから，導線を流れる電流は IVt〔J〕の位置エネルギーを失う。このエネルギーが全部熱エネルギー（熱運動による運動エネルギー）になる。したがって，発生する熱量を W〔J〕とすると，

$$W = IVt$$

となる。これを**ジュールの法則**という。

上の式は，オームの法則の式 $V = RI$ を用いて，

$$W = I \times RI \times t = I^2 Rt$$

と書きなおすことができる。また，$I = \dfrac{V}{R}$ を用いると，

$$W = \dfrac{V}{R} \times Vt = \dfrac{V^2}{R} t$$

と書きなおすこともできる。

> **ポイント**
> 抵抗 R〔Ω〕の導線に V〔V〕の電圧が加わっていて，電流 I〔A〕が流れているとき，t〔s〕間に発生する熱量 W〔J〕は，
> $$W = IVt = I^2 Rt = \dfrac{V^2}{R} t$$

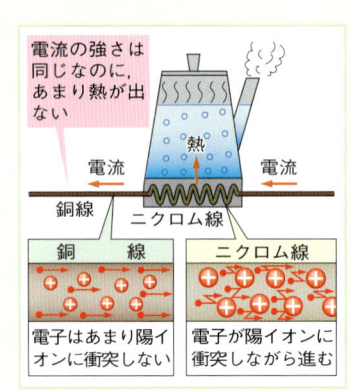

図1．ジュール熱の発生
回路の中に，抵抗の大きい導線（ニクロム線など）と抵抗の小さい導線（銅線など）があると，電流の強さは同じでも，ジュール熱は抵抗の大きい導線から発生して，抵抗の小さい導線からはほとんど発生しない。

✪1. 電流の強さの定義（→p.114）により，I〔A〕は，導体内のある断面を，1秒間に I〔C〕の電荷が流れることを表しているから，t 秒間では It〔C〕になる。

✪2. 熱量の単位を〔cal〕で表すときは，1cal = 4.2J であるから，
W〔J〕= IVt〔J〕
　　　= $\dfrac{1}{4.2} IVt$〔cal〕
となる。

4 電力とは何か

■ 抵抗R〔Ω〕の導線にV〔V〕の電圧が加わっていて，電流I〔A〕が流れているとき，1秒間に発生するジュール熱Pは，前ページの式より，

$$P = \frac{W}{t} = \frac{IVt}{t} = IV$$

となる。Pは電流が1秒間に導線にあたえたエネルギーで，これは，p.45で学習した仕事率に相当している。これを**電力**といい，単位は**ワット**[3]**〔W〕**で表す。

■ 電力P〔W〕はさらに，次のように表すことができる。

> **ポイント**
> 電力P〔W〕は，　　$P = IV = I^2R = \dfrac{V^2}{R}$

■ 1Vの電圧が加わっている2点間を1Aの電流が流れているときの電力が1Wである。

■ 電流が抵抗を流れているときは，電力は1秒間あたりの発熱量に等しいが，モーターなどを利用するときは，電力は，1秒間にモーターがほかの物体にする仕事と，1秒間に発生する熱量との和となる（図2）。

5 電流がする仕事の量

■ 電流がした仕事の量を**電力量**という。電力量は〔電力〕×〔時間〕で表される。

■ 1W = 1J/sであるから，時間tの単位を〔s〕にとれば，電力量Wの単位は**ジュール〔J〕**になる。

■ 電力量の単位は〔J〕のほかに**ワット時〔Wh〕**あるいは**キロワット時**[4]**〔kWh〕**も用いる。

■ 電流をP〔W〕の電力で流しているとき，電流がt〔h〕にする仕事（電力量）W〔Wh〕は，

$$W = Pt = IVt$$

問 1. 100V用500Wの電熱器が100Vの電源に接続されている。
(1) この電熱器に流れている電流は何Aか。
(2) この電熱器の抵抗は何Ωか。
(3) この電熱器が7分間に出す熱量は何Jか。
(4) 電源の電圧が90Vに下がったとき，この電熱器の電力は何Wになるか。

✿ **3.** 電力の単位のワットと，p.45で説明した仕事率の単位のワットは同じである。
　1 W = 1 J/s

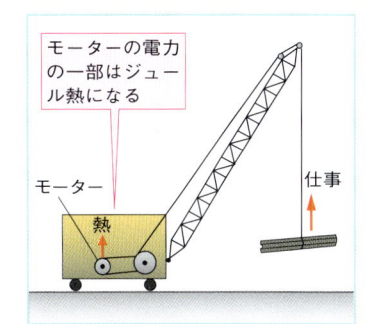

図2．モーターの電力
モーターに電流を流して，重い物を引き上げる仕事などをさせると，必ずモーターからジュール熱が発生する。モーターの電力は，この仕事とジュール熱の和に等しい。

✿ **4.** 家庭で1か月に何キロワット電力を消費したなどということがあるが，これは電力量というのが正しく，単位もキロワット時というのが正しい。いっぽう，電気器具などの消費電力は何ワットというのが正しい。ワットとワット時を混同しないように。

解き方 問1．
(1) $P = IV$
　$500 = I \times 100$
　$I = 5$ A
(2) $R = \dfrac{V}{I} = \dfrac{100}{5} = 20$ Ω
(3) $W = IVt$
　　$= 5 \times 100 \times (7 \times 60)$
　　$= 2.1 \times 10^5$ J
(4) 電圧が下がっても抵抗Rは変化しない。
　$P = \dfrac{V^2}{R} = \dfrac{90^2}{20} = 405$ W

答 (1) **5 A**　(2) **20 Ω**
　　 (3) **2.1×10^5 J**
　　 (4) **405 W**

定期テスト予想問題　解答→p.170

1 仕事による電気の発生

次の問いに答えよ。
(1) 図のように手回し発電機に豆電球を並列に1個，2個，3個とつなげ，各豆電球を同じ明るさで点灯させるとき，何個つないだ場合に手のする仕事がもっとも大きくなるか。理由とともに述べよ。

(2) 図のように電池に豆電球を並列に1個，2個，3個とつなげたとき，何個つないだ場合が豆電球がもっとも明るくつくか。理由とともに述べよ。

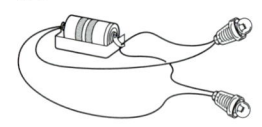

2 電気とエネルギー

次の問いに答えよ。
(1) $8.0\,\Omega$ の抵抗に $20\,\mathrm{V}$ の電圧を加えた。このとき，抵抗で消費される電力は何 W か。
(2) $100\,\mathrm{V}$ 用 $1500\,\mathrm{W}$ のドライヤーの抵抗は何 Ω か。
(3) $600\,\mathrm{W}$ の電熱器を $50\,\mathrm{V}$ の電源につないだとき，電熱器に流れる電流は何 A か。
(4) $100\,\mathrm{V}$ 用 $500\,\mathrm{W}$ の電熱器を，$120\,\mathrm{V}$ の電圧で使ったとき，消費電力は何 W か。ただし，抵抗の値は，温度によって変化しないものとする。

3 電熱線の発熱

断熱材でできた容器に $300\,\mathrm{g}$ の水を入れ，図のように $4.0\,\mathrm{A}$ で $20\,\mathrm{W}$ のニクロム線を電源とつないで $4.0\,\mathrm{A}$ の電流を流した。この間，外部との熱の出入りは無視できるものとする。次の問いに答えよ。

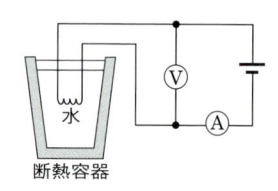

(1) 電源の電圧は何 V か。
(2) 3分間電流を流したとき，ニクロム線で発生した熱は何 J か。
(3) このジュール熱がすべて水の温度上昇に使われたとき，水は温度が何 K 上昇するか。ただし，水の比熱を $4.2\,\mathrm{J/(g\cdot K)}$ とする。

4 抵抗の接続と電力

図のように，$5.0\,\Omega$ の抵抗2つと $10\,\mathrm{V}$ の電源を用いて(a)，(b)の回路をつくった。次の問いに答えよ。

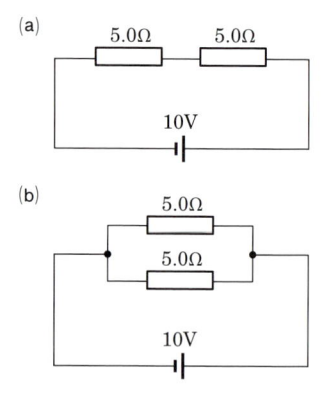

(1) (a)の回路で，10秒間電流を流したとき，発生するジュール熱は何Jか。
(2) (b)の回路で，消費される電力は何Wか。
(3) 1つの抵抗(5.0Ω)が消費する電力が大きい回路は(a)と(b)のどちらか。

5 電球の接続

図(a)，(b)のように，電球A，Bと電源を接続した。

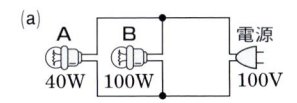

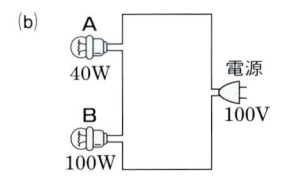

(1) (a)のAの電球を流れる電流は何Aか。
(2) (b)のAの電球を流れる電流は何Aか。
(3) (a)と(b)では，Aの電球が明るく点灯するのはどちらか。理由も述べよ。

6 複数の抵抗の消費電力

図のように抵抗A，B，Cを電源Eに接続する。次の問いに答えよ。

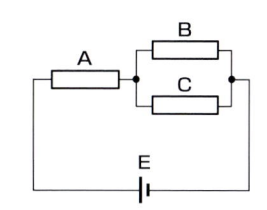

(1) A，B，Cの抵抗が同じ大きさRのとき，Aの消費電力は，Bの消費電力の何倍か。
(2) A，Bの抵抗がRで，Cの抵抗が$4R$のとき，Aの消費電力は，Bの消費電力の何倍か。

7 電力量

［100V　1000W］と書かれた電気ポットと，［100V　800W］と書かれたオーブントースターがある。これについて，次の問いに答えよ。
(1) 1000Wや800Wという数字は，それぞれ電気ポットやオーブントースターの何を表しているか。
(2) 電気ポットを100Vの電源につないだとき，流れる電流は何Aか。
(3) 電気ポットとオーブントースターを同時に2時間使用したときの電力量は何kWhか。

ホッとタイム

知ってるかい？
こんな話 あんな話

❀ 最先端技術を支える　もっとも原始的な方法

　金属の電気抵抗が温度を下げるとしだいに小さくなっていくことは，19世紀には明らかになっていた。1911年になってオランダのカメルリン＝オンネスは，水銀を絶対温度4度（4 K＝－269℃）にまで下げると，とつじょ電気抵抗が0になることを発見した。電気抵抗が0ということは，大きな電流を流してもジュール熱が発生しないわけだから，伝導体としては理想的なものである。そして，このような状態のことを超伝導状態と呼んでいるのである。

　輪状の導体を超伝導状態にして電流を流すと，いつまでも流れ続けるので，電磁石などをつくるのにもってこいである。また，少ないエネルギーで大きな電流を流すことができるので，これまでにない強力な電磁石をつくれるし，送電に利用すると，途中でのロスを非常に少なくすることができる。

　このように超伝導はいいことずくめなのだが，実用化するまでにはいろいろな問題があった。とくに，多くの超伝導体は温度を絶対0度（0 K＝－273℃）近くまで下げなければ超伝導状態にならなかったので，貴重で高価な液体ヘリウムや，大型の冷却装置が必要だった。

　1980年代から90年代にかけて，それまでよりも高い温度で超伝導状態になる物質が相次いで発見された。そのなかには，扱いやすい液体窒素の温度（77 K＝－196℃）でも超伝導状態になる物質も含まれていた。このような高温超伝導体の発見が，実用化への大きなはずみとなった。

　科学者たちは，常温超伝導をめざし，より高温でも超伝導をたもつ物質はないか探しまわっている。しかし，超伝導の理論が完全には明らかになっていないので，いろいろな物質を手あたりしだい試したり，超伝導体の原子を一部別の原子に置き換えてみたりしているのが現状である。

　最先端技術と，もっとも原始的な方法——科学の世界にはこんな取りあわせがたくさんあるのだ。

いわゆる物理学に関する内容には，まずテストには出ませんが，けっこうおもしろいものがたくさんあります。それらの中からいくつか選び出し，話に仕立ててみました。そう，コーヒーでも飲みながら読むのが，よく似合うかな。

⬢ 東京―大阪間１時間も夢ではなくなる！

　鉄道の推進力は18世紀に発明された蒸気機関以来，ディーゼル機関，電気（モーター）としだいに改良を重ねてきた。これらに共通なのは，車輪とレールの間の摩擦力によって進むことである。

　しかし，列車のスピードが上がると空気の抵抗力が大きくなり，それと推進力とが等しくなってしまうと，それ以上スピードは上がらない。このため，車輪で走る列車では，スピードの限界値が存在する。

　これよりさらに高速の鉄道を実現するには，もはや車輪式とは別の方式を考える必要がある。そこで登場したのが磁気浮上式のリニアモーターカーである。これは，磁石の反発力によって列車を浮上させ，磁石どうしが引き合う力を推進力にして，走らせようとするものである。ここで，「リニア」とは「直線状」という意味で，「リニアモーター」とは，モーターのコイルを直線状に並べた状態のことをさしている。

　リニアモーターカーの線路は，断面がコの字型のガイドウェイになっていて，もちろんレールはない。また，ガイドウェイには車体浮上用のコイルや推進用の電磁石が並べられているが，これらの磁石はすべて強力な電磁石である。

　さて実際の走行であるが，160 km/h以上のスピードで走ると，磁石の反発力により車体は10 cmも持ち上げられる。そして推進用の電磁石の極は，列車のスピードに応じてＮ，Ｓを入れかえるのだが，この入れかえをはやくすれば列車のスピードはいくらでも上がり，逆に，この入れかえをおそくすればブレーキがかかる仕組みになっている。

　このようなリニアモーターカーはすでに実用化されていて，400 km/h以上の超高速で運転されている。さらに，超伝導体による強力電磁石を使ったリニアモーターカーの研究も着々と進んでいて，500 km/h以上のスピードで実用化するめどが立っている。

　東京と大阪を結ぶ路線が完成すれば，この間がおよそ１時間で結ばれることになり，社会生活のうえでも大きな変化が予想される。

3章 電磁誘導と交流

1 磁場

1 磁石のつくる磁場

■ 磁石にはN極とS極があり，これを磁極という。棒磁石やU字形磁石は，磁極に近いほど鉄などを引きつける力が強い。N極とN極またはS極とS極では反発力がはたらき，N極とS極では引力がはたらく。この力を磁気力という。

■ 紙の下に磁石を置き，上から鉄粉をふりかけると磁気力がはたらいているようすを観察することができる。図1はその写真である。

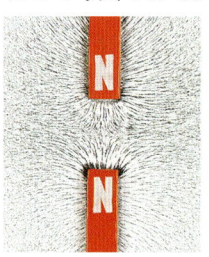

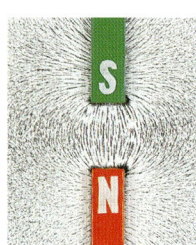

> 磁石を水平につるすと，磁石は地球の磁場から力を受け，南北をさす。
> このとき，北をさす磁極をN極，南をさす磁極をS極というんだ。

図1．磁石のまわりの鉄粉のようす

■ 磁気力がはたらいている空間を磁場（磁界）という。磁場は B を用いて表す。磁場は大きさと向きをもつ量である。

2 磁力線

■ 磁場のようすを表すのに，磁力線が用いられる。磁力線のようすは，いろいろな場所に方位磁針を置くことによって調べることができる。図2は，棒磁石のまわりのようすを磁力線で表したものである。磁力線は，磁場のようすがわかりやすいように表したものである。磁力線には次のような特徴がある。

① 磁石がつくる磁力線は，N極から出てS極に入る。
② 磁力線は磁極の強さに比例した本数をかく。
③ 磁力線の密度は，その場所の磁場の強さを表す。
④ 磁力線は枝分かれすることはない。

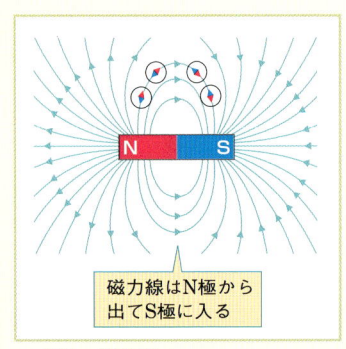

図2．磁力線
磁力線はN極から出てS極に入る

132　4編　電気

3 直線電流がつくる磁場

■ 導線に電流を流すと，そのまわりに磁石の場合と同じような磁場ができる。直線電流のまわりに方位磁針を置けば，磁場のようすがわかり，次のようにまとめられる。
① 直線電流を中心とする**同心円状の磁場ができる**。
② 右ねじを回すとねじは進んでいくが，この進む向きを電流の向きとして，図3のようにねじを回した向きが磁場の向きになっている。これを**右ねじの法則**という。
③ 磁場の強さは，電流が強いほど，電流からの距離が小さいほど強くなっている。

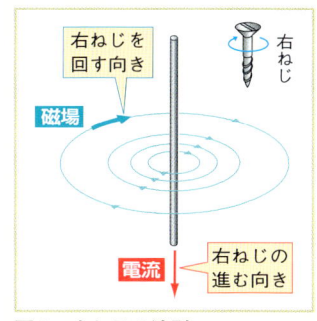

図3．右ねじの法則

4 円形電流がつくる磁場

■ 直線電流がつくる磁場は図4の(a)のようになっているので，円形電流でもそれぞれの場所で，同(b)のように右ねじの法則に従った磁場をつくっていると考えると，これらの磁場を合成したとき，円形電流のまわりには図5のような磁場ができる。円形電流が中心付近につくる磁場の性質は以下のようになっている。
① 円形の面に垂直な磁場となっている。
② 磁場の強さは半径に反比例している。
③ **磁場の強さは電流に比例**している。

■ 右ねじを回す向きを電流の向きとすると，**ねじが進んでいく方向が磁場の向き**になっている。

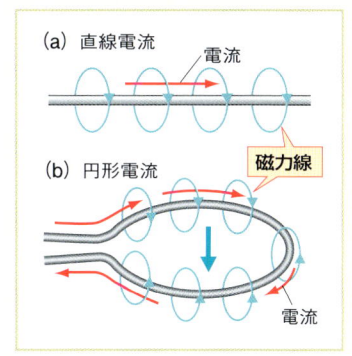

図4．円形電流のつくる磁場

5 ソレノイドコイルがつくる磁場

■ 導線を円形状にしたものを**コイル**という。図5は1巻きコイルである。

■ 導線を円筒状に何回も巻いたものを**ソレノイドコイル**という。ソレノイドコイルに電流を流すと，図6のような磁場ができる。ソレノイドコイルの外側にできる磁場は，棒磁石のつくる磁場に似ている。ソレノイドコイルの中にできる磁場の向きは，1巻きコイルと同様に，右ねじの法則から考えればよい。ソレノイドコイルの中の磁場の強さには，次のような性質がある。
① **1mあたりの巻き数に比例**する。
② コイルに流れる**電流に比例**する。
③ コイルに鉄しんなどを入れると，磁場が強くなる。

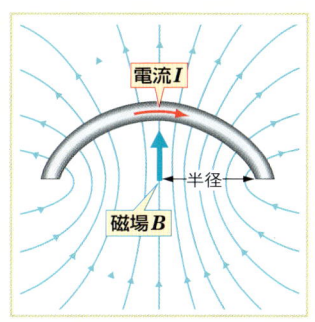

図5．円形電流による磁場

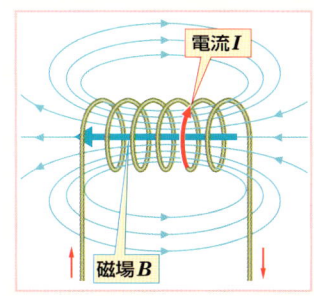

図6．ソレノイドコイルによる磁場

3章　電磁誘導と交流

2 モーターの原理・電磁誘導

1 電流が磁場から受ける力

■ 磁場の中に導線をセットし，導線に電流を流すと導線は磁場から力を受ける。図1のように，U字形磁石の間に導体棒abを2本の導線でつるし，電流を流すと導線と導体棒からなるブランコは傾いた状態になる。電流の向きを逆にすると，逆側に傾く。どちらの場合も，棒に加わっている重力，張力，磁場からの3力がつり合いの状態をつくることにより，傾いた状態となる。導体棒abが磁場から受ける力の向きを考えよう。U字形磁石の間では，磁場Bの向きはN極からS極の向きだから，図で上向きとなる。(a)で，電流Iはaからbの向きである。このときに磁場から受ける力Fは図の向きになっている。

■ 磁場Bと電流Iと力Fの向きには，ある関係が成り立っている。図2のように左手の3本の指を直角に開くと，それぞれの指の向きがBとIとFの向きを表すことになる。これをフレミングの左手の法則という。

■ 図1の(a)で，フレミングの左手の法則を用いて人さし指を上向きに，中指をa→bの向きに合わせると，親指の向きは図のFの向きになっていることがわかる。図1の(b)についても，IとBをそれぞれの指の向きに合わせて，力Fの向きが図と同じになることを確かめてみよう。

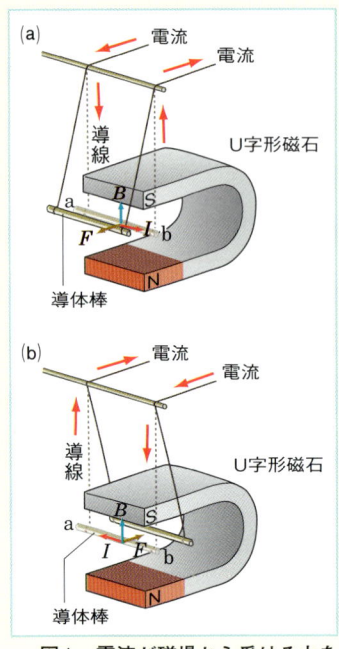

図1. 電流が磁場から受ける力を調べる

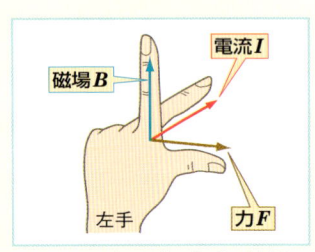

図2. フレミングの左手の法則

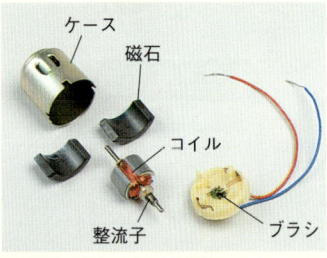

図3. モーターの構造

2 モーターの仕組み

■ 図3は，直流モーターを分解したものである。磁石，コイル，整流子，ブラシなどの部品から構成されている。

■ 図4は，モーターのコイルを1巻きコイルに簡略化した図である。(a)で，D→Cに流れている電流は，フレミングの左手の法則により，磁場から下向きの力を受ける。同様にして，B→Aの電流は上向きの力を受ける。したがってコイルは，時計回りに回転することになる。

■ (b)でも時計回りに回転する。はじめからの回転角が90°を過ぎると，整流子のはたらきにより(c)のように，それまでとは逆に電流が流れ，C→Dの電流は上向きの力を受け，A→Bの電流は下向きの力を受けることから，さらに時計

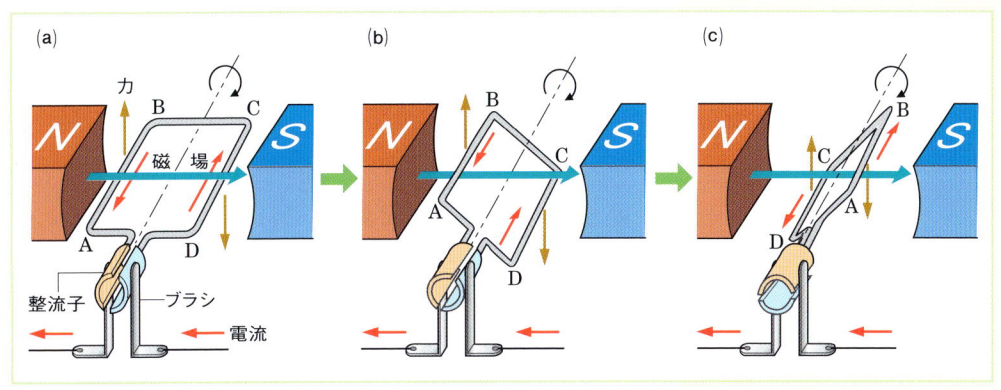

図4. 直流モーターの回転の原理

回りに回転することになる。これがモーターの回転の原理である。

■ このように直流モーターでは，半回転ごとにコイルに流す電流を逆にするため，整流子が用いられている。交流モーターには整流子がついていないが，**供給される電流が半回転ごとに逆向きになる**ので，やはり同じ向きに回転を続ける。

③ 電磁誘導

■ 図5のように，コイルに棒磁石を近づけたり遠ざけたりすると，コイルに電流が発生する。どちら向きの電流が発生したのかは，検流計で調べることができる（検流計では電流の大きさと向きを知ることができるが，何Aの電流であるのかを測定することはできない）。この実験から次のような性質がわかる。

① 磁石を動かさなければ，電流は流れない。
② 棒磁石を近づける場合と遠ざける場合では，電流が逆に流れる。
③ 磁石を動かす速さをはやくすると，電流が強くなる。
④ 強い磁石に変えると，電流が強くなる。
⑤ コイルの巻き数をふやすと，電流が強くなる。
⑥ 磁石のかわりにコイルを動かしても，同様な結果が得られる。

■ 以上のような現象を**電磁誘導**という。このとき，電磁誘導で生じた電流を**誘導電流**という。

■ 誘導電流の性質は，次のようにまとめることができる。
① コイルをつらぬいている磁力線の本数が変化すると，コイルには誘導電流が流れる。

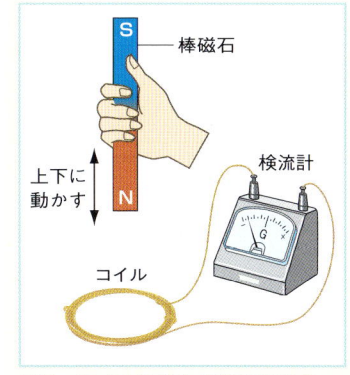

図5. コイルを流れる電流の向きを検流計で調べる

3章 電磁誘導と交流

> コイルに誘導電流が流れるのは，コイル内部に起電力（これを誘導起電力という）が生じたからなんだ。

② コイルをつらぬく磁力線の本数の時間変化が大きいほど，誘導電流が強くなる。
③ コイルをつらぬく磁力線の本数の変化を妨げるように，誘導電流が流れる。

このうち③は，**レンツの法則**と呼ばれている。

■ 図6の(a)のようにN極を近づけると，コイルをつらぬく磁力線の本数がふえる。誘導電流は上向きの磁場をつくって，この磁力線の増加をさまたげるように流れる。そこで図の向きの誘導電流となる。(b)の場合も同様。

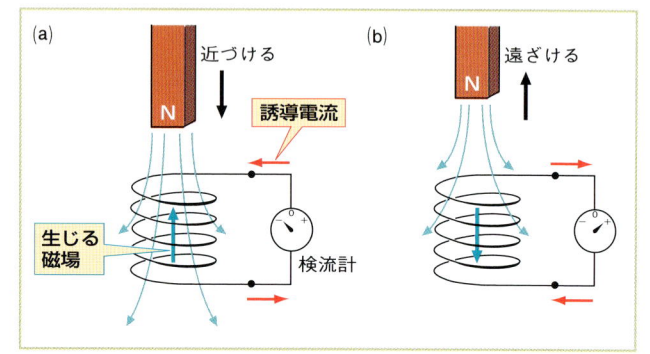

図6．磁石の動きと誘導電流の向き

4 発電機

■ 直流モーターに外から力を加えて回転させると，**発電機**となる。自転車の発電機などは，モーターと同じ構造になっている。

■ 図7で，コイルABCDを(a)の状態から(b)の状態に回転させたときを考える。この過程で，コイルをつらぬいている右向きの磁力線が増加する。レンツの法則により，コイルには左向きの磁場をつくるように誘導電流が流れる。

■ コイルを回転させると，コイルをつらぬく磁力線の本数は，常に増加・減少をくり返すので，連続的に電流をつくり出すことができる。外から力を加えてコイルを回転させることにより，誘導電流を発生させると，半回転ごとに逆向きの電流が発生することになる。しかし，図7のような直流モーターには整流子とブラシがあるため，半回転ごとに電流の向きを変えることができる。このため，とり出す電流は常に同じ向きになっている。

■ 発電機はモーターとは逆に，**回転のエネルギーを電気エネルギーに変換する装置**である。

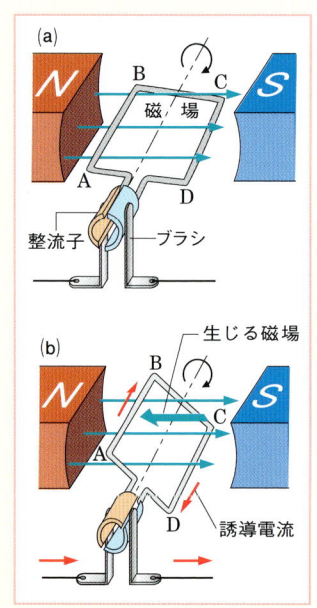

図7．直流発電機の原理

✿1．自転車の発電機には，ここで述べる直流発電機のほかに，次ページの交流発電機も使われている。

3 交流

1 直流と交流

■ 電池から流れる電流は，常に一定の向きである。このように電流の向きが変化しないものを**直流**（**DC**）という。

■ これに対して，家庭のコンセントから供給される100Vの電源は，電流の向きがめまぐるしく変化している。これは，コンセントの一方の電極は常に0Vであるのに対して，他方の電極は図1のグラフのように電圧が変動しているためである。電流は電圧の高いほうから低いほうに流れるので，電流もこのグラフと同じように変動している。このような電流を**交流**（**AC**）という。

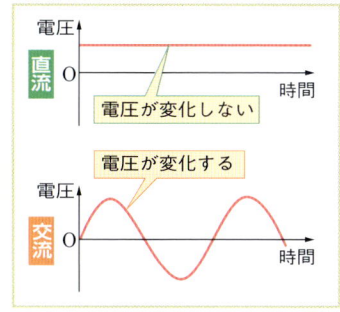

図1．直流と交流の電圧変化

✪1．DCはDirect Currentの略。

✪2．ACはAlternating Currentの略。

2 交流の発生

■ 図2は，交流発電機の構造を簡略にえがいたものである。直流モーターと違って，整流子がない。このコイルに外力をあたえて，時計回りに回転させる場合を考えよう。

■ この図の状態では，コイルをつらぬく右向きの磁力線の本数がふえつつあるので，電磁誘導によりコイルには左向きの磁場をつくるように誘導電流が発生する。この電流はPからコイルを通ってQに流れることになる。PQ間に電球などをつけると，Q→電球→Pに電流が流れるため，QのほうがPより電圧が高いことがわかる。

■ コイルがさらに回転をしていき，コイルの面が右向きの磁場に垂直になり，これを過ぎるとコイルをつらぬく磁力線の本数は減少していく。こうなると電磁誘導により，コイルには右向きの磁場をつくるように誘導電流が発生する。この電流の向きはQ→コイル→Pとなり，電球にはP→電球→Qの向きに流れる。したがって，PのほうがQより電圧が高いことになる。このようにコイルを回転させると，電球には右向きの電流と左向きの電流が交互に流れることになる。これが交流発電機の原理である。

■ コイルを一定の速さで回転させると，Pに対するQの電圧は図3のように変動する。コイルを1回転させると，電圧は上がって下がってもとにもどるように変動する。このように，電圧が1回振動する時間を**周期**という。

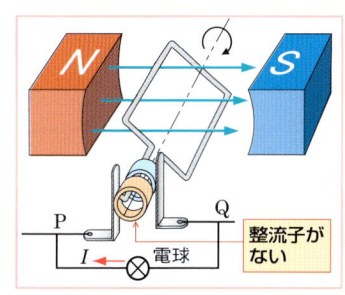

図2．交流発電機の構造

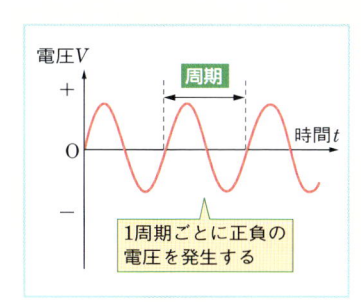

図3．コイルを回転させたときの電圧の変化

✪3．ふつう波と同様にT〔s〕で表す。

✿4. f は frequency の略。

✿5. この原因は，明治時代に大阪ではアメリカ製の60Hzの発電機を輸入し，東京ではドイツ製の50Hzの発電機を輸入したためである。

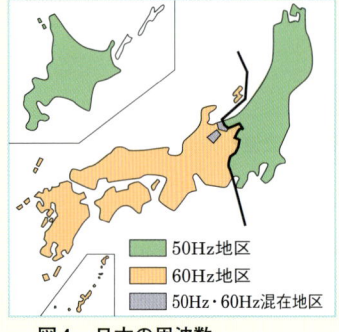

図4．日本の周波数

■ コイルに，1秒間に f 回の回転をさせると，電圧も f 回の振動をする。これを**交流の周波数**といい，周波数 f の単位は**ヘルツ〔Hz〕**で表す。周波数は，1秒間に電圧が振動する回数だから，**振動数**とも呼ばれている。

■ 周波数 f は1秒間の振動の回数であるから，周期 T と周波数 f の関係は次のようになる。

$$T = \frac{1}{f} \quad \text{または} \quad f = \frac{1}{T}$$

■ 家庭のコンセントに供給されている交流電源の周波数は50Hzと60Hzである。おおまかにいうと，中部地方を境に，西日本で60Hz，東日本で50Hzとなっている（図4）。

3 交流の電圧

■ 家庭のコンセントに供給されている交流電源の電圧は，100Vとなっている。しかし，交流の電圧は図3のように変動していて，1つに定まらない。実際に電圧を測定すると，最大値は約140V，最小値は－140Vになっており，100Vよりも大きい。また，電圧を平均すると0になってしまうので，これを基準にすることもできない。

■ 電源に抵抗をつなぐとジュール熱が発生する。このジュール熱は，同じ抵抗を**100Vの直流電源につないだときに発生するジュール熱と同じ**になっている。そこで，発生するエネルギーを基準にして，100Vの交流と呼んでいる。この電圧を，**交流電圧の実効値**という。交流の電圧は，ふつうは実効値を用いる。

■ 60Wの電球を**100Vの交流電源につないでも，100Vの直流電源につないでも，消費されるエネルギーは等しい**。交流電圧は変動するが，実効値だけで考えることができるので便利である。

4 変圧器

■ 交流は電圧を変えることができ，そのための装置を**変圧器（トランス）**という。変圧器は図5のようにロの字形の鉄しんに2つのコイルを巻いた構造をしている。左のコイルを1次コイル，右のコイルを2次コイルという。1次コイルに交流電源をつなぎ，図の電流 I_1 が現在増加しているものとする。電流が増加すると磁場は強くなるので，1次コイルには下向きの磁力線がふえる。この磁力線は鉄

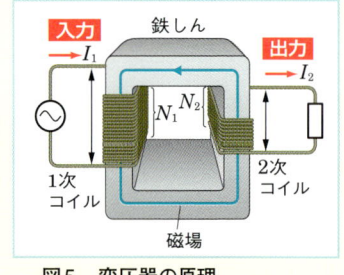

図5．変圧器の原理

しんの中を通って，2次コイルの中を上向きに通過する。2次コイルにはこの上向きの磁力線がふえるので，これをさまたげるように誘導電流が発生する。誘導電流の向きは図のように電流I_2の向きである。

■ 2つのコイルは接続されていないにもかかわらず，2次側に電流が流れる。このような現象を**相互誘導**という。

■ 変圧器の2つのコイルの巻き数を，それぞれN_1，N_2とすると，1次側の電圧V_1と2次側の電圧V_2の間には，次のような関係があることがわかっている。

$$\frac{V_1}{V_2} = \frac{N_1}{N_2}$$

この関係により，**2つのコイルの巻き数を変えることによって，2次側の電圧を自由に変えることができる。**

■ 理想的な変圧器ではエネルギーの損失(熱の発生など)が起こらないので，1次コイルに入った電力と2次コイルから出る電力は等しいとみなしてよいから，次の式が成り立つ。

$$I_1 V_1 = I_2 V_2$$

■ 発電所でつくられた電気は，変電所と呼ばれる場所で高電圧に変えている。変電所には巨大な変圧器が設置されている。**高電圧で送電すると，送電線で損失されるジュール熱を少なくすることができる。**電柱の上には，図7のような装置を時々見かけることがある。これは柱上変圧器というもので，高圧送電された電圧を，100Vに下げるための変圧器である。

図6．CDプレーヤーと変圧器
CDプレーヤーや携帯電話などには，コンセントに差し込む四角い箱のようなものが付属していて，その中には変圧器が入っている。100Vの電圧は高すぎるので，変圧器を用いて電圧を下げている。

図7．柱上変圧器

図8．変電所から家庭まで

4 電波

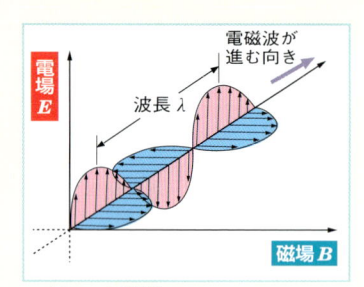

図1．電磁波

1 電波の発生

■ **電波**の正体は，図1のように**電場と磁場が振動をしながら空間を伝わっていく波**で，光も同じ種類の波である。光の波なども含めて，**電磁波**と呼ばれている。

■ 電波が真空中を伝わる速さは，光の伝わる速さと同じで，約3.0×10^8 m/sである。

> **ポイント**
> 電波の速さをc〔m/s〕，振動数をf〔Hz〕，波長をλ〔m〕とすると，これらの間には次のような関係がある。
> $$c = f\lambda$$

■ 19世紀末，ヘルツ（ドイツ）は図2のような装置で，人類初めての電波の送受信に成功した。AB間の火花放電によって**電場と磁場の振動が起こって電磁波が発生する**。これにより，離れた場所にあるコイルCのすき間で火花が飛ぶ。電磁波の研究は世界中で進み，1901年にはマルコーニ（イタリア）によって大西洋をへだてた送受信に成功した。

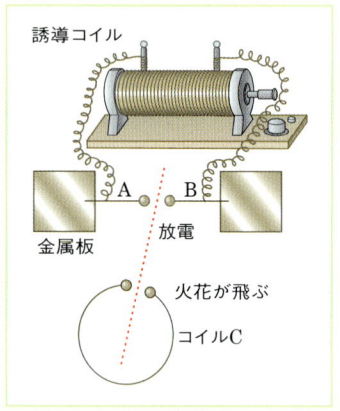

図2．ヘルツの実験

2 電磁波の分類と利用

■ 電磁波は，その波長または振動数によって分類され，いろいろな用途に使われている。これを示したのが表1である。

■ 電磁波は波の一種であることから，**反射，屈折，回折，干渉**などの波としての性質（→p.92）をもっている。

表1．いろいろな電磁波（Mはメガ（10^6），Gはギガ（10^9）を表す。）

波長	1 km	100 m	10 m	1 m	10 cm	1 cm	1 mm	10^{-4} m
振動数	300 kHz	3 MHz	30 MHz	300 MHz	3 GHz	30 GHz	300 GHz	3×10^{12} Hz
分類	長波（LF）	中波（MF）	短波（HF）	超短波（VHF）	極超短波（UHF）	センチ波（SHF）	ミリ波（EHF）	サブミリ波
用途	AM放送		無線	FM放送	TV放送 携帯電話 電子レンジ	衛星放送	衛星通信	

波長	10^{-5} m	10^{-6} m	10^{-7} m	10^{-8} m	10^{-9} m	10^{-10} m	10^{-11} m	10^{-12} m
振動数	3×10^{13} Hz	3×10^{14} Hz	3×10^{15} Hz	3×10^{16} Hz	3×10^{17} Hz	3×10^{18} Hz	3×10^{19} Hz	3×10^{20} Hz
分類	赤外線		可視光線	紫外線		X線		γ線
用途	赤外線写真 赤外線リモコン			殺菌		医療		

重要実験 モーターの製作

方法

1. 直径0.4mmのエナメル線をフィルムケースに10回程度巻きつけコイルをつくる。
2. エナメル線の両端はコイルに巻きつけ外にのびるようにする。端A，Bのエナメル線の被ふくを図のように紙やすりではがす。
3. 7cm×5cm程度の厚紙に，ゼムクリップを適当に折り曲げて5cm程度の間隔になるようにセロハンテープで固定する。コイルをゼムクリップにかけ，コイルの下に磁石を置き，コイルと磁石の間隔があまり開かないように調整しながら組み立てる。

1. エナメル線を10回程度巻きつける / フィルムケース
2. 端B：エナメル線の被ふくの上半分をはがす / 端A：エナメル線の被ふくをすべてはがす
3. 5cm程度 / コイル / ゼムクリップ / 磁石 / 電池 / 台紙（厚紙）/ セロハンテープ

結果

1. 3のように電池をつなぎ，コイルが回転するか確認する。うまく回転しないときは，はじめにコイルを手で少し回転させる。また，動きが安定しないときは，コイルや磁石の位置やバランスを調整する。
2. 電池の向きを反対にするとコイルの回転はどうなるか観察する。

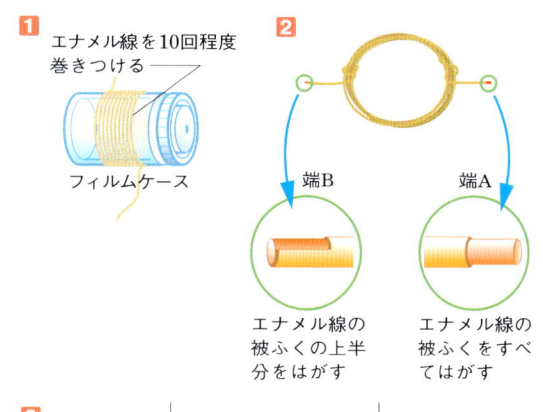

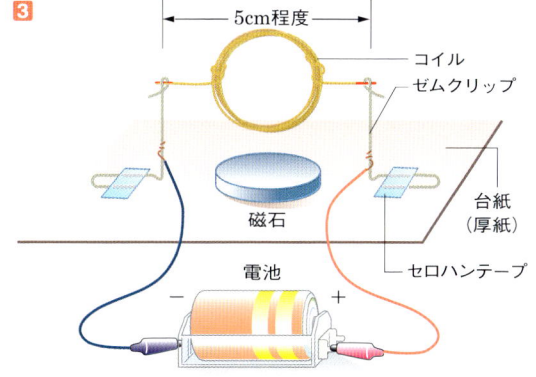

考察

1. コイルと磁石の距離を離すとコイルの回転はどう変わるか。
   → 距離を離すと，**磁場が弱くなり回転数が減る**。
2. 電池を2個直列につないでコイルを回転させると，コイルの回転はどう変わるか。
   → コイルを流れる電流が増加し，**コイルによる磁場が強くなり，回転数が増す**。
3. 端Bだけ，半分しか被ふくをはがさないのはなぜか。
   → 端Bの被ふくをすべてはがすと，コイルが1回転する間に，その**半回転分で磁石とコイルが引き合う向きの磁場とは反対向きの磁場が発生し，回転を止めようとする力がはたらいてしまう**ため。コイルの半回転分では，この力がはたらかないよう電流を流れなくする必要がある。

3章 電磁誘導と交流

重要実験 ラジオの受信

方法

■ 回路図のコンデンサーはOHPシート（A）とアルミホイル（B）で作製し，コイルはフィルムケースにエナメル線を巻いたものを使い，図のように組み立てる。ダイオードの向きに注意し，20mほどのコードを室外に水平にのばしたアンテナがAM電波を受けやすいように工夫する。イヤホンは「クリスタルイヤホン」を使用する。

コンデンサーの作製

1. OHPシート（A）の上に10cm×10cm程度のアルミホイル（B）をセロハンテープではりつける。このシートを2枚（ⅠとⅡ）作製し重ねる。
2. Ⅰ，Ⅱのアルミホイル（B）にはコードをセロハンテープではりつける。

コイルの作製

■ フィルムケースに直径0.4mmのエナメル線を150回ほど巻き，コイルをつくる。

結果

1. OHPシートにはったアルミホイルの重なり合う部分の面積を変えてAM放送が聞こえる位置を選ぶ。→ 重なり合う面積を変えることにより，**コンデンサーの電気容量（電気をたくわえる能力）が変わり**，いろいろな放送局を受信できる。

2. コイルの巻き数を変化させたり，コイルの中に鉄しんを入れると受信できる放送局がどう変わるか調べる。→ 巻き数を変化させたり，鉄しんを入れると，**コイルのインダクタンス（流れている電流を流し続けようとする性質）が変わり**，受信できる放送局が変わる。

考察

1. OHPシートの重なり合う面積を変えて，重なり合う面積を小さくする（電気容量を小さくする）と，どのような周波数の放送局が受信できるか。→ 電気容量を小さくすると，**周波数の大きい放送局が受信できる**ようになる。

2. コイルの巻き数をふやしたり，コイルに鉄しんを入れると，どのような周波数の放送局が受信できるか。→ インダクタンスが大きくなり，**周波数の小さい放送局が受信できる**ようになる。

定期テスト予想問題　解答→p.172

1　磁　場

次の図で，点P，Q，Rの磁場はどちら向きか。図に矢印で示せ。

(1) 棒磁石

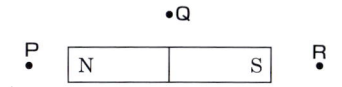

(2) 直線電流

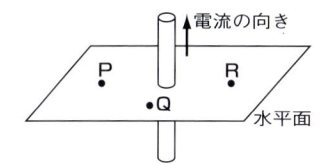

(3) 円形電流

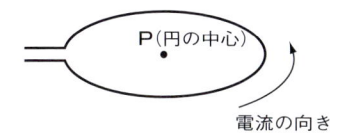

(4) ソレノイドコイル

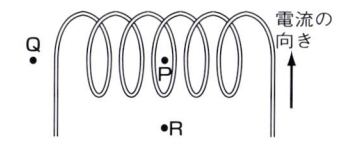

2　電流が磁場から受ける力

次の問いに答えよ。

(1) 図で，電流の流れる導線の点Pの位置にはたらく力の向きを矢印で示せ。

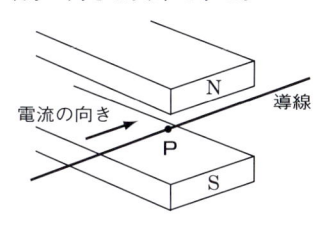

(2) 図で導線Aがつくる磁場によって，導線Bの点Pが受ける力の向きを矢印で示せ。

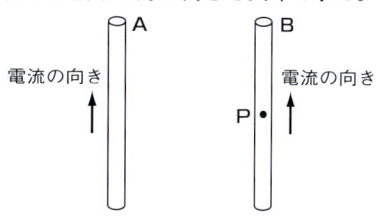

(3) 図で強い磁場中にある導線AB，BC，CDの受ける力の向きをそれぞれ矢印で示せ。

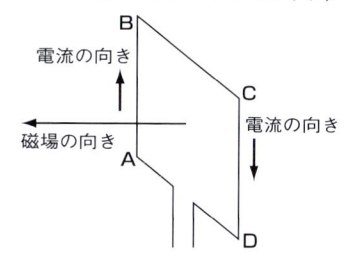

3　誘導電流

次の図で，磁石を矢印(⇨)の方向に動かすとき，コイルに流れる誘導電流の向きはa，bのどちら向きか。

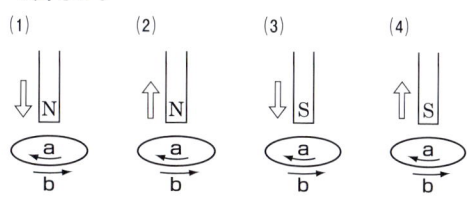

(1)　(2)　(3)　(4)

3章　電磁誘導と交流

4 2つのコイルによる電磁誘導

図1のコイルAに接続された抵抗の値を変え，図2のグラフのように，コイルAに流れる電流を変化させた。次の問いに答えよ。

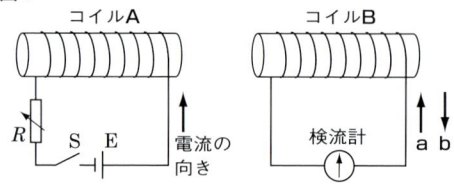

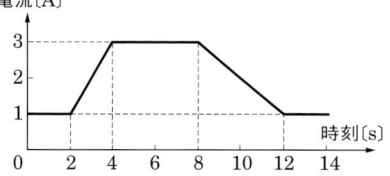

図1

図2

(1) コイルBにaの向きの電流が流れるのは，時刻が何秒から何秒のときか。
(2) コイルBに最大の大きさの電流が流れるのは，時刻が何秒から何秒のときか。
(3) 時刻4〜8秒の間は，コイルBの電流はどうなるか。

5 発電機

図1のように，コイルを磁場中で回転させたところ，コイルのab間の出力電圧が，図2のグラフのようになった。次の問いに答えよ。

(1) コイルの回転の周期と周波数を求めよ。
(2) コイルの回転数を$\frac{1}{2}$としたとき，コイルのab間の最大電圧は何Vになるか。
(3) コイルの面積を$\frac{1}{2}$として，はじめの周期で回転させたとき，コイルのab間の最大電圧は何Vになるか。
(4) 図2のグラフの電圧変化のとき，コイルをつらぬく磁力線の変化が最大になるのはグラフのA〜Cのうち，どの時刻か。

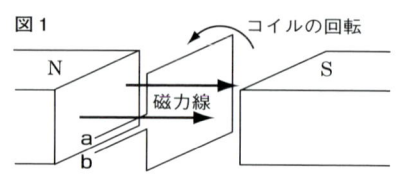

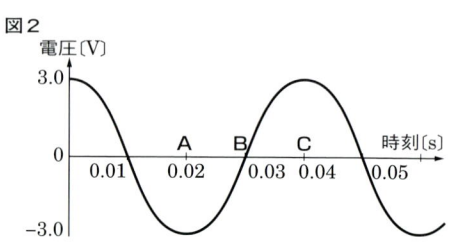

図1

図2

6 変圧器

1次コイルの巻き数が3000回，2次コイルの巻き数が100回の変圧器がある。次の問いに答えよ。

(1) 1次コイルに6.0Vの交流電圧を加えると，2次コイルの電圧は何Vか。
(2) 1次コイルに6.0Vの直流電圧を加えると，2次コイルの電圧は何Vか。
(3) 1次コイルの巻き数を変えずに1次コイルに6000Vの電圧を加えて，2次コイルに100Vの電圧が加わるようにするには，2次コイルの巻き数を何回にすればよいか。

7 電磁波

次の問いに答えよ。ただし，電波の速さを3.0×10^8 m/sとする。

(1) 周波数が1550kHzの電波の波長は何mか。
(2) (1)の電波はどのような用途に用いられるか。
(3) 波長が2.5mの電波の周波数は何MHzか。
(4) (3)の電波は分類でいうと何波か。

5編
原子とエネルギー

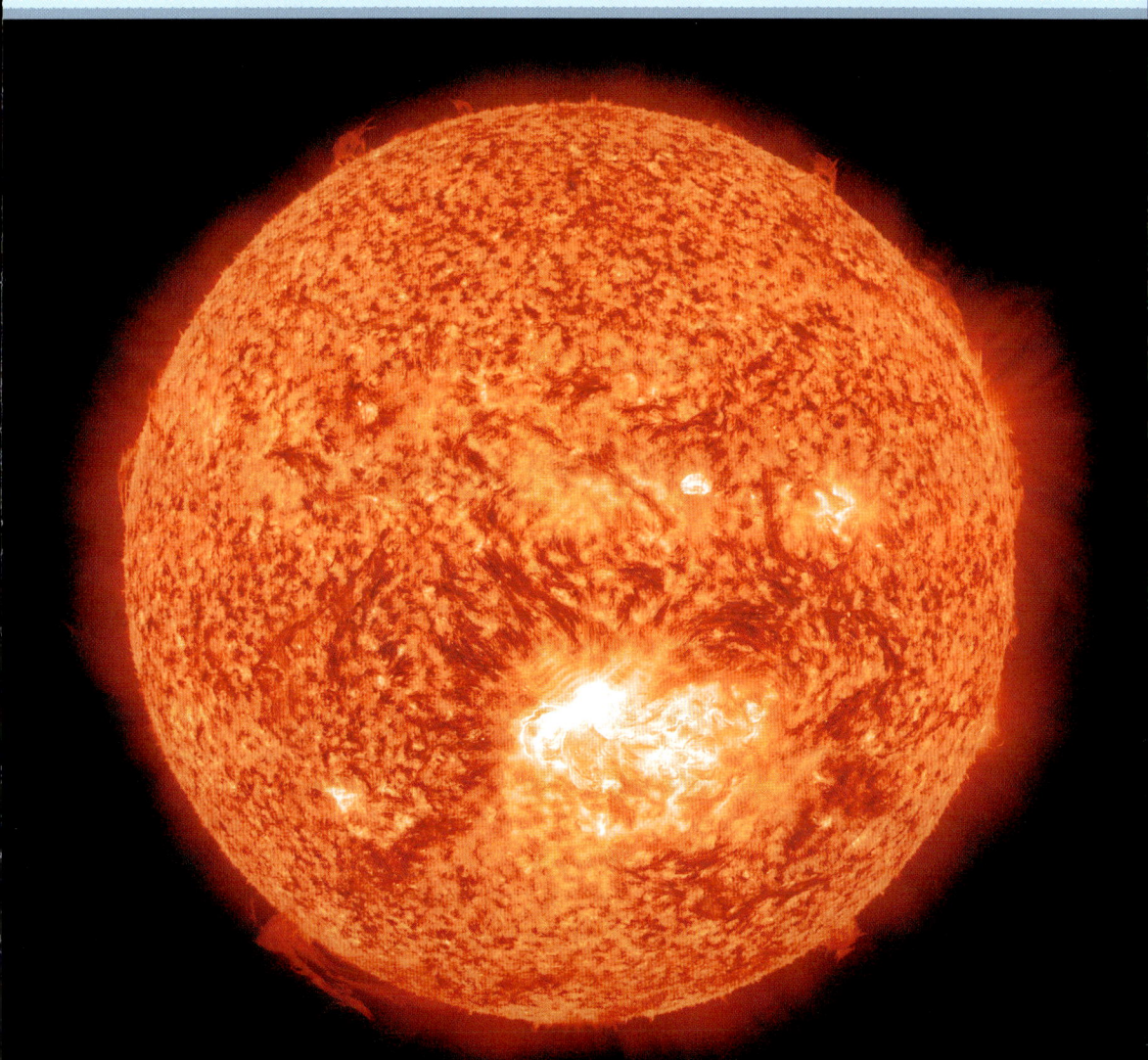

1章 原子とエネルギー

1 エネルギーとその利用

1 力学的エネルギー

■ 力学的エネルギーには運動している物体がもつ**運動エネルギー**，高い位置にある物体がもつ重力による**位置エネルギー**，伸ばしたり縮めたりしたばねがもつ**弾性力による位置エネルギー**が含まれる。さらに，摩擦などがなければこれらのエネルギーは保存され，これを**力学的エネルギー保存の法則**と呼んだ。

■ 波は空気や水などの媒質が振動することによって発生する。したがって力学的エネルギーの一種である。

図1．ジェットコースター
摩擦や空気抵抗を無視すると，位置エネルギーが減った分だけ運動エネルギーが増加する。

2 熱エネルギー

■ **熱エネルギー**とは，物質を構成している**原子や分子の運動のエネルギー**である。熱伝導では，高速の分子と低速の分子が衝突して，熱エネルギーが移動している。

3 電気のエネルギー

■ 電球や電熱線に限らず，ほぼすべての物体に電流を流すと発熱する。さらに光を発する場合もある。このことから，電流はエネルギーを運んでいるといえる。1秒あたりの電気のエネルギーを**電力**と呼んだ。

4 光（電磁波）のエネルギー

■ **太陽電池**は，光から電気を発生させる装置である。手のひらを太陽光にかざすと暖かくなり，光もエネルギーであることがわかる。

■ ストーブの近くでは**放射熱**で暖かくなる。高温の物体は電磁波（光を含む）を放出してエネルギーを失い，他の物体に吸収されて熱エネルギーに変換される。これらは物質中の電荷をもった原子や電子が，振動するためである。

図2．太陽電池

5 化学エネルギー

■ 化学反応によって発生するエネルギーを**化学エネルギー**という。たとえば水素と酸素を燃焼させると，水ができるとともに熱エネルギーが発生する。

6 エネルギーの変換と保存

■ さまざまなエネルギーは，たがいに他のエネルギーに変換することが可能である。例えば，電池は化学エネルギーを電気のエネルギーに変換するものである。エネルギーの変換に際しては，変換効率が100％でない場合が多い。

■ 物体に摩擦力がはたらく場合は，力学的エネルギーは保存されない。摩擦によって熱エネルギーが発生し，このエネルギーは力学的エネルギーの減少分と等しくなっている。エネルギーの総和に変化はない。一般に，

　どのようなエネルギーの変換においても，それに
　関係したすべてのエネルギーの総和は一定である。

これを**エネルギー保存の法則**という。

図3. 使いすてカイロ
鉄が酸化するときに，化学エネルギーが熱エネルギーに変化する。

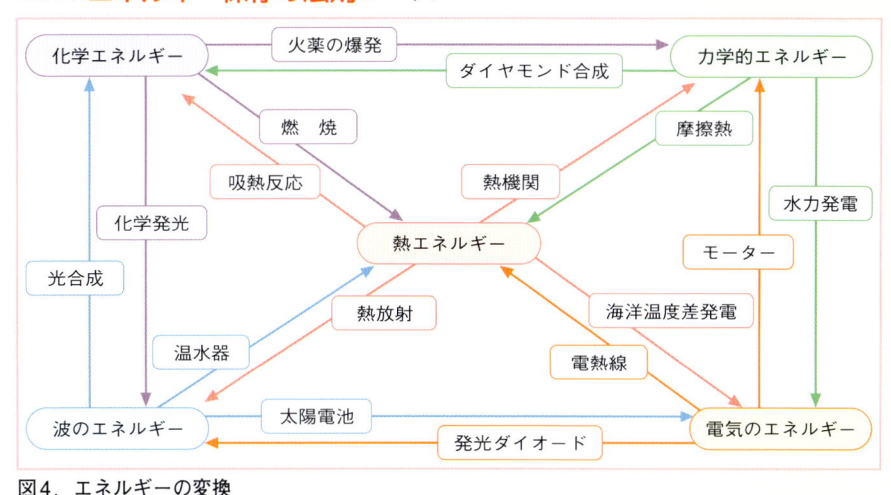

図4. エネルギーの変換

7 再生可能エネルギー

■ 火力発電や原子力発電では，石油燃料や核燃料の燃焼によって電気エネルギーを得ているが，資源に限りがある。これに対して，太陽光による発電や，地熱，風力発電は資源がほぼ無限と考えてよい。これを**再生可能エネルギー**と呼び，実用化の研究が進められている。

2 原子と放射線

☆1.
原子 ┏ 電子(−)
　　 ┗ 原子核 ┏ 陽子(+)
　　　　　　　┗ 中性子

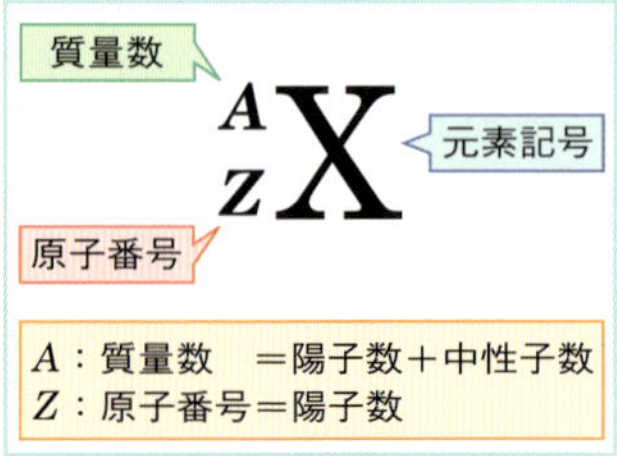

質量数
$^A_Z X$ 元素記号
原子番号

A：質量数　＝陽子数＋中性子数
Z：原子番号＝陽子数

図1．原子・原子核を示す記号
たとえば，質量数12の炭素原子やその原子核は，$^{12}_6 C$と示される。左下の原子番号は，必要に応じて省略してもよい。

☆2．陽子と中性子の質量はほぼ同じであるが，電子の質量はこれらの約2000分の1である。

解き方 問1．
質量数＝陽子の数＋中性子の数
原子番号＝陽子の数
答　陽子の数　中性子の数
① 　92　　　143
② 　 2　　　　2
③ 　 6　　　　8

1 原子と原子核

■ すべての物質は原子で構成されていて，原子はさらに**原子核**と**電子**で構成されている。原子核は正の電荷をもった**陽子**と，電気的に中性な**中性子**で構成されている。

■ 陽子の数は元素の種類によって決まり，この数を**原子番号**という。通常は電子も陽子と同じ数である。核の中に存在する陽子と中性子の数の和を**質量数**という。

■ 電子の質量は陽子や中性子に比べて小さいので，原子の質量は陽子と中性子の数でほぼ決まる。

2 同位体

■ 同じ元素でも中性子の数が異なる原子がある。同じ元素なので，陽子の数は同じである。同一元素の原子であっても，質量数の異なる原子核をもつ原子を，たがいに**同位体**（**アイソトープ**）であるという。

■ 天然の**ウラン**（原子番号92）には，質量数が234，235，238の3種類の同位体が存在する。

問 1．次の原子の陽子の数と中性子の数を求めよ。
① $^{235}_{92}U$　　② $^4_2 He$　　③ $^{14}_6 C$

■ 同位体は，天然に存在する比率はほぼ一定で，化学的な性質もほぼ同じである。しかし，同位体のなかには原子核が不安定で**自ら放射線を出して別の原子核に変わる**ものがある。このような性質をもつ同位体を**放射性同位体**（**ラジオアイソトープ**）という。カリウム40や炭素14はこの例である。

■ また，中性子を吸収して核分裂を起こす性質（核分裂性）をもった同位体も存在する。ウラン235はこの例で，原子炉の燃料として使われている。

3 原子核の崩壊

■ 放射性同位体は不安定で，原子核から放射線という高エネルギーの粒子や電磁波を出して，別の原子に変わる。これを**放射性崩壊**，または**崩壊**という。

4 放射線

自然に放射線を出す性質を**放射能**といい、放射線には、**α線**、**β線**、**γ線**、**X線**、**中性子線**などがある。

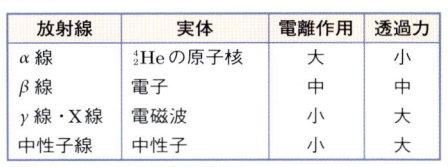

放射線	実体	電離作用	透過力
α線	$^4_2$He の原子核	大	小
β線	電子	中	中
γ線・X線	電磁波	小	大
中性子線	中性子	小	大

表1. 放射線の実体と性質

■ **α線**…放射性同位体の原子核からα粒子(高速なヘリウム原子核)が放出される。これを**α線**という。ヘリウム原子核は陽子2個、中性子2個なので、α線を出した**原子核は原子番号が2小さく、質量数は4小さい原子核に変換される**。この現象を**α崩壊**ともいう。α線は1枚の紙でさえぎることができる。

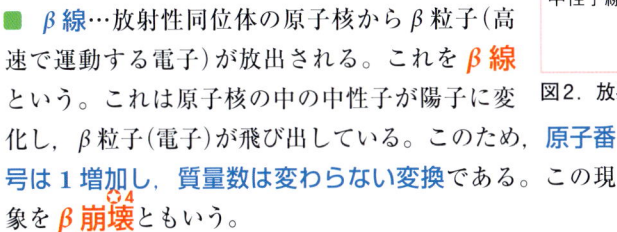

■ **β線**…放射性同位体の原子核からβ粒子(高速で運動する電子)が放出される。これを**β線**という。これは原子核の中の中性子が陽子に変化し、β粒子(電子)が飛び出している。このため、**原子番号は1増加し、質量数は変わらない変換**である。この現象を**β崩壊**ともいう。

■ **γ線**…原子核から放出される高エネルギーの電磁波を**γ線**という。α線やβ線よりも透過力が強い。

■ **X線**…軌道電子から放出される高エネルギーの電磁波を**X線**という。

■ **中性子線**…中性子の流れであり、透過力が非常に高い。

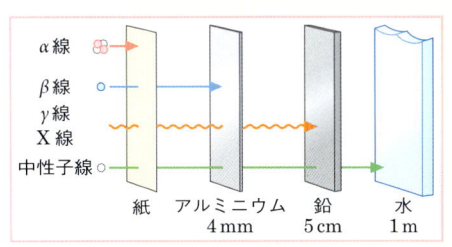

図2. 放射線の透過力
(紙、アルミニウム 4mm、鉛 5cm、水 1m)

3.
α崩壊の例
$$^{226}_{88}\text{Ra} \longrightarrow ^4_2\text{He} + ^{222}_{86}\text{Rn}$$

4.
β崩壊の例
$$^{206}_{81}\text{Tl} \longrightarrow ^{\ \ 0}_{-1}e^- + ^{206}_{82}\text{Pb}$$

放射性同位体	半減期
ウラン ^{238}U	4.47×10^9 年
カリウム ^{40}K	1.28×10^9 年
炭素 ^{14}C	5.73×10^3 年
セシウム ^{134}Cs	2.06 年
ラドン ^{222}Rn	3.83 日
ケイ素 ^{27}Si	4.16 秒

表2. 放射性同位体と半減期

5 半減期 〔発展〕

■ 放射性同位体はα線やβ線を放出して崩壊するが、この崩壊は原子核自身のもつエネルギーによっておこる。外部から力を加えたり熱を加えても崩壊の速さに変化はない。

■ 1個の放射性原子がいつ崩壊するかはわからないが、同種の放射性原子の集団が崩壊する速さは決まっている。

■ 放射性原子が多数存在するとき、原子核の数が元の数の半分になるまでの時間を**半減期**という。半減期の値は右の表のように、放射性同位体によって異なる。

■ $t=0$ での原子核の数を N_0、半減期を T、時間 t で崩壊せずに残った原子核の数を N とすると、次の式が成り立つ。

$$N = N_0 \left(\frac{1}{2}\right)^{\frac{t}{T}}$$

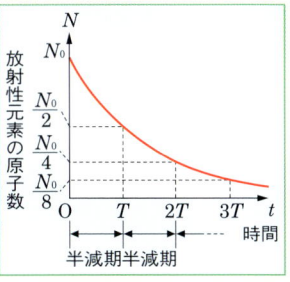

図3. 半減期

3 放射線の人体への影響

1 放射線の測定単位

■ **ベクレル〔Bq〕**…放射能の強さ

1秒間に1個の割合で原子核が崩壊するときの**放射能**の強さを，**1ベクレル**という。

■ **グレイ〔Gy〕**…放射線の量

物質1kgあたりに1Jのエネルギーを与える放射線の量を，**1グレイ**という。**吸収線量**とも呼ばれる。

■ **シーベルト〔Sv〕**…等価線量

人体が放射線を受けることを**被曝**という。被曝による人体への影響は，放射線の種類やエネルギーによって異なる。この違いを補正した放射線の量を**等価線量**といい，**シーベルト**という単位で表す。

■ さらに被曝の影響は，人体の組織や器官によっても異なる。これらを考慮した放射線の量を**実効線量**という。

■ 図1に示す値は実効線量であり，1 mSv/年が0.11μSv/sの実効線量にあたる。

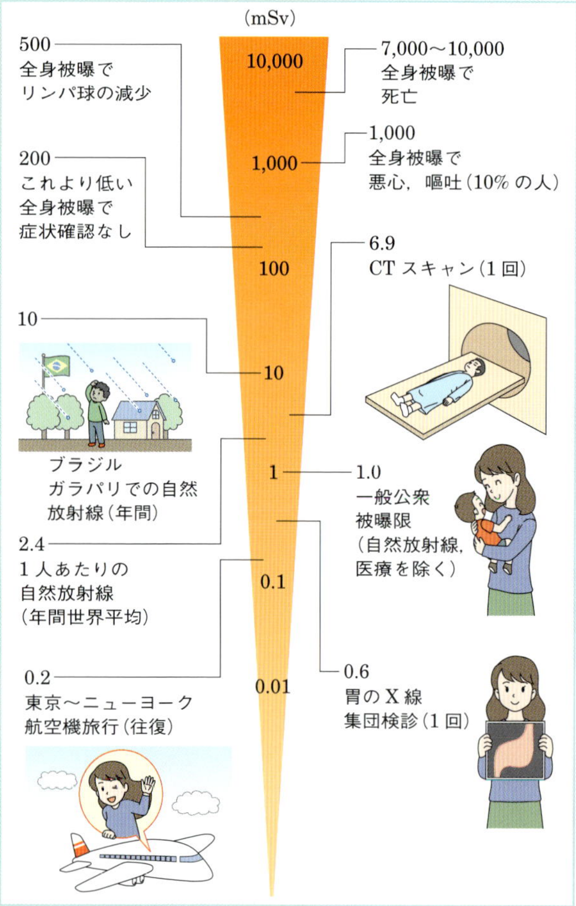

(mSv)
- 500 全身被曝でリンパ球の減少
- 200 これより低い全身被曝で症状確認なし
- 10,000 7,000～10,000 全身被曝で死亡
- 1,000 全身被曝で悪心，嘔吐（10%の人）
- 100
- 10
- 6.9 CTスキャン（1回）
- ブラジル ガラパリでの自然放射線（年間）
- 2.4 1人あたりの自然放射線（年間世界平均）
- 1 1.0 一般公衆被曝限（自然放射線，医療を除く）
- 0.2 東京～ニューヨーク航空機旅行（往復）
- 0.1
- 0.01 0.6 胃のX線集団検診（1回）

図1．実効線量

2 日常生活と放射線

■ 放射線は原子から電子をはじき飛ばす**電離作用**によって，原子をイオン化する。

■ イオン化された原子は，**DNAをはじめ細胞の一部を破壊する**。そのため，いちどに大量の放射線をあびると，生命にも危険がおよぶ。また，たとえ，低線量の被曝であっても，何らかの影響を受けると考えられている。

4 原子力エネルギー

1 核反応

■ ウラン235(^{235}U)の原子核に比較的遅い中性子を衝突させると、質量数が140程度と95程度の2つの原子核に分裂し、2～3個の速い中性子を放出する。このように原子核が別の原子核に変わる現象を**核反応**という。^{235}Uの核反応の一例をあげると、次のようになる。

$$^{235}_{92}U + ^{1}_{0}n \longrightarrow ^{90}_{38}Sr + ^{143}_{54}Xe + 3^{1}_{0}n$$

■ この核反応では、反応の前後で質量数（核子の数）の和と電荷の和は変わらない。しかし質量の和は反応の前後で減少している。この質量の減少分が熱エネルギーとして放出される。このエネルギーは化学反応によるエネルギーに比べてけた違いに大きい。

✧1. 遅い中性子 2000 m/s 程度

✧2. 速い中性子 10^7 m/s 程度

✧3. 質量数の大きな原子核が、比較的大きな原子核に分かれる反応を**核分裂**という。
質量数の小さい原子核どうしが衝突して、質量数の大きな原子核が作られる反応を**核融合**という。

2 連鎖反応

■ ^{235}Uの核反応によって発生した3個の中性子が、別の^{235}Uに衝突すれば、核反応が連続的におこる。これを核分裂の**連鎖反応**という。そのためには中性子を水や黒鉛などで減速しなければならない。

✧4. 連鎖反応を持続させるには、天然には0.7％しか存在しない^{235}Uの濃度を上げる必要がある。濃度を上げたものが、原子炉の燃料棒として使われている。

3 原子力発電のしくみ

■ 中性子を吸収する制御棒を用いて、連鎖反応が爆発的におこらないようにコントロールしているのが**原子炉**である。

■ **原子力発電**では、原子炉で発生した熱エネルギーを用いて水蒸気を発生させ、この水蒸気で発電機を回転させて発電している。火力発電は、水蒸気を発生させる方法が違うだけで、その後の発電方法は同じである。

■ 原子力発電は、地球温暖化の原因と考えられている二酸化炭素の排出はないが、放射性廃棄物の処理の問題や、想定外の自然災害に発電所が耐えられるのかという問題が指摘されている。

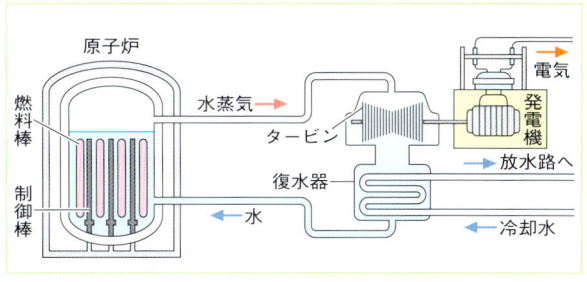

図2．原子力発電のしくみ
原子力発電だけでなく、火力発電や水力発電、風力発電など多くの発電は、何らかの方法によってタービン(羽根車)を回転させ、タービンに連結した発電機で電気をおこす、というしくみになっている。

付録 物理量の測定と扱い方

図1. 直径の測定

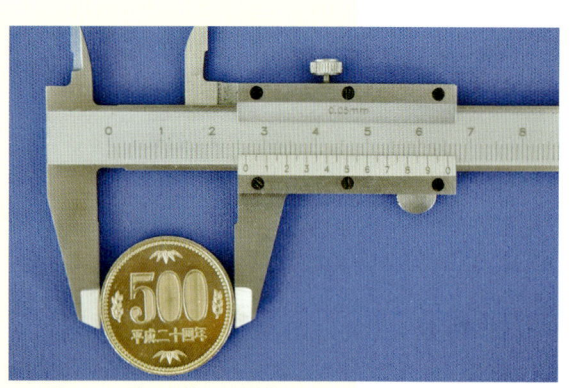

図2. ノギスを使った測定

表1．

1周期
1.96 s
2.06 s
1.99 s
1.99 s
2.03 s
2.02 s
2.04 s
2.03 s
2.00 s
2.02 s
10周期
20.14 s

表2．

10周期	1周期あたり
20.14 s	2.01 s
20.06 s	2.01 s
20.10 s	2.01 s
20.11 s	2.01 s
20.08 s	2.01 s
20.05 s	2.01 s
20.11 s	2.01 s
20.17 s	2.02 s
20.11 s	2.01 s
20.11 s	2.01 s

1 測定と誤差

■ 図1は500円硬貨の直径を測定する実験である。この写真より，直径は25.8 mmと読みとれる。このように，測定は最小目盛りの $\frac{1}{10}$ まで目分量で読みとるのが普通である。ただし，この実験では500円硬貨を平行な板で挟んでいないので，この値が正確に直径を測定した値なのか疑問である。大まかに測定すると，26 mmとなる。

■ もう少し正確な値を測定するために，ノギスを用いて測定した状態が図2である。これより，26.5 mmと読みとれる。マイクロメーターという測定器を用いると，さらに精度が向上し，26.549 mmとなる。しかしマイクロメーターを用いると，誤差が小さくなるだけで，誤差がなくなるわけではない。どんな測定値にも必ず誤差が含まれている。

2 測定方法

■ 測定方法をくふうすることでも，測定値の誤差を小さくすることができる。

■ たとえば，1.00 mの振り子の周期を測定したとする。1周期の時間をストップウォッチで測定したデータが表1である。最大値と最小値の差は0.10秒である。

■ これに対して，10回の振動周期を測定して10で割れば，1回の振動周期になる。これをくり返した結果が表2である。最大値と最小値の差は0.12秒であるが，1周期の結果は，ほぼどれも2.01秒になる。

3 有効数字

■ 500円硬貨の直径の測定では，定規で測った場合は約26 mmであった。この測定で信頼できる数字は2と6の2つである。これを有効数字2ケタという。

■ ノギスの測定では，2と6と5が信頼できる数字なので，

有効数字は3ケタである。同様に，マイクロメーターでは有効数字は5ケタとなる。

■ 26 mm = 0.026 m と表したとき，最初の0は位取りのためであり，有効数字に含まない。いっぽう，26.0 mm と表したときの有効数字は3ケタである。最後の0まで信頼できることを示すために，このように表現する。

■ 有効数字の桁数をはっきり示すには，

$$○.○○\cdots \times 10^n$$

の形で表す。先頭の○には，0以外の数字を入れる。上の場合，○が3つなので，有効数字3ケタである。この書き方を**指数表記**という。

問 1． 次の測定データを指数表記で表せ。
(1) 26.4 mm　(2) 0.150 m　(3) 0.02 A

4 有効数字を考慮した計算

■ 測定値どうしの四則演算の答えは，有効数字を何ケタまで答えたらいいのだろうか。

■ **和・差の計算**　5.82 mm と 10.2 mm と 1.54 mm のマッチ棒を継ぎ足したとしよう。全体の長さは，単純に計算すると17.56 mmである。この場合，右の計算図を見ると，10.2の小数第2位の値は不確かな値である。意味のある値は，最も精度の低い数値の最下位の値までと考えて，その1つ下の位を四捨五入して答えるという約束である。したがって全体の長さは，右の図の点線までで，17.6 mmとなる。

■ **積・商の計算**　26 mm と 33.0 mm の長方形の面積を考える。まず，単純に計算すると，

$$26 \times 33.0 = 858 \text{ mm}^2$$

である。この場合は，有効数字の少ないものに合わせて答える。有効数字が2ケタと3ケタのかけ算なので，四捨五入した後に2ケタで答える。すなわち，

$$8.6 \times 10^2 \text{ mm}^2$$

である。

> **ポイント**
> **和・差の計算**…単位をそろえて，最も精度の低いものに合わせて計算結果を示す
> **積・商の計算**…有効数字の最も少ないものに合わせて計算結果を示す

✿1．このように，26 mmと26.0 mmは有効数字が異なるので，まったく同じ意味ではない。

解き方 問1．
○.○○…×10^n の形にする。
答 (1) 2.64×10^1 mm
(2) 1.50×10^{-1} m
(3) 2×10^{-2} A

✿2．

```
   5.8│2
  10.2│
+) 1.5│4
───────
  17.5│6
```

> **■物理量の次元**
> ある物理量が，どのような物理量を組み合わせたものかを**次元**という。
> 基本的な次元には，長さ，質量，時間などがあり，それぞれ[L]，[M]，[T]と表す。
> 基本的な次元を組み合わせて作られた次元も，これらの記号を使って表せる。たとえば面積は長さ×長さなので，その次元は[L^2]と書ける。また，速さの次元は長さ÷時間なので，[LT^{-1}]と表せる。
>
> **■物理量の計算と単位**
> 物理量の和や差を計算する場合，物理量の単位をそろえておかなければならない。積や商を計算する場合は，かならずしも単位を同じにする必要はないが，同じ次元の単位をそろえておくと，計算の間違いをふせぎやすい。

物理量の測定と扱い方

定期テスト予想問題 の解答

1編 力と運動

1章 物体の運動 …… p.17

1

$25\,\text{m/s}$, $90\,\text{km/h}$

[考え方] 平均の速さ $= \dfrac{100}{4.0} = 25\,\text{m/s}$

$25\,\text{m/s} = 25 \times \dfrac{\dfrac{1}{1000}\,\text{km}}{\dfrac{1}{3600}\,\text{h}} = 25 \times 3.6\,\text{km/h}$

$= 90\,\text{km/h}$

2

(1) 右向き（川の流れの向き）に $2.2\,\text{m/s}$
(2) 右向き（川の流れの向き）に $0.20\,\text{m/s}$

[考え方] (1) 川の流れの速度とA君の速度を合成すると,
 $0.80 + 1.4 = 2.2\,\text{m/s}$
で右向き（川の流れの向き）に動いている。
(2) Bさんの速度は，右向きを正とすると，$-0.60\,\text{m/s}$。川の流れの速度と合成した速度は，
 $0.80 + (-0.60) = 0.20\,\text{m/s}$

3

$12\,\text{m/s}$

[考え方] 雨の速度を $\vec{v_1}$，電車の速度を $\vec{v_2}$ とすると，電車から見た雨の相対速度 $\vec{v}$ は，$\vec{v} = \vec{v_1} - \vec{v_2}$ だから，

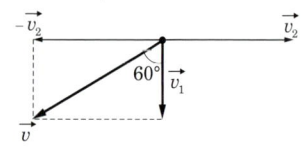

図より，$\tan 60° = \dfrac{v_2}{v_1}$

∴ $v_1 = \dfrac{v_2}{\tan 60°} = \dfrac{20}{\sqrt{3}} = \dfrac{20\sqrt{3}}{3}$

$= \dfrac{20 \times 1.73}{3} = 11.53\cdots ≒ 12\,\text{m/s}$

4

(1) $0.40\,\text{m/s}^2$ (2) $-0.30\,\text{m/s}^2$
(3) $6000\,\text{m}$

[考え方] (1) $v\text{-}t$ グラフの傾きが加速度だから，
 加速度 $= \dfrac{24 - 0}{60} = 0.40\,\text{m/s}^2$
(2) (1)と同様に，
 加速度 $= \dfrac{0 - 24}{320 - 240} = -0.30\,\text{m/s}^2$
(3) $v\text{-}t$ グラフで囲まれる面積が距離だから，
 距離 $= \{(240 - 60) + 320\} \times 24 \times \dfrac{1}{2}$
 $= 6000\,\text{m}$

5

(1) $2.0\,\text{m/s}^2$ (2) $54\,\text{m}$
(3) $1.5\,\text{s}$ (4) $100\,\text{m}$

[考え方] (1) $v = v_0 + at$ より，加速度 a は，
 $15 = 3.0 + a \times 6.0$ ∴ $a = 2.0\,\text{m/s}^2$
(2) PQ間の距離を x_1 とすると,
 $x_1 = v_0 t + \dfrac{1}{2}at^2$ より,
 $x_1 = 3.0 \times 6.0 + \dfrac{1}{2} \times 2.0 \times 6.0^2 = 54\,\text{m}$
(3) 求める時間を t_1 とすると，$v = v_0 + at_1$ より,
 $3.0 = 0 + 2.0 \times t_1$ ∴ $t_1 = 1.5\,\text{s}$
(4) 求める距離を x_2 とすると，$v^2 - v_0^2 = 2ax_2$ より,
 $20^2 - 0^2 = 2 \times 2.0 \times x_2$ ∴ $x_2 = 100\,\text{m}$

6

(1) $0\,\text{m/s}$ (2) $-0.50\,\text{m/s}^2$ (3) $6.0\,\text{s}$
(4) $7.0\,\text{m}$ (5) $25\,\text{m}$ (6) $20\,\text{s}$

[考え方] 速度では向きにも注意する。
(1) もっとも離れた点Bでは，小球の運動の向きが x 軸の正の向きから負の向きに変化するところだから，一瞬止まる。つまり，速

さは 0 である。
(2) 加速度をaとすると，$v = v_0 + at$ より，
$0 = 4.0 + a \times 8.0$ ∴ $a = -0.50\,\text{m/s}^2$
(3) 求める時間をt_Aとすると，$v = v_0 + at_A$ より，
$1.0 = 4.0 - 0.50 \times t_A$ ∴ $t_A = 6.0\,\text{s}$
(4) 求める変位をx_Cとすると，
$v^2 - v_0^2 = 2ax_C$ より，
$(-3.0)^2 - 4.0^2 = 2 \times (-0.50) \times x_C$
∴ $x_C = 7.0\,\text{m}$
(5) OB間の距離をx_Bとすると，
$0^2 - 4.0^2 = 2 \times (-0.50) \times x_B$
∴ $x_B = 16\,\text{m}$
よって，求める距離（道のり）x_C'は，
$x_C' = 2x_B - x_C = 2 \times 16 - 7.0 = 25\,\text{m}$
(6) 求める時間をtとして，
$x = v_0 t + \dfrac{1}{2}at^2$ より，
$-20 = 4.0t + \dfrac{1}{2} \times (-0.50) \times t^2$
∴ $t^2 - 16t - 80 = 0$
$(t+4)(t-20) = 0$
$t = 20, -4$
$t > 0$ だから，20 s

7

(1) 向き：x軸上負の向き
 大きさ：**2.0 m/s^2**
(2) 時間：**4.0 s 後**，変位：**16 m**
(3) 変位：**12 m**，道のり：**20 m**

考え方 (1) v-tグラフの傾きは，
 傾き $= \dfrac{0 - 8.0}{4.0} = -2.0$
よって，向きはx軸上で負の向き，大きさは2.0 m/s^2。
(2) Oからもっとも遠ざかるのは，速さが0になるときだから4.0 s 後。変位x_1は，
$x_1 = 4.0 \times 8.0 \times \dfrac{1}{2} = 16\,\text{m}$
(3) 4.0～6.0秒までは，x軸上を逆向きにもどってくる。4.0～6.0秒に進む距離lは，
$l = (6.0 - 4.0) \times (-4.0) \times \dfrac{1}{2} = -4.0\,\text{m}$
よって，変位x_2は，

$x_2 = x_1 + l = 16 + (-4.0) = 12\,\text{m}$
道のりl_1は，
$l_1 = x_1 - l = 16 - (-4.0) = 20\,\text{m}$

8

(1) 速さ：**20 m/s**，落下距離：**20 m**
(2) **3.0 s** (3) **1 倍** (4) $t = 2.0$

考え方 (1) $v = gt$ より，速さvは，
$v = 9.8 \times 2.0 = 19.6 ≒ 20\,\text{m/s}$
$y = \dfrac{1}{2}gt^2$ より，落下距離yは，
$y = \dfrac{1}{2} \times 9.8 \times 2.0^2 = 19.6 ≒ 20\,\text{m}$
(2) 求める時間をt_1とすると，
$44.1 = \dfrac{1}{2} \times 9.8 \times t_1^2$ ∴ $t_1 = 3.0\,\text{s}$
(3) $y = \dfrac{1}{2}gt^2$の式には，質量mがない。つまり，質量に無関係である。よって，落下時間は同じなので1倍である。
(4) 小球Bを投げ下ろしてから着水するまでの時間をt'とすると，
$44.1 = 39.2t' + \dfrac{1}{2} \times 9.8 \times t'^2$
∴ $t'^2 + 8t' - 9 = 0$
$(t'+9)(t'-1) = 0$
$t' = 1$ ($t' > 0$)
よって，求める値tは，
$t = 3.0 - 1.0 = 2.0\,\text{s}$

9

(1) 高さ：**73.5 m**，速度：上向き，**9.8 m/s**
(2) 速度：**0 m/s**，高さ：**78.4 m**
 経過時間：**4.0 s**
(3) 速度：下向き，**39.2 m/s**
 経過時間：**8.0 s**
(4) 速度：下向き，**49.0 m/s**
 経過時間：**9.0 s**

考え方 (1) $y = v_0 t - \dfrac{1}{2}gt^2$ より，高さy_1は，
$y_1 = 39.2 \times 3.0 - \dfrac{1}{2} \times 9.8 \times 3.0^2 = 73.5\,\text{m}$
$v = v_0 - gt$ より，速度v_1は，

$v_1 = 39.2 - 9.8 \times 3.0 = 9.8$

速度は上向き，**9.8 m/s**

(2) 最高点での速度は 0 m/s である。

$v^2 - v_0^2 = -2gy$ より，高さ y_2 は，

$0^2 - 39.2^2 = -2 \times 9.8 \times y_2$

∴ $y_2 = 78.4$ m

$v = v_0 - gt$ より，経過時間 t_2 は，

$0 = 39.2 - 9.8 \times t_2$ ∴ $t_2 = 4.0$ s

(3) $y = v_0 t - \dfrac{1}{2}gt^2$ より，経過時間 t_3 は，

$0 = 39.2 \times t_3 - \dfrac{1}{2} \times 9.8 \times t_3^2$

∴ $t_3^2 - 8 t_3 = 0$

$t_3(t_3 - 8) = 0$

$t_3 = 0, 8$

$t_3 = 0$ s は打ち上げたときだから，求める時間は 8.0 s である。

$v = v_0 - gt$ より，速度 v_3 は，

$v_3 = 39.2 - 9.8 \times 8.0 = -39.2$

速度は下向き，**39.2 m/s**。

(4) $y = v_0 t - \dfrac{1}{2}gt^2$ より，求める経過時間 t_4 は，

$-44.1 = 39.2 \times t_4 - \dfrac{1}{2} \times 9.8 \times t_4^2$

∴ $t_4^2 - 8 t_4 - 9 = 0$

$(t_4 - 9)(t_4 + 1) = 0$

$t_4 = 9, -1$

ここで，$t_4 > 0$ だから，$t_4 = 9.0$ s

$v = v_0 - gt$ より，速度 v_4 は，

$v_4 = 39.2 - 9.8 \times 9.0 = -49$

速度は下向き，**49.0 m/s**。

❿

(1) **2.0 秒後**　(2) **39.2 m**

(3) A：下向き，**9.8 m/s**，B：上向き，**9.8 m/s**

[考え方] (1) B を投げ上げて，t 秒後に A と出合うとすると，A を投げ上げてから $(t+2)$ 秒だけ経過しているので，A と B の高さ y が等しいとして，

$y = 29.4 \times t - \dfrac{1}{2} \times 9.8 \times t^2$

$\quad = 29.4 (t + 2.0) - \dfrac{1}{2} \times 9.8 \times (t + 2.0)^2$

これより，$t = 2.0$ s

(2) $y = v_0 t - \dfrac{1}{2}gt^2$ より

$y = 29.4 \times 2.0 - \dfrac{1}{2} \times 9.8 \times 2.0^2 = 39.2$ m

(3) A は投げ上げてから 4.0 s 後なので，

$v = 29.4 - 9.8 \times 4.0 = -9.8$

つまり，下向きに 9.8 m/s。

B は投げ上げてから 2.0 s 後なので，

$v = 29.4 - 9.8 \times 2.0 = 9.8$

つまり，上向きに 9.8 m/s。

⓫

時刻〔s〕	位置〔m〕	位置の変化〔m〕	速さ〔m/s〕	速さの変化〔m/s〕	加速度〔m/s²〕
0	0				
		0.013	0.26		
0.05	0.013			0.48	9.6
		0.037	0.74		
0.10	0.050			0.48	9.6
		0.061	1.22		
0.15	0.111			0.46	9.2
		0.084	1.68		
0.20	0.195			0.52	10.4
		0.110	2.20		
0.25	0.305			0.50	10.0
		0.135	2.70		
0.30	0.440			0.50	10.0
		0.160	3.20		
0.35	0.600				

加速度の平均：**9.8 m/s²**

[考え方] 重力加速度の測定である。表中の加速度は，すべてがほぼ同じ値になる（等加速度直線運動）はずだが，測定では誤差が出る。

2章 力　　　　　　　　　　　　　　p.28

❶

(1) **19.6 N**　(2) **400 N/m**　(3) **20 cm**

[考え方] (1) 重力 $= mg = 2.0 \times 9.8 = 19.6$ N

(2) フックの法則の式 $F = kx$ より，

$k = \dfrac{F}{x} = \dfrac{19.6}{4.9 \times 10^{-2}} = 400$ N/m

(3) フックの法則より，のびを x として，

$x = \dfrac{F}{k} = \dfrac{80}{400} = 0.2$ m $= 20$ cm

❷

(1) **49 N**　　(2) **42 N**　　(3) **25 N**

[考え方] (1) 重力 $W = 5.0 \times 9.8 = 49\,\text{N}$

(2) $N = W\cos 30°$
$= 49 \times \dfrac{\sqrt{3}}{2}$
$= \dfrac{49 \times 1.73}{2}$
$= 42.3\cdots \fallingdotseq 42\,\text{N}$

(3) $T = W\sin 30°$
$= 49 \times \dfrac{1}{2} = 24.5 \fallingdotseq 25\,\text{N}$

❸

(1) p_0　　(2) $p_0 + \dfrac{mg}{S}$

[考え方] (1) 気体の圧力 p_1 は大気圧 p_0 に等しいので，$p_1 = p_0$ [Pa]

(2) 気体が押す力 $p_2 S$ は，大気の押す力 $p_0 S$ とピストンの重力 mg の和に等しいから，
$p_2 S = p_0 S + mg$
∴ $p_2 = p_0 + \dfrac{mg}{S}$ [Pa]

❹

0.14 N

[考え方] 浮力は，ピンポン球が押しのけた水の重力に等しいので，
浮力 $= 1.4 \times 10^{-5} \times 1.0 \times 10^{3} \times 9.8 = 0.1372$
$\fallingdotseq 0.14\,\text{N}$

❺

(1) **1 N**　(2) **1 N**　(3) **2.2 N**　(4) **−2 N**

[考え方] (1) 図より，求める力 $F_{1x} = 1\,\text{N}$

(2) 右の図より，求める力 $F_{2y} = 1\,\text{N}$

(3) 合力は図のようになり，
合力 $= \sqrt{1^2 + 2^2}$
$= \sqrt{5} \fallingdotseq 2.2\,\text{N}$

(4) 第 4 の力 F_4 は図のようになり，x 成分は $-2\,\text{N}$ である。

❻

(1) **23 N**　　(2) **4.6 cm**　　(3) **45 N**

[考え方] (1) 弾性力を F とすると，図より，
$\tan 30° = \dfrac{F}{mg}$
∴ $F = mg\tan 30°$
$= 4.0 \times 9.8 \times \dfrac{\sqrt{3}}{3} = 22.60\cdots \fallingdotseq 23\,\text{N}$

(2) フックの法則より，のび x は，
$x = \dfrac{F}{k} = \dfrac{22.6}{490}$
$= 0.0461\cdots \text{m} \fallingdotseq 4.6\,\text{cm}$

(3) 張力 T は，図より，
$\cos 30° = \dfrac{mg}{T}$
∴ $T = \dfrac{mg}{\cos 30°} = 4.0 \times 9.8 \times \dfrac{2}{\sqrt{3}}$
$= 45\,\text{N}$

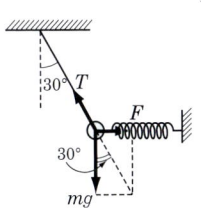

❼

(1) F_3, F_4, F_5　　(2) F_1, F_4
(3) F_3, F_4　　(4) F_3

[考え方] それぞれの力は，次のように表せる。
　F_1：地球が A を引く力
　F_2：B が A を押す力
　F_3：A が B を押す力
　F_4：地球が B を引く力
　F_5：床が B を押す力
　F_6：B が床を押す力

(1) 上記の「を」の前の語句が「B」の力は F_3, F_4, F_5 である。これが B にはたらく力である。

(2) 重力は「地球が引く力」である。つまり，F_1 と F_4 である。

(3) B にはたらく力は F_3, F_4, F_5。

(4) A が B におよぼす力が答えである。

❽

(1) **40cm**　(2) **40cm**　(3) **40cm**

考え方 (1) 2.0kgの物体には重力 $mg = 2.0 \times 9.8 = 19.6$ N の力が加わり，この力はばねにも加わっている。したがって $F = kx$ より，
$19.6 = 49 \times x$
∴ $x = 0.40$ m $= 40$ cm ばねがのびる。
しかし，ばねに注目すると，ばねは下向きに 19.6 N の力だけが加わっているわけではない。そうだとすると，ばねは下に動いてしまう。ばねは止まっているのだから上向きに 19.6 N の力が加わっている。この力は天井からはたらいている。ばねに加わる力を図示すると右の図のようになる。

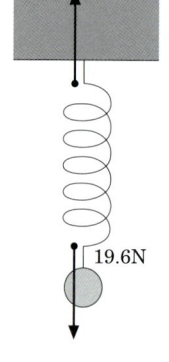

(2) これも，2.0kgのおもりにはたらく力が糸を介してばねに加わっている。のびの長さ x は，
$19.6 = 49 \times x$
∴ $x = 0.40$ m $= 40$ cm
この場合もばねは静止しているので，力は下の図のようになり，

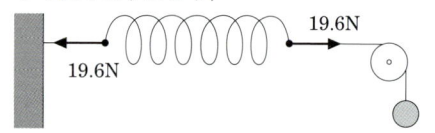

ばねは左右の2力でつり合って静止する。

(3) ばねに加わる力を図示すると以下のようになる。

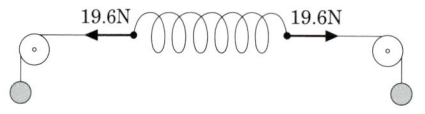

ばねは両側から 19.6 N の力を受けて静止している。この力の図は，(1)も(2)も同じである。のびの長さは 40 cm である。この(3)は両側におもりがあるので，のびの長さは2倍の 80 cm

と答えてしまうことが多いので注意が必要である。

❾

(1) **14N**　(2) **49N**　(3) **35N**

考え方 (1) $F = kx = 70 \times 0.20 = 14$ N
(2) （重力）$= mg = 5.0 \times 9.8 = 49$ N
(3)

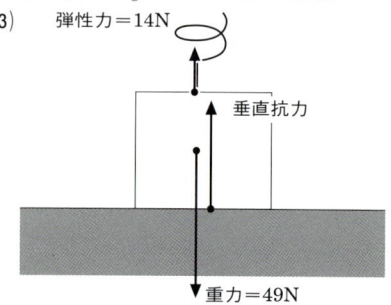

物体に重力と弾性力だけがはたらいていたとすると，重力のほうが大きいので，物体は机上にめりこんでしまう。
物体は静止しているのだから，力はつり合っているはずである。
　弾性力 + 垂直抗力 = 重力
だから，垂直抗力は上向きに
　$49 - 14 = 35$ N
である。

❿

(1) **0.70 N**
(2) **0.70 N**，物体から水に下向き
(3) **0.3 N**
(4) **370 g**

考え方 (1) 物体が排除した液体(水)の体積は 70 cm³ で，この水の質量は 0.070 kg である。浮力はこの重さに等しいので，
　$0.070 \times 10 = 0.70$ N
(2) 浮力は「水から物体に上向きにはたらく力」である。この力の反作用は「物体から水に下向きにはたらく力」である。大きさは同じなので 0.70 N である。

(3)

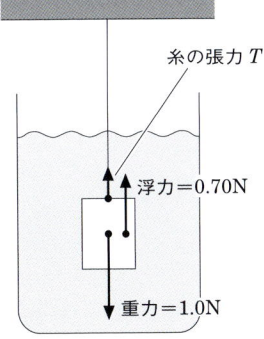

糸の張力 T
浮力＝0.70N
重力＝1.0N

物体は静止しているので，力はつり合っている。
　　（上向きの力）＝（下向きの力）
　　　0.70 + T = 1.0
　　∴　T = 0.3 N

(4)

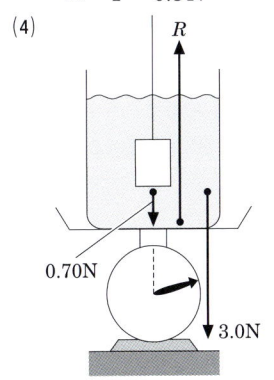

R
0.70N
3.0N

水の入ったビーカーに注目すると，つり合って静止しているので，
　　（下向きの力）＝（上向きの力）
　　3.0 + 0.70 = R（はかりがビーカーを押す力）
　　∴　R = 3.7 N
この R の反作用がはかりに加わる力となるので，はかりに加わる力も 3.7 N。
よって，はかりが示す値は，
$\dfrac{3.7}{10}$ = 0.37 kg = 370 g

3章 運動の法則　　　　p.42

1

(1) $0.80 \, \text{m/s}^2$　　(2) $2.0 \times 10^4 \, \text{N}$
(3) $1.5 \, \text{m/s}^2$

考え方　(1) $F = ma$ より，
　　$a = \dfrac{F}{m} = \dfrac{40}{50} = 0.80 \, \text{m/s}^2$
(2) $F = ma = 400 \times 50 = 20000 = 2.0 \times 10^4 \, \text{N}$
(3) 合力 F は，$5.0 - 2.0 = 3.0 \, \text{N}$（右向き）
　　$a = \dfrac{F}{m} = \dfrac{3.0}{2.0} = 1.5 \, \text{m/s}^2$

2

(1) $4.9 \, \text{N}$
(2) 重力：$4.9 \, \text{N}$，張力：$6.4 \, \text{N}$
(3) $2.9 \, \text{N}$
(4) $0 \, \text{N}$

考え方　(1) 張力 T_1 は重力 mg とつり合っているので，
　　$T_1 = mg = 0.50 \times 9.8 = 4.9 \, \text{N}$
(2) 重力は，物体の静止中も運動中も同じで，mg である。よって，
　　$mg = 0.50 \times 9.8 = 4.9 \, \text{N}$
張力を T_2 とすると，上向きを正として，運動方程式は，
　　$ma = T_2 - mg$
　　∴　0.50×3.0
　　　　$= T_2 - 0.50 \times 9.8$
　　　　$T_2 = 6.4 \, \text{N}$
(3) (2)と同様にして，$a = -4.0 \, \text{m/s}^2$ を代入すると，運動方程式は，
　　$0.50 \times (-4.0) = T_3 - 0.50 \times 9.8$
　　$T_3 = 2.9 \, \text{N}$
(4) (2)と同様にして，$a = -9.8 \, \text{m/s}^2$ を代入すると，
　　$0.50 \times (-9.8) = T_4 - 0.50 \times 9.8$
　　$T_4 = 0 \, \text{N}$

3

(1) $6.2 \, \text{m/s}^2$　　(2) $16 \, \text{N}$

定期テスト予想問題の解答　**159**

考え方 (1)(2) おもりA，Bにはたらく力を図のように示す。A，Bの加速度をa，糸2の張力をTとして，おもりA，Bの運動方程式を立てると，
A：$4.0 \times a = 80 - T - 4.0 \times 9.8$ ……①
B：$1.0 \times a = T - 1.0 \times 9.8$ …②
①，②の連立方程式を解いて，
$a = 6.2 \text{m/s}^2$
$T = 16 \text{N}$

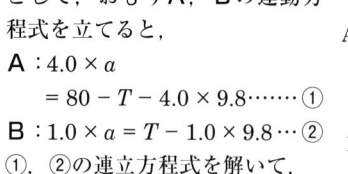

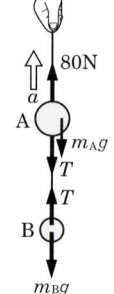

4

(1) $Ma = Mg - T$ (2) $ma = T - mg$
(3) $a = \dfrac{M-m}{M+m}g$, $T = \dfrac{2Mm}{M+m}g$

考え方 (3) 文字式の連立方程式の解法には十分に慣れておくこと。
(1)(2)より，
$Ma = Mg - T$ ……………………①
$ma = T - mg$ ……………………②
①＋②より，
$(M+m)a = (M-m)g$
∴ $a = \dfrac{M-m}{M+m}g$
これを②に代入して，
$m \times \dfrac{M-m}{M+m}g = T - mg$
$T = \dfrac{m(M-m)}{M+m}g + mg$
$= \dfrac{Mm - m^2 + Mm + m^2}{M+m}g = \dfrac{2Mm}{M+m}g$

5

加速度：2.5m/s^2，張力：15N

考え方 物体A，Bにはたらく力を図示すると，図のようになる。

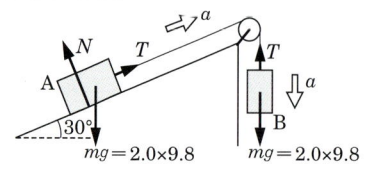

加速度をa，張力をTとすると，物体Aの運動方程式は，
$2.0 \times a = T - 2.0 \times 9.8 \times \sin 30°$ ………①
物体Bの運動方程式は，
$2.0 \times a = 2.0 \times 9.8 - T$ ………………②
①，②の連立方程式を解いて，
$a = 2.45 ≒ 2.5 \text{m/s}^2$
$T = 14.7 ≒ 15 \text{N}$

6

(1) 25N (2) 15N (3) 39N (4) 20N

考え方 (1) 物体が動きだすまでは，摩擦力と引く力はつり合いの関係である。この場合，最大摩擦力$F_{\max}$＝引く力fだから，
$f = F_{\max} = \mu N = \mu mg$
$= 0.50 \times 5.0 \times 9.8 = 24.5 ≒ 25 \text{N}$
(2) (1)と同様に，静止摩擦力と引く力は等しいので，静止摩擦力は15N。
(3) 質量が全部で8.0kgになるので，
$F_{\max} = 0.50 \times 8.0 \times 9.8 = 39.2 ≒ 39 \text{N}$
(4) 動摩擦力F'は，
$F' = \mu' N = \mu' mg$
$= 0.40 \times 5.0 \times 9.8 = 19.6 ≒ 20 \text{N}$

7

(1) $ma = F - mg\sin\theta$
(2) $a = \dfrac{F}{m} - g\sin\theta$
(3) $mg\sin\theta$
(4) $a' = \dfrac{F}{m} - g(\sin\theta + \mu'\cos\theta)$

考え方 (1)(2) 物体にはたらく斜面に平行な方向の力は，F（上向き）と$mg\sin\theta$（下向き）である。よって，運動方程式は，
$ma = F - mg\sin\theta$
これより，
$a = \dfrac{F}{m} - g\sin\theta$

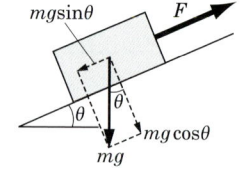

(3) 斜面にそって上向きに物体が動くためには，$a>0$ でなくてはならない。つまり，
$$ma = F - mg\sin\theta > 0$$
$$\therefore \quad F > mg\sin\theta$$

(4) 動摩擦力 $\mu'N = \mu'mg\cos\theta$ が斜面にそって下向きにはたらくから，運動方程式は，
$$ma' = F - mg\sin\theta - \mu'mg\cos\theta$$
$$\therefore \quad a' = \frac{F}{m} - g(\sin\theta + \mu'\cos\theta)$$

8

(1) $N = mg - f\sin\theta$
(2) $f = \dfrac{\mu mg}{\cos\theta + \mu\sin\theta}$

考え方 (1) 物体には，図のように力がはたらいている（F は静止摩擦力）。鉛直方向の力のつり合いより，
$$N + f\sin\theta = mg$$
$$\therefore \quad N = mg - f\sin\theta$$

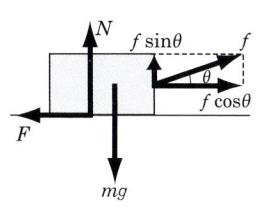

(2) 最大摩擦力を $F_{\max}$ とすると，
$$F_{\max} = f\cos\theta$$
よって，
$$\mu N = \mu(mg - f\sin\theta) = f\cos\theta$$
$$\therefore \quad f = \frac{\mu mg}{\cos\theta + \mu\sin\theta}$$

9

(1) 加速度：**1.6 m/s²**，張力：**8.2 N**
(2) **9.8 N**
(3) 加速度：**2.5 m/s²**，張力：**22 N**

考え方 (1)

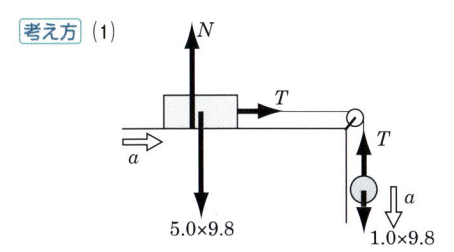

図のように，張力を T，加速度を a とすると，物体A，Bの運動方程式は，
 A：$5.0 \times a = T$ ……………①
 B：$1.0 \times a = 1.0 \times 9.8 - T$ ……………②
①，②の連立方程式を解いて，
$$a = 1.63\cdots \fallingdotseq 1.6\,\text{m/s}^2$$
$$T = 8.16\cdots \fallingdotseq 8.2\,\text{N}$$

(2) 物体Aの静止摩擦力 F は物体Bの重力と等しいので，
$$F = 1.0 \times 9.8 = 9.8\,\text{N}$$

(3) 張力を T'，加速度を a' とすると，物体Aに動摩擦力 $F' = \mu'N = 0.20 \times 5.0 \times 9.8 = 9.8\,\text{N}$ がはたらくことを考慮して物体A，Bの運動方程式を立てると，
 A：$5.0 \times a' = T' - 0.20 \times 5.0 \times 9.8$ ……③
 B：$3.0 \times a' = 3.0 \times 9.8 - T'$ ……………④
③，④の連立方程式を解いて，
$$a' = 2.45 \fallingdotseq 2.5\,\text{m/s}^2$$
$$T' = 22.05 \fallingdotseq 22\,\text{N}$$

4章 仕事と力学的エネルギー ……… p.56

1

(1) **2.4×10^4 J**　(2) **200 W**
(3) **8.0×10^3 J**

考え方 (1) 仕事 $W = Fs$ より，
$$W = 400 \times 60 = 24000 = 2.4 \times 10^4\,\text{J}$$
(2) 仕事率 $P = \dfrac{W}{t}$ だから，
$$P = \frac{24000}{2 \times 60} = 200\,\text{W}$$
(3) $W = Fs\cos\theta$ より，
$$W = 400 \times 40 \times \cos 60°$$
$$= 8000 = 8.0 \times 10^3\,\text{J}$$

2

(1) **140 J**　(2) **−98 J**　(3) **−34 J**
(4) **0 J**

考え方 $W = Fs\cos\theta$ で考える。

(1) $W = 35 \times 4.0 \times \cos 0° = 140\,\text{J}$
(2) $W = 5.0 \times 9.8 \times 4.0 \times \cos 120° = -98\,\text{J}$
(3) $W = 0.20 \times 5.0 \times 9.8 \times \cos 30° \times 4.0$
    $\qquad \times \cos 180°$
    $= 0.20 \times 5.0 \times 9.8 \times \dfrac{\sqrt{3}}{2} \times 4.0 \times (-1)$
    $= -33.9\cdots ≒ -34\,\text{J}$
(4) $W = 5.0 \times 9.8 \times \cos 30° \times 4.0 \times \cos 90° = 0\,\text{J}$

❸

$2.4 \times 10^4\,\text{kW}$

[考え方] 1秒間に落下する水の質量 m は，
$m = 60 \times 1.0 \times 10^3 = 6.0 \times 10^4\,\text{kg}$
水の重力による位置エネルギー mgh が，水力のする仕事に等しいので，仕事率 P は，
$P = \dfrac{mgh}{t} = \dfrac{6.0 \times 10^4 \times 9.8 \times 40}{1}$
$≒ 2.4 \times 10^7\,\text{W} = 2.4 \times 10^4\,\text{kW}$

❹

(1) **18 J** (2) **144 J** (3) **144 J**
(4) **9.6 m**

[考え方] (1) $K = \dfrac{1}{2}mv^2 = \dfrac{1}{2} \times 4.0 \times 3.0^2 = 18\,\text{J}$
(2) $\dfrac{1}{2}mv^2 - \dfrac{1}{2}mv_0^2$
$= \dfrac{1}{2} \times 4.0 \times 9.0^2 - \dfrac{1}{2} \times 4.0 \times 3.0^2$
$= 144\,\text{J}$
(3) $\dfrac{1}{2}mv^2 - \dfrac{1}{2}mv_0^2 = Fx$
つまり，運動エネルギーの変化は外力のした仕事に等しいので，(2)より 144 J。
(4) 移動距離を $x\,[\text{m}]$ とすると，
$144 = 15 \times x$ ∴ $x = 9.6\,\text{m}$

❺

(1) $1.4 \times 10^3\,\text{J}$ (2) $3.5 \times 10^3\,\text{J}$
(3) $-2.4 \times 10^3\,\text{J}$

[考え方] (1) $K = \dfrac{1}{2}mv^2 = \dfrac{1}{2} \times 12 \times 15^2 = 1350$
$\qquad\qquad\qquad = 1.4 \times 10^3\,\text{J}$
(2) $h = 30\,\text{m}$ なので，重力による位置エネルギー U は，

$U = 12 \times 9.8 \times 30 = 3528 ≒ 3.5 \times 10^3\,\text{J}$
(3) 飛行機は基準面より下なので，$h = -20\,\text{m}$。
よって，
$U = 12 \times 9.8 \times (-20) = -2352$
$\qquad = -2.4 \times 10^3\,\text{J}$

❻

(1) ① **0** ② **0** ③ $\mathbf{5.6 \times 10^2\,\text{J}}$
  ④ $\mathbf{-4.7 \times 10^2\,\text{J}}$ (2) **物体の運動エネルギー**

[考え方] 仕事 W の定義は $W = Fs\cos\theta$ である。
(1)①② 重力と垂直抗力は，物体の移動方向に対して $\theta = 90°$ である。$\cos 90° = 0$ だから，両方とも仕事は 0 である。
③ 定義どおりに計算すると，
$W = Fs\cos\theta = 70 \times 8.0 \times \cos 0° = 560\,\text{J}$
④ 動摩擦力 F' の大きさは，
$F' = \mu' mg = 0.20 \times 30 \times 9.8 = 58.8\,\text{N}$
F' のした仕事 W' は，
$W' = F's\cos\theta = 58.8 \times 8.0 \times \cos 180°$
$\qquad = -470.4\,\text{J}$
(2) 仕事の差は $560 - 470.4 = 89.6 ≒ 90\,\text{J}$
この仕事は物体が 8.0 m 移動したときの運動エネルギーになっている。

❼

(1) **29.4 m/s** (2) **24.5 m** (3) **44.1 m**
(4) **1 倍**

[考え方] (1) 力学的エネルギー保存の法則より，
$\dfrac{1}{2} \times 500 \times 0^2 + 500 \times 9.8 \times 44.1$
$= \dfrac{1}{2} \times 500 \times v_\text{B}^2 + 500 \times 9.8 \times 0$
全体を 500 で割って整理すると，
$9.8 \times 44.1 = \dfrac{1}{2} v_\text{B}^2 \cdots\cdots\cdots\cdots\cdots\text{(A)}$
∴ $v_\text{B}^2 = 864.36 = 7^2 \times 2^2 \times 21^2 \times 0.1^2$
$v_\text{B} = 29.4\,\text{m/s}$
(2) 力学的エネルギー保存の法則より，
$\dfrac{1}{2} \times 500 \times 0^2 + 500 \times 9.8 \times 44.1$
$= \dfrac{1}{2} \times 500 \times 19.6^2 + 500 \times 9.8 \times h_\text{C}$

全体を500で割って整理すると，
$$9.8 \times 44.1 = \frac{1}{2} \times 19.6^2 + 9.8 h_C$$
∴ $h_C = (432.18 - 192.08) \div 9.8 = 24.5$ m

(3) 摩擦や空気の抵抗を無視できるとき，力学的エネルギー保存の法則より，はじめ（点A）と同じ高さまで上昇するので，44.1 m。

(4) 質量250 kgでも，力学的エネルギー保存の法則の式を立てて整理すると，(1)の(A)と同じ式になる。すなわち，求める速さは質量とは無関係なので同じ速さである。つまり1倍。

❽

(1) **2.8 m/s** (2) **0.40 m**

考え方 (1) ABの高さの差hは，糸の長さが0.80 mで，60°の角度であることを考えて，
$$h = 0.80 - 0.80 \cos 60° = 0.40 \text{ m}$$
Bでのおもりの速さをv_Bとすると，力学的エネルギー保存の法則より，
$$\frac{1}{2} \times 0.20 \times 0^2 + 0.20 \times 9.8 \times 0.40$$
$$= \frac{1}{2} \times 0.20 \times v_B^2 + 0.20 \times 9.8 \times 0$$
全体を0.20で割って整理すると，
$$3.92 = \frac{1}{2} v_B^2$$
$$v_B^2 = 7.84 \quad ∴ \quad v_B = 2.8 \text{ m/s}$$

(2) 大問7の(3)と同様にはじめと同じ高さ，つまり0.40 mまで上昇する。ただし，くぎの位置がこれより下側になったときは，ここまで上昇しないうちに糸がたるんだり，短すぎてくぎに巻きついたりすることがある。

❾

(1) **0.98 N** (2) **−4.9 J** (3) **7.0 m/s**

考え方 (1) $F = \mu' mg = 0.50 \times 0.20 \times 9.8 = 0.98$ N

(2) $W = Fs \cos\theta = 0.98 \times 5.0 \times \cos 180°$
（Fは左向きでsは右向きなので$\theta = 180°$）
$= -4.9$ J

(3) 物体がはじめにもっていた運動エネルギーは$\frac{1}{2} m v_0^2$で，運動エネルギーの変化は摩擦

力のした仕事に等しい。
$$\frac{1}{2} m 0^2 - \frac{1}{2} m v_0^2 = \mu' mgs \cos 180°$$
$$v_0 = \sqrt{2\mu' gs} = \sqrt{2 \times 0.50 \times 9.8 \times 5.0}$$
$$= 7.0 \text{ m/s}$$

❿

(1) **25 N** (2) **1.3 J** (3) **1.3 J**
(4) **3.8 J** (5) **5.0 m/s**

考え方 (1) フックの法則より，弾性力Fは，
$$F = kx = 250 \times 0.10 = 25 \text{ N}$$

(2) 弾性エネルギーUは，
$$U = \frac{1}{2} kx^2 = \frac{1}{2} \times 250 \times 0.10^2 = 1.25 ≒ 1.3 \text{ J}$$

(3) (2)の弾性エネルギーとAからBまで手がばねを縮める仕事は等しいから，$1.25 ≒ 1.3$ J

(4) 求める仕事WはCでの弾性エネルギーとBでの弾性エネルギーの差だから，
$$W = \frac{1}{2} \times 250 \times 0.20^2 - \frac{1}{2} \times 250 \times 0.10^2$$
$$= 3.75 ≒ 3.8 \text{ J}$$

(5) 力学的エネルギー保存の法則により，Cでの弾性エネルギーがEでのボールの運動エネルギーに等しいから，求める速さをvとすると，
$$\frac{1}{2} \times 250 \times 0.20^2 = \frac{1}{2} \times 0.40 \times v^2$$
$$∴ \quad v^2 = 25 \quad v = 5.0 \text{ m/s}$$

⓫

(1) $\dfrac{mg}{k}$ (2) $\sqrt{\dfrac{m}{k}} \cdot g$ (3) $\dfrac{2mg}{k}$

考え方 (1) 図②は重力mgと弾性力kx_0がつり合っているので，
$$mg = kx_0 \text{ より} \quad x_0 = \frac{mg}{k}$$

(2) この運動は，重力による位置エネルギーUと，弾性力による位置エネルギーU'と，運動エネルギーKの和が保存される。
$$(U + U' + K)_③ = (U + U' + K)_②$$
$$0 + 0 + 0 = -mgx_0 + \frac{1}{2} k x_0^2 + \frac{1}{2} m v^2$$

$$v = \frac{2}{m}\left(mgx_0 - \frac{1}{2}kx_0^2\right)$$

(1)の $x_0 = \frac{mg}{k}$ より $v = \sqrt{\frac{m}{k}}g$

(3) 最大にのびた長さを l として，この時おもりの速度は0である。力学的エネルギー保存の式を立てると，

$$0 + 0 + 0 = -mgl + \frac{1}{2}kl^2 + 0$$

$$l\left(\frac{1}{2}kl - mg\right) = 0 \text{ より } l = \frac{2mg}{k}(= 2x_0)$$

2編 熱

1章 熱量と内部エネルギー … p.65

1

(1) 9.5×10^2 J (2) 1.1×10^2 J/K (3) 29℃

考え方 (1) $Q = Ct = 63 \times 15 = 945$ J ≒ 9.5×10^2 J
(2) $C = mc = 300 \times 0.38 = 114$ J/K ≒ 1.1×10^2 J/K
(3) $Q = mc(t - t_0)$
　　$1144 = 200 \times 0.44 \times (t - 16)$
　　∴ $t = 29$ ℃

2

(1) 8.4×10^2 J/K
(2) 6.7×10^4 J，1.6×10^4 cal

考え方 (1) $C = mc = 200 \times 4.2$
　　　　　　　　$= 840 = 8.4 \times 10^2$ J/K
(2) $Q = mct = 200 \times 4.2 \times (100 - 20.0)$
　　　$= 67200 ≒ 6.7 \times 10^4$ J
　　　$= \frac{67200}{4.2} = 16000 = 1.6 \times 10^4$ cal
ここで，4.2J/cal を熱の仕事当量という。

3

(1) $150 \times c \times (60.0 - t)$
　　$= 100 \times c \times (t - 15.0)$
(2) 42.0 ℃

考え方 (1) 問題文の中のように，(高温物体の失った熱量) = (低温物体の得た熱量)
を熱量保存の法則という。また，特に指示がなければ，水の比熱は4.2J/(g·K)とする。

4

0.48 J/(g·K)

考え方 鉄の比熱を c として，熱量保存の法則より，
　$500 \times c \times (70.0 - 28.0)$
　　$= 300 \times 4.2 \times (28.0 - 20.0)$
　∴ $c = 0.48$ J/(g·K)

5

0.38 J/(g·K)

考え方 銅の比熱を c として，熱量保存の法則より，
　$(168 + 320 \times 4.2) \times (15.0 - 10.0)$
　　$= 250 \times c \times (95.0 - 15.0)$
　∴ $c = 0.378 ≒ 0.38$ J/(g·K)

2章 気体の変化と仕事 ……… p.78

1

(1) 2.1×10^3 J (2) 6.68×10^4 J
(3) 2.5×10^4 J

考え方 (1) $Q = mc\Delta T = 200 \times 2.1 \times \{0 - (-5)\}$
　　　　　　　　　$= 2.1 \times 10^3$ J
(2) $Q = 200 \times 334 = 6.68 \times 10^4$ J
(3) $Q = mc\Delta T = 200 \times 4.2 \times (30 - 0)$
　　　　　$= 2.52 \times 10^4 ≒ 2.5 \times 10^4$ J

2

(1) $3.2 \times 10^2\,\text{J}$　　(2) $1.8 \times 10^2\,\text{J}$

考え方 (1) 気体のした仕事 W は，
$$W = p\Delta V = 1.0 \times 10^5 \times 3.2 \times 10^{-3}$$
$$= 3.2 \times 10^2\,\text{J}\,(= 320\,\text{J})$$
(2) $Q = W + \Delta U$
$$\Delta U = Q - W = 500 - 320$$
$$= 180\,\text{J} = 1.8 \times 10^2\,\text{J}$$

3

$40\,\text{J}$

考え方 仕事 $W = p\Delta V$
$$= 1.0 \times 10^5 \times (1.6 \times 10^{-3} - 1.2 \times 10^{-3})$$
$$= 40\,\text{J}$$

4

(1) $1.0 \times 10^3\,\text{J}$　　(2) $1.1 \times 10^3\,\text{J}$

考え方 (1) $W = p\Delta V$
$$= 1.0 \times 10^5 \times 0.010 = 1.0 \times 10^3\,\text{J}$$
(2) 熱力学の第 1 法則の式 $\Delta U = Q + W$ より，
$$\Delta U = 2100 - 1000 = 1100 = 1.1 \times 10^3\,\text{J}$$

5

$29\,\%$

考え方 熱効率 $e = \dfrac{W}{Q} \times 100$
$$= \dfrac{240}{840} \times 100$$
$$= 28.57\cdots \fallingdotseq 29\,\%$$

6

$4.3 \times 10^3\,\text{J}$

考え方 $e = \dfrac{W}{Q} \times 100$ より，求める仕事を W とすると，
$$25 = \dfrac{W}{1.7 \times 10^4} \times 100$$
$$W = 4250 \fallingdotseq 4.3 \times 10^3\,\text{J}$$

3編 波

1章 波の性質 ……… p.94

1

(1)

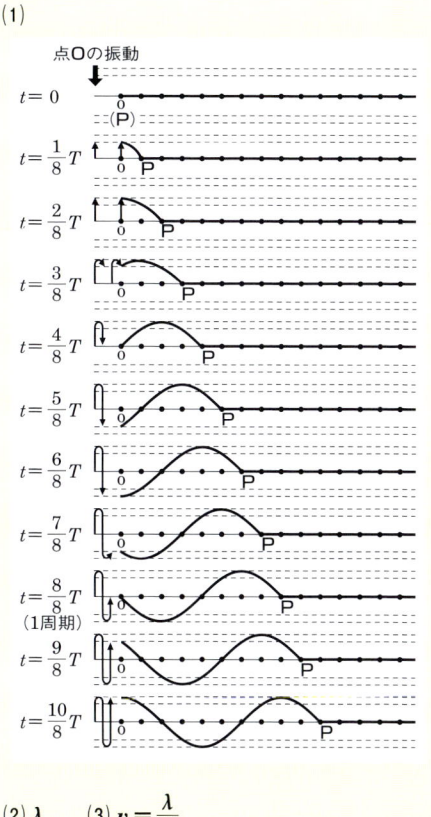

点Oの振動

| $t = 0$ |
| $t = \dfrac{1}{8}T$ |
| $t = \dfrac{2}{8}T$ |
| $t = \dfrac{3}{8}T$ |
| $t = \dfrac{4}{8}T$ |
| $t = \dfrac{5}{8}T$ |
| $t = \dfrac{6}{8}T$ |
| $t = \dfrac{7}{8}T$ |
| $t = \dfrac{8}{8}T$ (1周期) |
| $t = \dfrac{9}{8}T$ |
| $t = \dfrac{10}{8}T$ |

(2) λ　　(3) $v = \dfrac{\lambda}{T}$

考え方 (2) $t = \dfrac{8}{8}T = T$（1周期）で波が1波長だけ伝わっている。つまり，Pは1波長の λ だけ進む。

❷

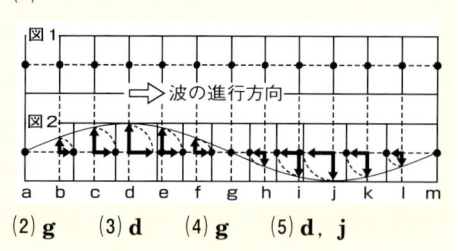

(1) 図1／図2 波の進行方向　a b c d e f g h i j k l m

(2) **g**　(3) **d**　(4) **g**　(5) **d, j**

考え方　(1) 右向きの変位を上向きに，左向きの変位を下向きにして作図する。
(2) 媒質が集中してくる点だから，g である。
(3) もっとも右向きに変位している点だから，d である。
(4) 変位が 0 で，このあと右向きに変位する点だから g である。
(5) 速さが 0 の点は，変位が最大の点なので，d，j の 2 点である。

❸

(1) 振幅：**0.20 m**，波長：**0.80 m**
(2) **0.50 m/s**　(3) **0.63 Hz**　(4) **1.6 s**

考え方　(1) 図より，振幅は山の高さを，波長はとなり合う山と山の間隔を読みとる。
(2) 速さ $= \dfrac{\text{ABの距離}}{\text{経過時間}} = \dfrac{0.20}{0.40} = 0.50\,\text{m/s}$
(3) $v = f\lambda$ より，
$f = \dfrac{v}{\lambda} = \dfrac{0.50}{0.80} = 0.625 \fallingdotseq 0.63\,\text{Hz}$
(4) $T = \dfrac{1}{f} = \dfrac{1}{0.625} = 1.6\,\text{s}$

❹

(1)

(2)

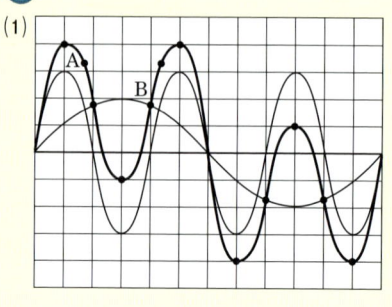

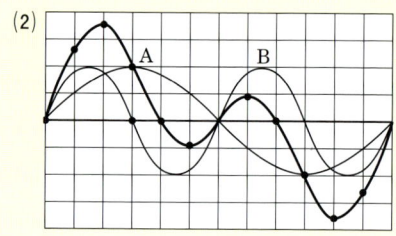

考え方　格子上など，代表的な各位置でAとBの波の変位の和を・で記入し，なめらかに結んでみる。

❺

(1)(2)

変位 y [m]　固定端

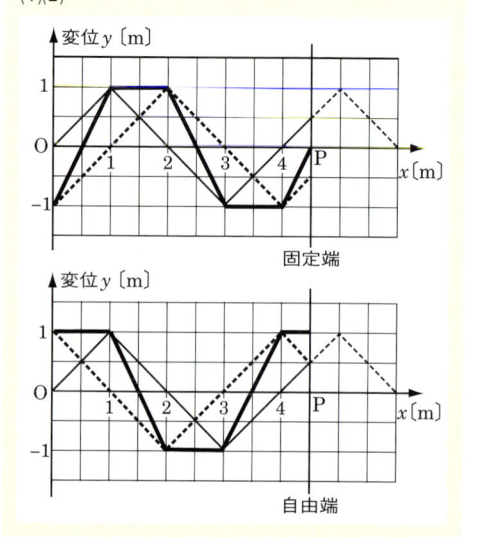

変位 y [m]　自由端

考え方 固定端の反射波は，反射面より右の破線の波を，P点に関して点対称に移した波である。合成波は固点端Pでは節なので，振幅は常に0になる。
自由端の反射波は，反射面より右の破線の波を，P点を通る縦の直線に関して，線対称に移した波である。合成波は自由端Pでは腹なので，振幅は0ではない。

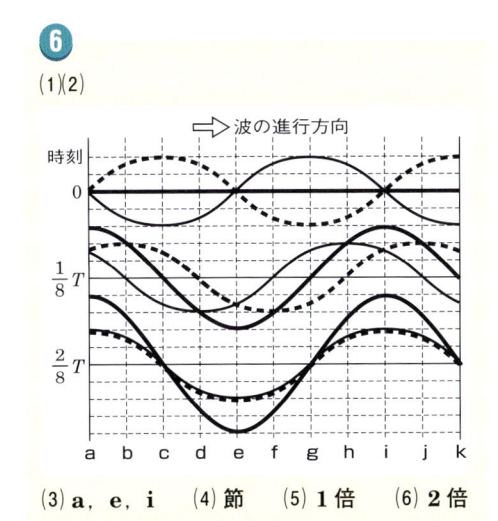

❻
(1)(2)

(3) **a, e, i**　　(4) **節**　　(5) **1倍**　　(6) **2倍**

考え方 (2) $t = 0$ では，合成波の振幅はどこでも0である。$t = \frac{2}{8}T$ では，合成波の振幅はもとの波の2倍になる。
(4) 固定端は，定常波の節になる。
(5)(6) 定常波は，波長はもとの波と同じ。振幅はもとの波の2倍である。

2章 音 波 ……………………… p.108

❶
0.77 m

考え方 $v = f\lambda$ より，
$\lambda = \dfrac{v}{f} = \dfrac{340}{440} = 0.772\cdots$
$\fallingdotseq 0.77\,\mathrm{m}$

❷
(1) **同じ**　　(2) **340 m/s**　　(3) **1.4×10^3 m**

考え方 (1) 音速は振動数に依存しないので同じ。
(2) $v = 331.5 + 0.60t$
$= 331.5 + 0.60 \times 14 = 339.9 \fallingdotseq 340\,\mathrm{m/s}$
(3) $x = vt = 340 \times 4.0 \fallingdotseq 1.4 \times 10^3\,\mathrm{m}$

❸
(1) **5.0 cm**　　(2) **30 m**

考え方 (1) $v = f\lambda$ より，
$1500 = 30 \times 10^3 \times \lambda$
$\therefore\ \lambda = 0.05\,\mathrm{m} = 5.0\,\mathrm{cm}$
(2) $h = v \times \dfrac{t}{2} = 1500 \times \dfrac{0.040}{2} = 30\,\mathrm{m}$

❹
(1) **28 m**　　(2) **609 m**

考え方 (1) $x = vt$
$= 8.0 \times 3.5$
$= 28\,\mathrm{m}$
(2) $2l - 28 = 340 \times 3.5$
$\therefore\ l = 609\,\mathrm{m}$

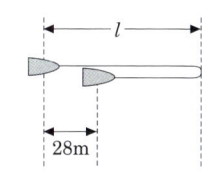

❺
(1) **アとイ**　　(2) **ウとエ**　　(3) **イとエ**

考え方 (1) 横軸は時間なので，同じ波形のくり返す時間が周期。周期の短い波形が高い音。
(2) 振幅の大小。
(3) 波形の違う組み合わせのうち，周期と振幅が近いものを選ぶ。

❻
(1) **17 cm**　　(2) **17 m**　　(3) **340 m/s**

考え方 (1) $v = f\lambda$ より v は一定だから，f と λ は反比例する。
$\lambda = \dfrac{v}{f} = \dfrac{340}{20000} = 0.017\,\mathrm{m} = 17\,\mathrm{cm}$
(2) $\lambda' = \dfrac{v}{f'} = \dfrac{340}{20} = 17\,\mathrm{m}$

(3) 波の伝わる速さは振動数に依存しないので，340m/s

❼

(1) **5 回**　(2) **522 Hz**

考え方 (1) $f = |f_1 - f_2| = |520 - 525|$
$= |-5| = 5$ 回

(2) C の振動数を f_C とすると，
$|520 - f_C| = 2$　∴　$f_C = 518, 522$
$|525 - f_C| = 3$　∴　$f_C = 522, 528$
両方に共通なのは，$f_C = 522\,\text{Hz}$

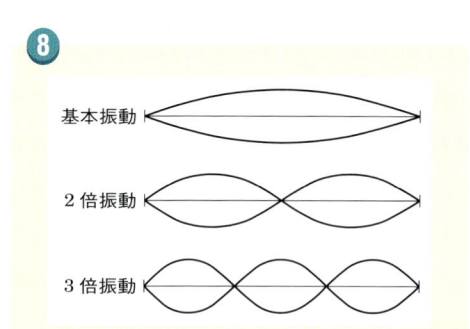

❽

考え方 両端は固定されているので，両端の変位はつねに 0 である。

❾

(1) **200 m/s**
(2) 振動：**4 倍振動**，波長：**0.40 m**
(3) **500 Hz**　(4) **125 Hz**

考え方 (1) $v = \sqrt{\dfrac{T}{\rho}} = \sqrt{\dfrac{120}{3.0 \times 10^{-3}}} = 200\,\text{m/s}$

(2) $\lambda = \dfrac{2}{4}l = \dfrac{1}{2}l = \dfrac{1}{2} \times 0.80 = 0.40\,\text{m}$

(3) $f = \dfrac{v}{\lambda} = \dfrac{200}{0.40} = 500\,\text{Hz}$

(4) $f_1 = \dfrac{1}{2 \times 0.80} \times 200 = 125\,\text{Hz}$

❿

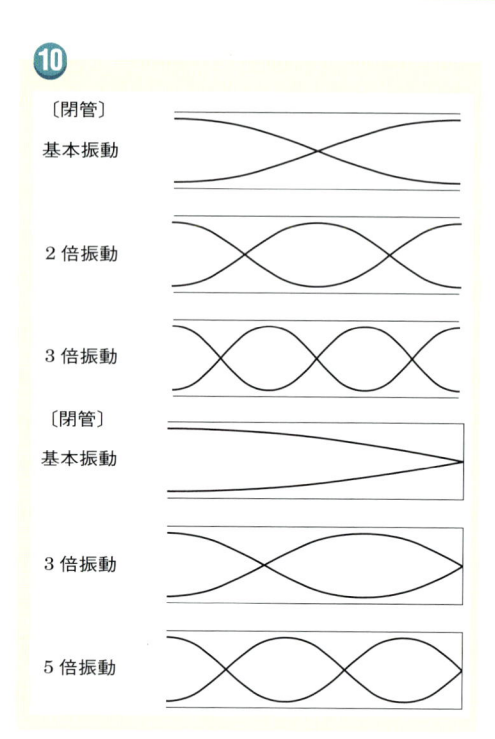

〔開管〕
基本振動
2 倍振動
3 倍振動

〔閉管〕
基本振動
3 倍振動
5 倍振動

考え方 開管は自由端，閉管は固定端として考える。

⓫

(1) 波長：**0.800 m**，振動数：**425 Hz**
(2) 波長：**0.400 m**，振動数：**850 Hz**
(3) **213 Hz**

考え方 (1) $\lambda_1 = 2 \times 0.400 = 0.800\,\text{m}$
$f_1 = \dfrac{v}{\lambda_1} = \dfrac{340}{0.800} = 425\,\text{Hz}$

(2) $\lambda_2 = 1 \times 0.400 = 0.400\,\text{m}$
$f_2 = \dfrac{v}{\lambda_2} = \dfrac{340}{0.400} = 850\,\text{Hz}$

(3) $\lambda_1' = 4 \times 0.400 = 1.60\,\text{m}$ だから，
$f_1' = \dfrac{v}{\lambda_1'} = \dfrac{340}{1.60} = 212.5 \fallingdotseq 213\,\text{Hz}$

4編 電気

1章 静電気と電流 ………… p.122

❶

(1) 帯電：負，移動の向き：金属板→はく
(2) はく：閉じる
   移動の向き：はく検電器→手
(3) はく：開く，移動の向き：はく→金属板

考え方 はく検電器を，帯電体と異種の電気に帯電させる方法である。
(1) はくは負に帯電し，はくどうしの負の電気で反発して開く。
(2) 指を通してはくのふえたぶんの自由電子が外部に逃げるので，正・負の電荷が同数になり，はくは閉じる。金属板は正に帯電したままである。
(3) はく検電器は，全体に自由電子が不足しているので正に帯電し，はくは開く。

❷

(1) 電荷：負，大きさ：1.8×10^{-5} C
(2) 向き：左向き，大きさ：3.2×10^{-17} N

考え方 (1) 力と電場の向きが反対なので電荷は負。
$F = qE$ より，
$q = \dfrac{F}{E} = \dfrac{3.6 \times 10^{-3}}{200} = 1.8 \times 10^{-5}$ C
(2) 電子の電荷は負なので，力の向きは電場の向きと反対の左向きである。
$F = qE = 1.6 \times 10^{-19} \times 2.0 \times 10^2$
$= 3.2 \times 10^{-17}$ N

❸

(1) 40 A (2) 5.0×10^{21} 個

考え方 (1) $I = \dfrac{Q}{t} = \dfrac{800}{20} = 40$ A
(2) 求める個数を n 個とすると，
$n = \dfrac{Q}{e} = \dfrac{800}{1.6 \times 10^{-19}} = 5.0 \times 10^{21}$ 個

❹

(1) 50 Ω (2) 15 V

考え方 (1) オームの法則より，
$R = \dfrac{V}{I} = \dfrac{20}{0.40} = 50$ Ω
(2) $V = RI = 5.0 \times 10^3 \times 3.0 \times 10^{-3} = 15$ V

❺

(1) 15 Ω (2) 1.3 Ω (3) 20 Ω
(4) 大きくなる。

考え方 $R = \rho \dfrac{l}{S}$ だから，抵抗値は抵抗の長さに比例し，断面積に反比例する。
(1) 長さが3倍になるので，抵抗は，
$5.0 \times 3 = 15$ Ω
(2) 断面積が4倍になるので，抵抗は，
$5.0 \div 4 = 1.25 \fallingdotseq 1.3$ Ω
(3) 体積が変化しないということは，
  （長さ）×（断面積）＝一定
  長さは2倍，断面積は $\dfrac{1}{2}$ 倍となるので抵抗は
$5.0 \times 2 \div \dfrac{1}{2} = 20$ Ω
(4) $\rho = \rho_0(1 + \alpha t)$ で $\alpha > 0$ だから，温度が高くなると，抵抗率が大きくなり，抵抗の値も大きくなる。

❻

(1) 8.0 Ω (2) 3.0 A (3) 15 V

考え方 (1) 合成抵抗 $R = R_1 + R_2$ だから，
$R = 5.0 + 3.0 = 8.0$ Ω
(2) オームの法則より，
$I = \dfrac{V}{R} = \dfrac{24}{8.0} = 3.0$ A
(3) 求める電圧を V_1 とすると，オームの法則より，
$V_1 = R_1 I = 5.0 \times 3.0 = 15$ V

7
(1) $R_1 : R_2 : R_3 = 1 : 2 : 3$
(2) $R_1 = 2\,\Omega,\ R_2 = 4\,\Omega,\ R_3 = 6\,\Omega$

考え方 (1) 電流を I とすると，直列接続だからすべての抵抗に流れる電流は I である。
$IR_1 : IR_2 : IR_3 = 1 : 2 : 3$ よって，
$R_1 : R_2 : R_3 = 1 : 2 : 3$
(2) $R_1 = R,\ R_2 = 2R,\ R_3 = 3R$ とおくと，全抵抗の合成抵抗は
$R + 2R + 3R = 6R$
よって，オームの法則より
$24 = 2 \times 6R$ よって，$R = 2\,\Omega$
これをそれぞれに代入して，
$R_1 = 2\,\Omega,\ R_2 = 4\,\Omega,\ R_3 = 6\,\Omega$

8
(1) $0.80\,\Omega$ (2) $7.5\,\mathrm{A}$ (3) $\dfrac{1}{4}$ 倍

考え方 (1) 並列接続だから，合成抵抗 R は，
$\dfrac{1}{R} = \dfrac{1}{1.0} + \dfrac{1}{4.0} = \dfrac{5}{4}$
∴ $R = \dfrac{4}{5} = 0.80\,\Omega$
(2) 回路を流れる電流 I は，オームの法則より，
$I = \dfrac{V}{R} = \dfrac{6.0}{0.80} = 7.5\,\mathrm{A}$
(3) R_1 と R_2 は並列接続だから，加わる電圧は等しい。したがって，抵抗 R と電流 I は反比例する。つまり，
$R_1 : R_2 = 1 : 4 = I_2 : I_1$
∴ $\dfrac{I_2}{I_1} = \dfrac{1}{4}$ 倍

9
(1) $12\,\Omega$ (2) $20\,\Omega$ (3) $9.0\,\mathrm{V}$
(4) $0.45\,\mathrm{A}$

考え方 (1) AB 間は並列接続なので，
$\dfrac{1}{R_{AB}} = \dfrac{1}{20} + \dfrac{1}{30} = \dfrac{5}{60}$
∴ $R_{AB} = \dfrac{60}{5} = 12\,\Omega$
(2) R_{AB} と $R_{BC} = 8.0\,\Omega$ の抵抗の直列接続だから，
$R_{AC} = 12 + 8.0 = 20\,\Omega$
(3) R_{AB} と R_{BC} は等しい電流が流れるので，電圧 V と抵抗 R は比例する。つまり，
$R_{AB} : R_{BC} = 12 : 8.0 = V_{AB} : V_{BC} = V_{AB} : 6.0$
∴ $V_{AB} = \dfrac{12 \times 6.0}{8.0} = 9.0\,\mathrm{V}$
(4) 求める電流 I は，オームの法則より，
$I = \dfrac{9.0}{20} = 0.45\,\mathrm{A}$

2章 電気とエネルギー …… p.128

1
(1) 3 個の場合
理由：電球は並列に接続するので電圧はどの場合も同じ。電力は電圧×電流だから，電流がもっとも大きい 3 個の場合が電力はもっとも大きい。すなわち，手のする仕事ももっとも大きくなる。
(2) どの場合も同じ
理由：電球を並列に接続したとき，各電球に加わる電圧は同じなので，すべてが同じ明るさで光る。

考え方 (2) 3 つの電球をつけると，暗くなるように思えるが，明るさは変わらない。電球 1 個を接続した場合の電流も，3 個を並列に接続したときに 1 個の電球を流れる電流も同じである。つまり，電池は 3 個の電球を接続したときのほうが 3 倍の電流を流すので，電池の電気エネルギーは大きい。

2
(1) $50\,\mathrm{W}$ (2) $6.7\,\Omega$ (3) $12\,\mathrm{A}$
(4) $720\,\mathrm{W}$

考え方 (1) $P = \dfrac{V^2}{R} = \dfrac{20^2}{8.0} = 50 \text{ W}$

(2) $P = \dfrac{V^2}{R}$ より，

$R = \dfrac{V^2}{P} = \dfrac{100^2}{1500} = 6.6\cdots ≒ 6.7 \text{ Ω}$

(3) $P = IV$ より，

$I = \dfrac{P}{V} = \dfrac{600}{50} = 12 \text{ A}$

(4) 電熱器の抵抗を R とすると，$P = \dfrac{V^2}{R}$ より，

$R = \dfrac{V^2}{P} = \dfrac{100^2}{500} = 20 \text{ Ω}$

よって，求める電力 P_0 は，

$P_0 = \dfrac{V^2}{R} = \dfrac{120^2}{20} = 720 \text{ W}$

❸

(1) **5.0 V**　(2) **3.6 × 10³ J**　(3) **2.9 K**

考え方 (1) $P = IV$ より，

$V = \dfrac{P}{I} = \dfrac{20}{4.0} = 5.0 \text{ V}$

(2) $Q = 20 × 3 × 60 = 3600 = 3.6 × 10^3 \text{ J}$

(3) 求める温度上昇を Δt とすると，

$3600 = 300 × 4.2 × \Delta t$

∴ $\Delta t = 2.857\cdots ≒ 2.9 \text{ K}$

❹

(1) **100 J**　(2) **40 W**　(3) **(b)**

考え方 (1) $Q = \dfrac{V^2}{R}t = \dfrac{10^2}{5.0 + 5.0} × 10 = 100 \text{ J}$

(2) 合成抵抗 R' は

$\dfrac{1}{R'} = \dfrac{1}{5.0} + \dfrac{1}{5.0}$　　$R' = \dfrac{5.0}{2} = 2.5 \text{ Ω}$

よって，$P = \dfrac{V^2}{R} = \dfrac{10^2}{2.5} = 40 \text{ W}$

(3) 同じ抵抗の場合，電圧の大きいほうが電力が大きい $\left(P = \dfrac{V^2}{R}\right)$。(a)の直列回路では，5.0 Ωの抵抗に加わる電圧は5.0 V。一方(b)の並列回路では，5.0 Ωの抵抗に加わる電圧は10 V。よって，(b)の回路のほうが1つの抵抗の消費する電力が大きい。

❺

(1) **0.40 A**　(2) **1.4 A**

(3) **(b)**

理由：AとBではAの抵抗が大きい。並列に接続した(a)では，ABに同じ電圧が加わり，Bを流れる電流が大きいのでBのほうが明るい。一方，直列に接続した(b)では，A，Bに同じ電流が流れるので，Aのほうが電圧が大きくAのほうが明るい。

考え方 (1) Aに加わる電圧は100 Vだから，

$P = IV$ より，

$I = \dfrac{P}{V} = \dfrac{40}{100} = 0.40 \text{ A}$

(2) A，Bの電球の電力の和は，

$40 + 100 = 140 \text{ W}$

よって，$P = IV$ より，

$I = \dfrac{P}{V} = \dfrac{140}{100} = 1.4 \text{ A}$

❻

(1) **4 倍**　(2) $\dfrac{25}{16}$ **倍**

考え方 (1) Bを流れる電流を I とすると，Cを流れる電流は I，Aを流れる電流は $2I$ だから，

Aの電力 $P_A = R \cdot (2I)^2 = 4RI^2$

Bの電力 $P_B = RI^2$

よって，

$\dfrac{P_A}{P_B} = \dfrac{4RI^2}{RI^2} = 4$

(2) Bを流れる電流を I とすると，並列接続のCを流れる電流は $\dfrac{I}{4}$，Aを流れる電流は $\dfrac{5}{4}I$ だから，

Aの電力 $P_A' = R \cdot \left(\dfrac{5}{4}I\right)^2 = \dfrac{25}{16}RI^2$

Bの電力 $P_B' = RI^2$

よって，

$\dfrac{P_A'}{P_B'} = \dfrac{\dfrac{25}{16}RI^2}{RI^2} = \dfrac{25}{16}$

7

(1) 消費電力　(2) **10 A**　(3) **3.6 kWh**

考え方　(1)(2) 1000 W，800 W は消費電力 P を表している。よって，$P = IV$ より，
$$I = \frac{1000}{100} = 10\,\text{A}$$
(3) 消費電力 P の合計は $1000 + 800 = 1.8\,\text{kW}$ なので，電力量は
$$Pt = 1.8 \times 2 = 3.6\,\text{kWh}$$

3章　電磁誘導と交流　………… p.143

1

(1)〜(4) 考え方の図参照

考え方　(1) 磁力線の接線の向きで考える。

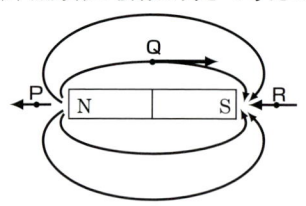

(2) 右ねじの法則より，

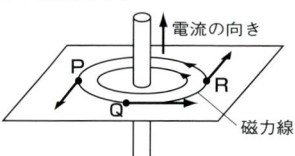

(3) (2)と同様に，

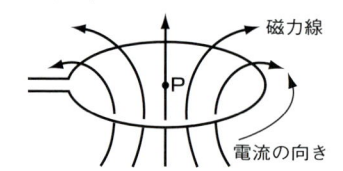

(4)

2

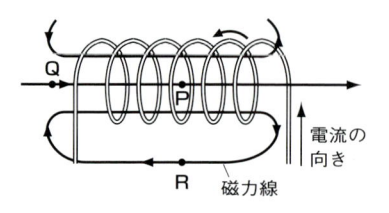

(1)〜(3) 考え方の図参照

考え方　フレミングの左手の法則で立体的に考える。
(1) 磁場は下向きだから，力は磁石の内側方向。

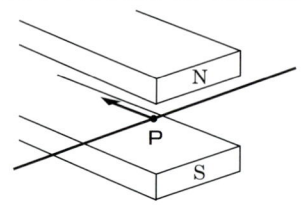

(2) A が B につくる磁場の向きは，右ねじの法則より，紙面の表→裏だから，力は左向き。

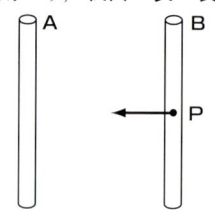

(3) それぞれの導線について考えればよい。

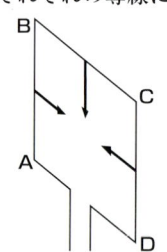

3

(1) **b**　(2) **a**　(3) **a**　(4) **b**

考え方　レンツの法則を用いて考える。

4

(1) **8〜12秒**　(2) **2〜4秒**
(3) **電流は流れない。**

考え方　(1) 2〜4秒のとき，コイル A，B の左向きの磁場が増加する。8〜12秒のとき，コイル A，B の左向きの磁場が減少する。

レンツの法則より，2～4秒では右向きの磁場が増加する向きにコイルBに誘導電流が流れるので，bの向きである。同様に，8～12秒では左向きの磁場が増加するように誘導電流が流れるので，aの向きである。
(2) 誘導電流が最大となるのは，1秒あたりのコイルAの電流の変化が最大のときだから，図1のグラフの傾きが大きい2～4秒の間である。
(3) 4～8秒ではコイルAを流れる電流は変化していないので，コイルBに誘導電流は流れない。

5

(1) 周期：**0.04 s**，周波数：**25 Hz**
(2) **1.5 V**　(3) **1.5 V**　(4) **A，C**

考え方 (1) グラフより，周期 $T = 0.04$ s
　　周波数 $f = \dfrac{1}{T} = \dfrac{1}{0.04} = 25$ Hz
(2) 回転数を $\dfrac{1}{2}$ とすると，単位時間にコイルをつらぬく磁力線の変化も $\dfrac{1}{2}$ になるので，誘導起電力は $\dfrac{1}{2}$ になる。
(3) 面積を $\dfrac{1}{2}$ とすると，コイルをつらぬく磁力線が $\dfrac{1}{2}$ となるので，磁力線の変化も $\dfrac{1}{2}$ となり，誘導起電力は $\dfrac{1}{2}$ になる。
(4) 磁力線の変化が最大になるとき，誘導起電力の大きさが最大となるので，A，Cのときである。

6

(1) **0.20 V**　(2) **0 V**　(3) **50 回**

考え方 (1) $V_1 : V_2 = N_1 : N_2$ より，
　　$6.0 : V_2 = 3000 : 100$
　　∴　$V_2 = 0.20$ V

(2) 直流電圧では，電圧の変化がないので磁力線の変化もなく，2次コイルに誘導起電力が生じないから，$V_2 = 0$ V
(3) $6000 : 100 = 3000 : N_2$
　　∴　$N_2 = 50$ 回

7

(1) **1.9×10^2 m**　(2) **ラジオ放送など**
(3) **120 MHz**　(4) **超短波（VHF）**

考え方 (1)(3) $c = f\lambda$ を用いる。
(1) $\lambda = \dfrac{c}{f} = \dfrac{3.0 \times 10^8}{1550 \times 10^3} = 193.5\cdots ≒ 190$ m
(2) この波長の電波は中波（MF）である。
(3) $f = \dfrac{c}{\lambda} = \dfrac{3.0 \times 10^8}{2.5} = 1.2 \times 10^8$ Hz $= 120$ MHz
　　※ 1 MHz $= 10^6$ Hz である。

ホッとタイム の解答

p.20　A
自由電子が銅線中を移動する速さは意外におそい。p.115の問1と同様に計算すると，$v = 7.4 \times 10^{-5}$ m/sとなり，1時間に約27cm進む。

p.66　A．ホイヘンス　B．クーロン
　　　　C．ジュール　D．オーム
　　　　E．ラザフォード

p.110　Q1．C
ニュートンは，ダイヤモンドという名前のポメラニアンを飼っていた。
　　　　Q2．A
華氏という呼び名は，ファーレンハイトの中国語の当て字「華倫海特」からとられた。また，絶対温度が発案されたのはケルビンの時代である。
　　　　Q3．B
マリー・キュリーは物理学賞と化学賞を1回ずつ受賞している。そのうち物理学賞は夫のピエールと共同で受賞した。

さくいん

●色数字は中心的に説明してあるページを示す。

A・α

- A→アンペア………… 114
- Bq→ベクレル………… 150
- C→クーロン………… 112
- ℃→セルシウス温度…… 60
- cal→カロリー………… 62
- Gy→グレイ………… 150
- Hz→ヘルツ……… 80,138
- J→ジュール…… 44,46,61
- J/(g・K)→ジュール毎グラム
  毎ケルビン………… 62
- J/K→ジュール
  毎ケルビン………… 62
- K→ケルビン………… 60
- kg→キログラム………… 22
- kgw→キログラム重…… 22
- km/h
  →キロメートル毎時… 6
- m→メートル………… 6
- m/s→メートル毎秒…… 6
- m/s²→メートル
  毎秒毎秒………… 10
- N→ニュートン………… 22
- N/C→ニュートン
  毎クーロン………… 113
- Pa→パスカル………… 23
- s→秒………… 6
- Sv→シーベルト………… 150
- V→ボルト………… 114
- W→ワット……… 45,127
- Wh→ワット時………… 127
- X線………… 149
- α線………… 149
- β線………… 149
- γ線………… 149
- Δ………… 7
- Ω→オーム………… 116
- Ω・m
  →オームメートル… 119

あ

- アイソトープ………… 148
- 圧力………… 23
- アルキメデスの原理…… 23
- アンペア………… 114
- 位相………… 85
- 位置エネルギー
  （重力）……… 48,146
- 位置エネルギー
  （静電気）………… 125
- 位置エネルギー
  （弾性力）……… 49,146
- うなり………… 99
- ウラン……… 148,151
- 運動エネルギー… 46,146
- 運動の第1法則………… 31
- 運動の第2法則……… 30,40
- 運動の第3法則………… 26
- 運動方程式……… 30,36
- 永久機関………… 77
- 液化………… 68
- 液体……… 60,68
- エネルギー……… 46,146
- エネルギー保存の法則
  ………… 147
- 鉛直………… 12
- 鉛直投げ上げ………… 14
- 鉛直投げ下ろし………… 15
- オーム………… 116
- オームの法則………… 117
- オームメートル………… 119
- 音の三要素………… 97
- 重さ………… 22
- 音源………… 96
- 音速………… 96
- 温度……… 60,71
- 温度係数………… 119

か

- 開管………… 102
- 開口端補正………… 103
- 回折………… 92
- 化学エネルギー………… 147
- 可逆変化………… 76
- 核分裂………… 151
- 核融合………… 151
- 重ね合わせの原理……… 87
- 加速度……… 10,30
- カロリー………… 62
- 干渉………… 93
- 慣性の法則………… 31
- 気化………… 68
- 気化熱………… 69
- 気体……… 60,68,72,74
- 気柱……… 102,105,106
- 基本振動（気柱）……… 102
- 基本振動（弦）……… 100
- 逆位相………… 85
- 凝固………… 68
- 凝縮………… 68
- 共振＝共鳴…… 104,105,106
- 共鳴…… 104,105,106
- キログラム………… 22
- キログラム重………… 22
- キロメートル毎時……… 6
- クーロン………… 112
- 屈折………… 92
- グレイ………… 150
- ケルビン………… 60
- 弦……… 100,107
- 原子核……… 112,148
- 原子番号………… 148
- 原子力………… 151
- 原子炉………… 151
- コイル……… 133,138
- 合成（力）………… 24
- 合成速度………… 8
- 合成抵抗………… 120
- 合成波形………… 87
- 光波……… 81,140
- 交流………… 137
- 合力………… 24
- 誤差………… 152
- 固体……… 60,68
- 固定端………… 90
- 固有振動（気柱）……… 102
- 固有振動（弦）……… 100
- 固有振動数………… 104
- 孤立波………… 80

さ

- 再生可能エネルギー… 147
- 最大摩擦力……… 33,39
- 作用………… 26
- 作用・反作用の法則… 26
- 作用線………… 22
- 作用点………… 22
- 三態変化………… 68
- シーベルト………… 150
- 磁界………… 132
- 磁極………… 132
- 磁気力………… 132
- 仕事……… 44,70
- 仕事の原理………… 44
- 仕事率………… 45
- 実効線量………… 150
- 実効値………… 138
- 質量……… 22,30
- 質量数………… 148
- 磁場………… 132
- 周期（交流）………… 137
- 周期（波）………… 80
- 自由端………… 90
- 終端速度………… 35
- 周波数………… 138
- 自由落下運動………… 12
- 重力……… 12,22
- 重力加速度…… 13,16,22
- 重力による
  位置エネルギー 48,146
- ジュール…… 44,46,61
- ジュール熱………… 126
- ジュールの法則………… 126
- ジュール毎グラム
  毎ケルビン………… 62
- ジュール毎ケルビン… 62
- 瞬間の加速度………… 10
- 瞬間の速度………… 7
- 瞬間の速さ………… 7
- 昇華………… 68
- 状態変化………… 68
- 蒸発………… 68
- 蒸発熱………… 69

初速度	10
磁力線	132
進行波	89
振動数（交流）	138
振動数（波）	80
振幅	80
水圧	23
垂直抗力	23,33
水平投射	32
水面波	82,92
スカラー	7
静止摩擦係数	33,39
静止摩擦力	33
静電気による位置エネルギー	125
静電気力	112
摂氏温度	60
節線	93
絶対0度	60,71
絶対温度	60
セルシウス温度	60
線膨張率	69
線密度	100
相互誘導	139
相対速度	9
測定値	152
速度	7
速度の合成	8
疎密波	82
ソレノイドコイル	133

た

帯電	112
対流	61
縦波	82
弾性エネルギー	49,146
弾性体	49
弾性力	23,55
断熱圧縮	75
断熱変化	75
断熱膨張	75
力	22,30
力の合成	24
力のつり合い	26
力の分解	24
中性子	148
超音波	97
張力	23
直流	137
直列接続	120
定圧変化	74
抵抗	116,118

抵抗率	119
抵抗力	35,50
定在波	89
定常波	89
定積変化	74
電圧	114,116,125
電圧降下	120
電位	114,125
電位差→電圧	114,116,125
電荷	112
電界→電場	113,125
電気抵抗	116,118
電気のエネルギー	146
電気量	112
電源	115,124
電子	20,112,148
電磁波	82,140,146
電磁誘導	135
伝導（熱伝導）	61
電場	113,125
電波	140
電離作用	150
電流	20,114,116
電力	127,146
電力量	127
等圧変化	74
同位相	85
同位体	148
等温変化	75
等価線量	150
等加速度直線運動	10
等積変化	74
等速直線運動	6
等速度運動	6
動摩擦係数	34
動摩擦力	34
トランス	138

な

内部エネルギー	71,73
投げ上げ	14
投げ下ろし	15
波の重ね合わせの原理	87
波の独立性	87
入射角	92
入射波	90
ニュートン	22
ニュートン毎クーロン	113
熱運動	60,71
熱エネルギー	146

熱機関	77
熱効率	77
熱伝導	61
熱平衡	61
熱放射	61
熱膨張	69
熱容量	62
熱力学の第1法則	73
熱力学の第2法則	77
熱量	61,62
熱量保存の法則	63

は

媒質	80
倍振動（気柱）	102,103
倍振動（弦）	101
はく検電器	113
波源	80
パスカル	23
波長	80
発音体	96
発電機	136,137
ばね定数	23
波面	92
速さ	6
腹	89,91
パルス波	80
半減期	149
反作用	26
反射	90,92
反射角	92
反射波	90
光	81,140
光のエネルギー	146
比熱	62,64
秒	6
負荷	124
不可逆変化	76
節	89,91,93
フックの法則	23
物質の三態	68
沸点	69
沸騰	69
ふりこ	52,54,104
浮力	23
フレミング左手の法則	134
分解（力）	24
分力	25
閉管	103
平均の加速度	10
平均の速さ	7

平行四辺形の法則	9
平面波	92
並列接続	121
ベクトル	7
ベクレル	150
ヘルツ	80,138
変圧器	138
変位	8,84
崩壊	148
放射（熱放射）	61
放射性同位体	148
放射能	149
保存力	50
ボルト	114

ま

摩擦角	33,39
摩擦係数→静止摩擦係数	33,39
摩擦係数→動摩擦係数	34
摩擦力	23,33,50
右ねじの法則	133
メートル	6
メートル毎秒	6
メートル毎秒毎秒	10
モーター	134,141

や

融解	68
融解熱	69
有効数字	152
融点	69
誘導電流	135
陽子	112,148
横波	82

ら

ラジオ	142
ラジオアイソトープ	148
力学的エネルギー	50,54,146
連鎖反応	151
連続波	80
レンツの法則	136

わ

ワット	45,127
ワット時	127

■ 本書をつくるにあたって，次の方々にたいへんお世話になりました。
● 編集協力　ファイン・プランニング
● 図版作成　アート工房　　甲斐美奈子　　清武博二
● 写真提供　OPO　　木村守男　　中込八郎　　NASA　　豊田博慈
　　　　　　文英堂写真部

シグマベスト
これでわかる物理基礎

編　者　文英堂編集部
発行者　益井英郎
印刷所　図書印刷株式会社
発行所　株式会社　文英堂

〒601-8121　京都市南区上鳥羽大物町28
〒162-0832　東京都新宿区岩戸町17
(代表)03-3269-4231

本書の内容を無断で複写(コピー)・複製・転載することは，著作者および出版社の権利の侵害となり，著作権法違反となりますので，転載等を希望される場合は前もって小社あて許諾を求めてください。

Ⓒ 吉澤純夫　2013　　Printed in Japan　　● 落丁・乱丁はおとりかえします。